Christiane Bär

Bewertung dynamischer Hydrophobieeigenschaften polymerer Isolierstoffe mit dem Dynamischen Tropfen-Prüfverfahren unter Wechsel- und Gleichspannungsbeanspruchung

TUDpress

Christiane Bär

Bewertung dynamischer Hydrophobieeigenschaften polymerer Isolierstoffe mit dem Dynamischen Tropfen-Prüfverfahren unter Wechsel- und Gleichspannungsbeanspruchung

TUDpress
2016

Die vorliegende Arbeit wurde am 12. Januar 2016 an der Fakultät Elektrotechnik und Informationstechnik der Technischen Universität München als Dissertation eingereicht und am 10. Juni 2016 verteidigt.

Vorsitzender:
Prof. Dr. rer. nat. D. Schmitt-Landsiedel

Gutachter:
Prof. Dr.-Ing. J. Kindersberger
Prof. Dr.-Ing. R. Bärsch, Hochschule Zittau/Görlitz

Bibliografische Information der Deutschen Nationalbibliothek
Die Deutsche Nationalbibliothek verzeichnet diese Publikation in der Deutschen Nationalbibliografie; detaillierte bibliografische Daten sind im Internet über http://dnb.d-nb.de abrufbar.

Bibliographic information published by the Deutsche Nationalbibliothek
The Deutsche Nationalbibliothek lists this publication in the Deutsche Nationalbibliografie; detailed bibliographic data are available in the Internet at http://dnb.d-nb.de.

ISBN 978-3-95908-072-9

Universitätsverlag & Buchhandel
Eckhard Richter & Co. OHG
Bergstr. 70 | D-01069 Dresden
Tel.: 0351/47 96 97 20 | Fax: 0351/47 96 08 19
http://www.tudpress.de

TUDpress ist ein Imprint von w.e.b.

Gesetzt vom Autor.
Printed in Germany.

TECHNISCHE UNIVERSITÄT MÜNCHEN

Lehrstuhl für Hochspannungs- und Anlagentechnik

Bewertung dynamischer Hydrophobieeigenschaften polymerer Isolierstoffe mit dem Dynamischen Tropfen-Prüfverfahren unter Wechsel- und Gleichspannungsbeanspruchung

Christiane Bär

Vollständiger Abdruck der von der Fakultät für Elektrotechnik und Informationstechnik der Technischen Universität München zur Erlangung des akademischen Grades eines Doktor-Ingenieurs (Dr.-Ing.) genehmigten Dissertation.

Vorsitzende: Prof. Dr. rer. nat. D. Schmitt-Landsiedel

Prüfer der Dissertation:

1. Prof. Dr.-Ing. J. Kindersberger
2. Prof. Dr.-Ing. R. Bärsch
   Hochschule Zittau/Görlitz

Die Dissertation wurde am 12.01.2016 bei der Technischen Universität München eingereicht und durch die Fakultät für Elektrotechnik und Informationstechnik am 19.05.2016 angenommen.

Vorwort

Die vorliegende Arbeit entstand im Rahmen meiner Tätigkeit als wissenschaftliche Mitarbeiterin des Fachgebietes Hochspannungstechnik/Werkstoffe der Elektrotechnik, Fakultät Elektrotechnik und Informatik an der Hochschule Zittau/Görlitz. Die vorgestellten Ergebnisse wurden in einem von der Arbeitsgemeinschaft industrieller Forschungsvereinigungen (AiF) geförderten gemeinsamen Forschungsprojekt in Kooperation mit der Technischen Universität München in den Jahren 2012 bis 2015 erarbeitet. Dabei standen Verfahren zur Bewertung dynamischer Hydrophobieeigenschaften polymerer Isolierstoffe für den Hochspannungs-Freilufteinsatz im Mittelpunkt der Studien. Schwerpunktmäßig wurden Untersuchungen zur Bewertung der Hydrophobiebeständigkeit und -wiederkehr an der Hochschule Zittau/Görlitz sowie zur Bewertung des Hydrophobietransfers an der Technischen Universität München durchgeführt.

Herrn Prof. Dr.-Ing. R. Bärsch bin ich für die Anregung zu dieser Arbeit, die wissenschaftliche Betreuung sowie die wertvollen Hinweise und Fachdiskussionen zu großem Dank verpflichtet. Ebenso bedanke ich mich für die Möglichkeit zur Mitarbeit in den CIGRE Working Groups D1.27 und D1.58, durch welche ein Erfahrungsaustausch mit Experten aus anderen Prüflaboren ermöglicht und die durchgeführten Untersuchungen bereichert wurden.

Herrn Prof. Dr.-Ing. J. Kindersberger danke ich für die Übernahme der wissenschaftlichen Betreuung meiner Dissertation an der Technischen Universität München sowie sein stets förderndes Interesse an meiner Arbeit.

Mein Dank gilt allen Mitgliedern des projektbegleitenden Ausschusses im Rahmen des AiF-geförderten Forschungsprojektes für die beigetragenen fachlichen Diskussionen, welche auch eine Einordnung der Ergebnisse in praxisrelevante Thematiken gefördert hat. Für die Bereitstellung von Isolierstoffproben bedanke ich mich bei Huntsman Advanced Materials, Lapp Insulators, Momentive Performance Materials Holding, TE Connectivity sowie Wacker Chemie, ohne deren Unterstützung die durchgeführten Untersuchungen nicht möglich gewesen wären.

Herrn Dr.-Ing. habil. F. Schmuck (Pfisterer Sefag) und Herrn Dr.-Ing. J. Lambrecht (Wacker Chemie) danke ich für die wertvollen Hinweise zu den durchgeführten Untersuchungen sowie die Durchsicht des Manuskriptes.

Besonderer Dank gilt allen Kolleginnen und Kollegen des Fachgebietes für die Hilfsbereitschaft und Unterstützung bei den Untersuchungen aber auch die stets sehr gute Arbeitsatmosphäre in Zittau. In diesem Sinne danke ich herzlich Herrn Dipl.-Ing. A. Hergert für die stets konstruktive und kollegiale Zusammenarbeit bei der Bearbeitung des gemeinsamen Forschungsprojektes.

Mein Dank gilt auch allen Studenten für die Unterstützung bei der Durchführung der Untersuchungen im Rahmen ihrer Diplomarbeiten oder studentischen Hilfstätigkeiten.

Übersicht

Polymere Isolierstoffe für den Hochspannungs-Freilufteinsatz können herausragende hydrophobe Eigenschaften aufweisen, welche unter Verschmutzungs- und Feuchtigkeitsbelastung idealerweise das Auftreten von Kriechströmen entlang des Kriechweges verhindern. Die Hydrophobie polymerer Isolierstoffe ist eine dynamische Eigenschaft. Diese kann unter Einwirkung hydrophobiemindernder Einflussgrößen verloren gehen, in Erholungsphasen wiederkehren und auf angelagerte Verschmutzungsschichten übertragen werden. Bisher existieren jedoch keine international genormten Prüfverfahren für eine Bewertung der dynamischen Hydrophobieeigenschaften. Diese sind für eine Identifizierung sogenannter Hydrophobietransfer-Materialien (HTM) für die Kriechstreckendimensionierung von Verbundisolatoren nach IEC 60815-3 und IEC 60815-4 von Bedeutung.

Aufbauend auf den bisherigen Erkenntnissen wird das Dynamische Tropfen-Prüfverfahren (DTPV) als ein mögliches Isolierstoff-Prüfverfahren für die Bewertung dynamischer Hydrophobieeigenschaften eingeschätzt, wobei in der vorliegenden Arbeit auch ein Beitrag für die Normung dieses Prüfverfahrens geleistet werden soll. Nach einem Literaturüberblick in Kapitel 2 und Erläuterungen zur verwendeten Versuchs- und Messtechnik in Kapitel 4 tragen eigene Untersuchungen in Kapitel 5 dieser Arbeit zum Verständnis der im DTPV ablaufenden hydro- und elektrohydrodynamischen Phänomene bei. Darauf aufbauend kann unter Erfassung der hydrophobieabbauenden Mikroentladungen qualitativ der Schädigungsprozess der Isolierstoffoberfläche bis zum vollständigen Hydrophobieverlust entlang der Tropfenabgleitbahn beschrieben werden.

Nach grundlegenden Untersuchungen der hydrophobieabbauenden Mechanismen und der Festlegung eines Abschaltkriteriums für das DTPV werden in Kapitel 6 Parameterstudien für eine Festlegung relevanter Prüfparameter und -bedingungen sowie entsprechender Toleranzen vorgestellt. Daraus werden in Verbindung mit Untersuchungen unterschiedlicher Prüfstrategien wie z. B. konstante Spannungsbeanspruchung oder stufenweise Steigerung von Prüfparametern Empfehlungen für eine Bewertung der Hydrophobiebeständigkeit abgeleitet (Kapitel 7.1). Die Bewertung der Hydrophobiewiederkehr erfolgt anhand von Wiederhol- und Intervallprüfungen im Dynamischen Tropfen-Prüfverfahren in Kapitel 7.2, wobei Parameteruntersuchungen für geeignete Beanspruchungs- und Pausenzeiten für AC- und DC-Beanspruchung vorgestellt werden. Abschließend werden orientierende Untersuchungen für eine Anwendung des Dynamischen Tropfen-Prüfverfahrens als Diagnoseverfahren vorgestellt (Kapitel 7.3). Dazu werden Isolierstoffproben mittels Wasserlagerung oder künstlicher Verschmutzungsschicht vorbelastet. Die Bewertung der Isolierstoffproben erfolgt anhand elektrischer sowie nicht-elektrischer Kenngrößen. Damit kann eine Bewertung der elektrischen Wirksamkeit der Hydrophobiewiederkehr und des Hydrophobietransfers erfolgen.

Abstract

Polymeric insulating materials in high-voltage outdoor applications may have excellent hydrophobic properties. These result in favourable electrical properties under conditions of moisture and contamination due to the suppression of leakage currents. The hydrophobicity of polymeric insulating materials is a dynamic property. Its effect can be reduced by certain stresses and can be recovered after a resting period. Furthermore, hydrophobic properties may be transferred to an accumulated pollution layer. For an evaluation of dynamic hydrophobic properties no international standardized test methods are available yet. They are important for an identification of so called hydrophobicity transfer materials (HTM) for dimensioning the creepage distance of composite insulators according to IEC 60815-3 and IEC 60815-4.

Based on the present state of knowledge the so-called Dynamic Drop Test (DDT) might be an appropriate test method for an evaluation of dynamic properties of hydrophobicity. The thesis shall contribute to a standardisation of this test method. Based on a literature review in chapter 2, the applied test methods and measurement systems are described in chapter 4. The investigations presented in chapter 5 clarify the hydro- and electro-hydrodynamic phenomena in the DDT. On this basis, a study of the behaviour of electrical micro discharges results in a better understanding of the processes causing the loss of hydrophobicity under ac and dc voltage stress. One important aspect of the presented studies is the specification of a precise endpoint criterion to prevent the occurrence of thermally induced dry-band arcing.

Further studies in chapter 6 contribute to the determination of relevant test parameters, conditions and tolerances for ac as well as for dc voltage application. In combination with investigations of different test regimes (constant voltage application or stepwise increase of parameters), recommendations for an evaluation of the retention of hydrophobicity are derived in chapter 7.1. For the evaluation of the recovery of hydrophobicity in chapter 7.2, two different test procedures of the DDT (repetition of DDT-procedure and interval test with stressing and resting periods) are presented. From these results, interval tests with defined stressing and resting periods for ac and dc voltage application are derived.

The thesis concludes with orientating investigations in chapter 7.3 on the applicability of the Dynamic Drop Test as diagnostic method. Specimens are pre-stressed by water storage or contamination with an artificial pollution layer. The hydrophobic state of the specimens is evaluated with electrical (leakage current) or non-electrical (drop lengths) criteria in the DDT. This contributes to an evaluation of the electrical effectiveness of the recovery and transfer of hydrophobicity with the DDT.

Inhaltsverzeichnis

1 Einleitung

Isolatoren in Freileitungsnetzen und Stationen haben mechanische und elektrische Funktionen (Tragen und Abspannen des Leiterseils am Mast, Tragen der Sammelschiene und Trennung von Hochspannungs- und Erdpotential). Diese Funktionen sind über Jahrzehnte zu gewährleisten. Dabei ist die äußere Isolatoroberfläche wechselnden Umgebungseinflüssen bei simultanem Einfluss eines elektrischen Feldes ausgesetzt. Die standortspezifischen Umgebungseinflüsse sind unter anderem durch schwankende klimatische Belastung (Lufttemperatur, Luftdruck, Feuchte, Sonneneinstrahlung, Niederschlag) sowie vielfältige Verschmutzungen gekennzeichnet. Die Verschmutzungen führen zu einer Fremdschicht auf der Isolatoroberfläche und können unter Feuchtigkeitseinfluss zu einer elektrolytisch leitfähigen Fremdschicht führen. Bei vollständiger Benetzung kann ein Ableitstrom im mA-Bereich getragen werden [1]. Infolge der thermischen Wirkung des Ableitstromes bilden sich Trockenzonen, über welchen Teillichtbögen zünden und eine thermische Degradation der Isolierstoffoberfläche verursachen können. Aus den Teillichtbögen kann sich ein Fremdschichtüberschlag entwickeln, welcher einen kurzzeitigen, vollständigen Verlust des Isoliervermögens des Isolators zur Folge hat.

Neben klassischen Porzellan- und Glasisolatoren, die seit Beginn der Energieübertragung um 1880 Anwendung finden [2], [3], kommen seit etwa 1960 [4] zunehmend Verbundisolatoren mit Mantelwerkstoffen aus polymeren Isolierstoffen in verschiedenen Ausführungsvarianten (Langstabisolatoren, Stützer, Geräteisolatoren, Durchführungen, Kabelgarnituren) in allen Spannungs- und Anwendungsbereichen zum Einsatz. Silikonelastomere (SIR) und Ethylen-Propylen-Dien-Monomer (EPDM) als Vertreter eines Copolymers werden bis in höchste Spannungsebenen von Übertragungsnetzen eingesetzt. Weitere Copolymere wie Ethylen-Vinyl-Acetat (EVA) und cycloaliphatische Epoxidharz-Formstoffe (CEP bzw. HCEP) finden Anwendung in Verteilnetzen.

Polymere Isolierstoffe können unter Feuchtigkeitsbelastung im Gegensatz zu anorganischen Isolierstoffen herausragende hydrophobe Eigenschaften aufweisen. Diese resultieren aus einem tropfenförmigen Feuchtigkeitsbelag, wodurch ein Anstieg des Ableitstromes in den mA-Bereich vermieden wird [1]. Damit weisen Verbundisolatoren mit hydrophobem Mantelwerkstoff ein höheres Fremdschicht-Isoliervermögen als äquivalente Isolatoren aus anorganischen Isolierstoffen auf. Dieser Effekt wird durch die bei gleicher Kraftklasse kleineren mittleren Durchmesser von Verbundisolatoren, speziell bei Leitungsisolatoren, noch verstärkt.

Für den Hochspannungs-Freilufteinsatz müssen polymere Isolierstoffe Mindestanforderungen erfüllen, die durch geeignete Isolierstoff-Prüfverfahren nachzuweisen sind. In IEC TR 62039 [5] sind zwölf wesentliche Eigenschaften als Mindestanforderung angegeben, die mit zwei Ausnahmen durch geeignete Prüfverfahren nachgewiesen werden können. Für die Bewertung hydrophober Eigenschaften steht bisher kein international genormtes Prüfverfahren zur Verfügung.

Die Hydrophobie polymerer Isolierstoffoberflächen, speziell von Silikonelastomeren, ist eine dynamische Eigenschaft. Sie kann infolge äußerer Belastungen wie o. g. Umgebungseinflüsse unter simultaner Beanspruchung durch ein elektrisches Feld verringert werden oder verloren gehen (Hydrophobiebeständigkeit). Nach einer Ruhephase können hydrophobe Eigenschaften wiedererlangt werden (Hydrophobiewiederkehr) oder auf eine angelagerte Fremdschicht durch Diffusion niedermolekularer Bestandteile (LMW, low molecular weight components) [6], [7] übertragen werden (Hydrophobietransfer).

Seit Ende der 1980er Jahre wurden diverse Prüfverfahren zur Bewertung dynamischer Hydrophobieeigenschaften polymerer Isolierstoffe entwickelt [7], [8], [9] und anderen. Für eine Bewertung der Hydrophobiebeständigkeit kommen im Allgemeinen zeitraffende Multi-Stress-Verfahren zur Anwendung. Dies sind unter anderem das modifizierte Salznebelprüfverfahren [10] als auch das Rad-Tauch-Prüfverfahren [9]. Unter deren Anwendung konnten eine Vielzahl von belastungs- und stoffspezifischen Einflussgrößen auf die Hydrophobiebeständigkeit identifiziert werden [10], [11], [12]. Infolge der prozessbedingt auftretenden Streuung ist die Reproduzierbarkeit der beiden genannten Prüfverfahren eingeschränkt. Dies führte zur Entwicklung des Dynamischen Tropfen-Prüfverfahrens (DTPV) [13], [14]. Untersuchungen mit dem DTPV trugen zu einer weiteren Identifizierung zahlreicher stoffspezifischer Einflussgrößen wie z. B. der Art und Zusammensetzung des Basispolymers [15], der Vernetzungsart [13] oder auch der Rauheit und der Oberflächenstruktur auf die Hydrophobiebeständigkeit bei [16]. Dadurch wird auf eine grundsätzliche Eignung des DTPV als Isolierstoffprüfverfahren geschlossen und eine mögliche Anwendung dieses Verfahrens bei weiterer Ertüchtigung bzw. Präzisierung für die Normung in Erwägung gezogen [5]. Ein weiterer Bedarf für ein international genormtes Prüfverfahren zur Hydrophobiebewertung resultiert aus der aktuellen Fassung der IEC 60815-3 [17]. In dieser Norm wird der Durchmessereinfluss auf die Kriechwegdimensionierung in Abhängigkeit vom Hydrophobie(transfer)verhalten korrigiert, ohne dass ein entsprechendes Prüfverfahren bisher benannt werden kann.

Für eine Bewertung der Hydrophobiewiederkehr werden die Proben zunächst Belastungen ausgesetzt, mit denen ein Hydrophobieabbau oder ein Hydrophobieverlust einhergehen. Dies kann sowohl unter Einwirkung einzelner Belastungsfaktoren (z. B. Wasserlagerung, Koronaentladungen) aber auch unter Belastung mit mehreren gleichzeitig einwirkenden Faktoren (sogenannte Multi-Stress-Belastung) erfolgen. Die Bewertung der Hydrophobiewiederkehr erfolgt anschließend anhand des Benetzungs- bzw. Hydrophobiezustandes in Abhängigkeit von der Erholungsdauer nach Entfall der Belastung [12], [13], [18]. Eine weitere Möglichkeit bietet die Anwendung von Multi-Stress-Verfahren als Diagnoseverfahren [13], [15]. Anspruchsvoll gestalten sich bisher die unterschiedliche Dauer und Intensität der gewählten Belastung, um einen temporären Hydrophobieverlust zu erzeugen. Eine vergleichende Bewertung der Ergebnisse bzw. eine Klassifizierung polymerer Isolierstoffe ist daher stark eingeschränkt.

Zur Bewertung des Transfervermögens hydrophober polymerer Isolierstoffe wurden in den vergangenen Jahrzehnten diverse Prüfmethoden und Prüfverfahren entwickelt [7], [19], [20], [21]; wie z. B. ein Flow-On-Verfahren nach [11] und [12] oder das Masken- bzw. Hydrophobietransfer-Prüfverfahren nach CIGRE TB 255 [22], TB 442 [23] und [24]. Das Bewertungsprinzip der Verfahren beruht im Allgemeinen auf der Ermittlung der Benetzungsänderung der künstlich aufgetragenen Verschmutzungsschicht über der sogenannten Transferzeit. Die verschiedenen Prüfverfahren unterscheiden sich dabei im Wesentlichen durch die Art, Zusammensetzung und Dicke sowie die Art des Auftragens der künstlichen Verschmutzungsschicht. Von praktischer Bedeutung ist die Wirksamkeit des Hydrophobietransfers auf das elektrische Betriebsverhalten und die Kriechwegauslegung von Isolatoren [17].

Gegenstand der vorliegenden Arbeit ist es, einen Beitrag zur Entwicklung eines normungsfähigen Prüfverfahrens für die Bewertung dynamischer Hydrophobieeigenschaften polymerer Isolierstoffe zu leisten. Dabei steht das Dynamische Tropfen-Prüfverfahren im Fokus der Untersuchungen. Zum Erreichen dieses Zieles werden unter anderem Phänomene und Prozesse von Tropfen auf geneigten Oberflächen verschiedener polymerer Isolierstoffe analysiert. Im Mittelpunkt der Analyse stehen hydrophobieabbauende Mechanismen sowie Untersuchungen zur Festlegung geeigneter Prüfparameter und Prüfbedingungen zur Eingrenzung der Messwertstreuung, dem Erreichen der Reproduzierbarkeit sowie Kriterien für ein eindeutiges Materialranking. Daraus werden die relevanten verfahrensspezifischen Einflussgrößen und ihre Wirkungen auf das Prüfergebnis abgeleitet. Weiterhin erfolgen Parameterstudien zur Bewertung der Hydrophobiewiederkehr sowie Untersuchungen zur prinzipiellen Eignung des DTPV als Diagnoseprüfverfahren für eine Bewertung der „elektrischen Wirksamkeit" der dynamischen Eigenschaften Wiederkehr und Transfer.

2 Erkenntnisstand

Nachfolgendes Kapitel behandelt grundlegende Erkenntnisse, die für die Entwicklung eines zeitraffenden Prüfverfahrens zur Bewertung dynamischer Hydrophobieeigenschaften im Hochspannungs-Freilufteinsatz von Relevanz sind. Dabei wird zunächst auf die in dieser Arbeit untersuchten polymeren Isolierstoffe für den Hochspannungs-Freilufteinsatz sowie die Grundlagen zur Benetzungstheorie von Feststoffoberflächen eingegangen. Darauf aufbauend erfolgen Erläuterungen zu bekannten hydro- und elektrohydrodynamischen Phänomenen von Wasser- bzw. Elektrolyttropfen auf horizontalen und geneigten Isolierstoffoberflächen sowie bisherige Erkenntnisse zur Wirkung dieser Phänomene auf reversible Degradations- und irreversible Deteriorationsprozesse polymerer Isolierstoffe. Abschließend werden bisher verwendete Prüfverfahren zur Bewertung dynamischer Hydrophobieeigenschaften vorgestellt, um den Stand der Technik abzubilden.

2.1 Polymere Isolierstoffe für den Hochspannungs-Freilufteinsatz

2.1.1 Silikonelastomere

Herstellung, chemische Struktur

Das Basismaterial aller Silikonelastomere bildet Silikonkautschuk, welcher ein nach DIN ISO 1382 [25] vernetzbares Polymer mit gummielastischen Eigenschaften bei Raumtemperatur bildet. Die Herstellung des Silikonpolymers erfolgt überwiegend über eine Direktsynthese (Müller-Rochow-Synthese) bzw. das Grignard-Verfahren [26], [27], [28]. Die gebildeten Silane werden mittels Hydrolyse und anschließender Polykondensation zu Polydimethylsiloxan weiterverarbeitet [26] (**Bild 2-1**).

Während der Polykondensation und anschließenden Polymerisation laufen Gleichgewichtsreaktionen ab, bei denen neben den langkettigen, hochmolekularen auch niedermolekulare PDMS-Moleküle mit linearer oder zyklischer Struktur entstehen (sog. LMWs – low molecular weight components). Diese sind für die dynamischen Hydrophobieeigenschaften der Wiederkehr und des Transfers von zentraler Bedeutung, da sie bekanntermaßen an die Isolierstoff- bzw. angelagerte Fremdschichtoberflächen diffundieren und diesen hydrophobe Eigenschaften verleihen können. Das Gleichgewicht zwischen hoch- und niedermolekularen Bestandteilen wird durch die Reaktionsbedingungen beeinflusst und kann durch gezielte Wahl der Reaktionsparameter eingestellt werden [20]. Dieses Gleichgewicht wird anschließend kontinuierlich durch das Silikonelastomer (Silicone Rubber (SIR)) selbst erhalten [29].

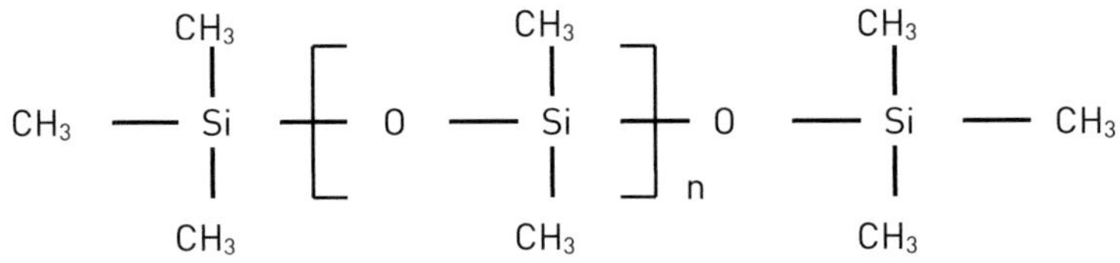

Bild 2-1: Chemische Grundstruktur des Silikonpolymers (Polydimethylsiloxan (PDMS))

Bei der Vernetzung des Silikonelastomers kann nach der Vernetzungstemperatur in hochtemperaturvernetzte HTV-SIR (ca. 140...180 °C), raumtemperaturvernetzte RTV-SIR (ca. ab 20 °C) sowie Flüssigsilikon LSR (ca. ab 100 °C) unterschieden werden. Diese werden wesentlich durch das verwendete Vernetzersystem bestimmt (z. B. Peroxide, Platinkatalysatoren).

Für die Herstellung von Silikonelastomeren werden mehrheitlich difunktionelle Einheiten verwendet (vgl. Bild 2-1), wodurch sich eine helixförmige Struktur der Hauptkette ergibt, bei der die Methylgruppen nach außen gerichtet sind [13]. Diese Molekülkonformation[1] [30] ist bei der herausragenden wasserabweisenden Wirkung des Silikonelastomers von großer Bedeutung, da die vergleichsweise niederenergetischen Methylgruppen die höherenergetischen polaren Gruppen der Siloxankette von der Oberfläche abschirmen.

Die Verarbeitung des entstandenen Silikonpolymers hängt maßgeblich von der Viskosität des Materials ab, die durch das Ausgangspolymer (Feststoff-

[1] Die Molekülkonformation beschreibt die räumliche Gestalt eines Makromoleküls bei gleicher Anordnung der Atome/Atomgruppen im Molekül (z. B. Beschreibung der Rotation um drehbare Bindungsachsen) [30].

oder Flüssigsilikonkautschuk) und die zugesetzten Füllstoffe zur Erhöhung der Alterungsbeständigkeit bestimmt werden. Während das Vergießen für Flüssigsilikone verwendet wird, kommt Extrudieren oder Spritzgießen für Feststoffsilikone zum Einsatz [31].

Füllstoffe

Die Zugabe von Füllstoffen ist zur Verarbeitbarkeit des Silikonkautschuks notwendig und dient der Einstellung spezieller Eigenschaften des Endproduktes. Silikonelastomere, die für den Freilufteinsatz konzipiert werden, beinhalten zur mechanischen Verstärkung hochdisperse Kieselsäure SiO_2 (HDK). Die Kieselsäure liegt in einer amorphen Struktur vor, wobei sich Primärteilchen mit einer großen spezifischen Oberfläche ausbilden und freie Silanolgruppen zahlreiche Wechselwirkungen mit den Polymerketten des Silikonelastomers eingehen. Dadurch werden mechanische Kräfte und Spannungen in der Werkstoffstruktur vergleichmäßigend verteilt und es kann eine Erhöhung der mechanischen Festigkeit und Reißdehnung erzielt werden [32].

Zahlreiche weitere nichtverstärkend wirkende Füll- oder Zusatzstoffe werden der Formulierung des Silikonelastomers beigefügt und dienen der Verbesserung spezieller Eigenschaften. Dazu zählen z. B. niederviskose Silikonöle zur Verbesserung der Hydrophobieeigenschaften oder die Zugabe von Ruß zur Leitfähigkeitsbeeinflussung. Ein weiterer häufig eingesetzter Füllstoff, speziell bei HTV-Formulierungen, ist Aluminiumoxid-Trihydrat (ATH) $Al_2O_3 \cdot 3H_2O$ bzw. $2Al(OH)_3$ (Aluminiumhydroxid). Dieser auch in der Brandschutztechnik verwendete Füllstoff wird hier zur Verbesserung der Kriechstromfestigkeit eingesetzt [33]. Dieser kann allerdings bei fehlender oder ungeeigneter Behandlung eine Minderung hydrophober und mechanischer Isolierstoffeigenschaften bewirken [13].

2.1.2 Epoxidharz-Formstoffe

Herstellung und chemische Struktur

Epoxidharz-Formstoffe werden den duroplastischen Werkstoffen zugeordnet und sind durch die charakteristische Epoxid-Gruppe gekennzeichnet (**Bild 2-2**). Diese setzt sich aus Kohlenstoff, Sauerstoff und Wasserstoff sowie organischen Resten (R) zusammen. Grundsätzlich werden Epoxidharz-Formstoffe in aromatische und cycloaliphatische Matrixsysteme unterschieden [20]. Die Gruppe der Aromaten findet überwiegend Anwendung im Innenraumbereich und die cycloaliphatischen Epoxidharz-Formstoffe (CEP) werden aufgrund ihrer chemischen Struktur und daraus resultierenden hohen UV-Beständigkeit vorwiegend für den Freiluftbereich eingesetzt [34]. Nachfolgend soll ausschließlich auf die Gruppe der CEP eingegangen werden.

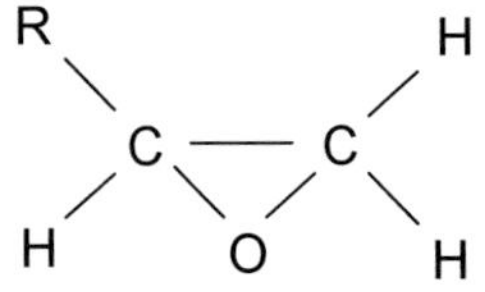

Bild 2-2: Epoxid-Gruppe [34]

Die Vernetzung der niedermolekularen Epoxide erfolgt über eine mehrfache Polyaddition zu einer Harzstruktur, wobei diese aus mehrfunktionellen Monomereinheiten besteht und ein räumlich eng vernetztes Polymer amorpher Struktur bildet [34]. Die Vernetzung, bei Epoxidharzen üblicherweise als Aushärtung bezeichnet, wird nach der Art der Verarbeitungstemperatur unterschieden. Dabei werden für den Hochspannungs-Freilufteinsatz warm- und heißhärtende Harze unter Zugabe von Füllstoffen, Additiven und verschiedenen Katalysatoren eingesetzt [34]. Die Oberfläche von Epoxidharz-Formstoffen wird nach der Aushärtung von einer sogenannten Gießhaut (vergleichbar mit einer Versiegelung) gebildet, bei der die Bestandteile des Formstoffes mit darin enthaltenen Füllstoffen und Zusätzen vor äußeren Einflüssen wie z. B. Feuchtigkeit und UV-Strahlung geschützt werden können [34].

Füllstoffe und Modifizierung der Polymermatrix

Auch bei CEP-Formstoffen werden die gewünschten mechanischen, elektrischen und dielektrischen Eigenschaften über die Zugabe von Füllstoffen eingestellt. Diese können Füllgrade bis 65 % aufweisen, wobei in der Regel Quarzmehl den Hauptbestandteil für eine Verbesserung der mechanischen Eigenschaften bildet. Weitere Füllstoffe wie z. B. Dolomit und Aluminiumoxid finden eher Anwendung im Innenraumbereich bzw. bei gasisolierten Schaltanlagen [34]. Für den Hochspannungs-Freilufteinsatz findet auch ATH für eine verbesserte Erosions- und Kriechstromfestigkeit Anwendung [35].

Die hydrophoben Eigenschaften „klassischer" Epoxidharz-Formstoffe werden unter anderem durch die Silanisierung des als Füllstoff verwendeten Quarzmehls [36] sowie das verwendete Formtrennmittel beeinflusst [20], [37]. Eine Regeneration nach einem einmal eingetretenen Verlust der Hydrophobie kann in der Regel infolge fehlender diffusionsfähiger hydrophober Bestandteile nicht beobachtet werden [38]. Um den Epoxidharz-Formstoffen eine intrinsische Hydrophobie zu verleihen, wird bei einer Modifizierung der Harzmatrix die Diffusionsfähigkeit zugegebener Silikonverbindungen ermöglicht [20]. Dies kann unter Zugabe einer Emulsion mit speziellen Fließeigenschaften erreicht werden [39], wobei vier verschiedene Methoden für eine Verbindung hydrophober und nicht-hydrophober Bestandteile zur Verfügung stehen [20]:

(1) die Vermischung von hydrophoben und nicht-hydrophoben Phasen,
(2) der Aufbau einer Matrixstruktur,
(3) die Herstellung von Copolymeren und
(4) die Veränderung der Gießhaut [40].

Dabei hat sich die Variante der Vermischung hydrophober und nicht-hydrophober Phasen durchgesetzt, da die anderen Verfahren eine Herabsetzung der Glasübergangstemperatur bewirken oder zu intensiver Erosion des Isolierstoffes führen können. Die durch Zugabe von Silikonbestandteilen modifizierten Epoxidharz-Formstoffe werden vom Hersteller als „hydrophober, cycloaliphatischer Epoxidharz-Formstoff" (HCEP) bzw. „superhydrophober, cycloaliphatischer Epoxidharz-Formstoff" (SHCEP) bezeichnet.

2.1.3 Ethylen-Vinylacetat

Ethylen-Vinylacetat (EVA) gehört zur Gruppe der Polyolefine und besteht als Copolymer aus zwei Monomerarten – Ethen und Vinylacetat (**Bild 2-3**), die in frei wählbarem Verhältnis zueinander copolymerisiert werden können [41].

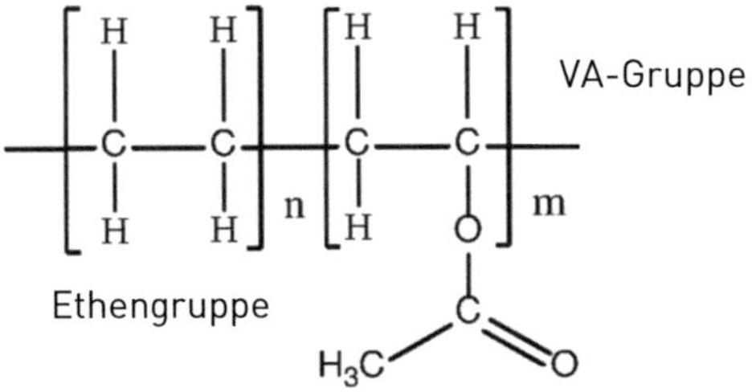

Bild 2-3: Chemische Grundstruktur der Ethen- (links) und Vinylacetat-Gruppe (rechts)

Mit zunehmendem Anteil von Vinylacetat (VA) wird die Kristallinität von Polyethylen reduziert, wodurch eine zunehmend amorphe Struktur eingestellt und die Elastizität erhöht wird. Typische Gehalte an VA für Anwendungen in der Hochspannungstechnik liegen in einem Bereich von 40 % bis zu 80 % [42], wodurch EVA mit hohem VA-Gehalt den Elastomeren zuzuordnen ist.

Die Herstellung erfolgt über eine radikalische Copolymerisation im Hochdruckverfahren mit Drücken bis zu 400 bar. Die anschließende Vernetzung wird unter Zugabe von Peroxiden durchgeführt [41].

Für eine Verbesserung der mechanischen Eigenschaften werden verstärkende Füllstoffe in Form verschiedener Ruße zur Formulierung hinzugefügt. Des Weiteren wird wie bei Silikonelastomeren Aluminium-Trihydrat für eine Verbesserung der Erosions- und Kriechstromfestigkeit eingesetzt.

2.2 Grundlagen zur Hydrophobie und Hydrodynamik polymerer Isolierstoffoberflächen

2.2.1 Benetzung von Feststoffoberflächen

2.2.1.1 Betrachtungen an horizontalen Feststoffoberflächen

Die Benetzung beschreibt das Verhalten einer Flüssigkeit bei Kontakt mit einer Feststoffoberfläche [43]. Unter dem Begriff „Oberfläche" wird die Grenzfläche zwischen einer festen bzw. flüssigen Phase mit einer Gasphase verstanden [44]. Innerhalb einer Phase existieren zwischen benachbarten Atomen und Molekülen Kohäsionskräfte, die den Zusammenhalt dieser Phase bewirken. In polymeren Isolierstoffen bestehen die Kohäsionskräfte allgemein aus zwischenmolekularen Bindungskräften (van-der-Waals-Bindungen, Wasserstoffbrückenbindungen) sowie einer mechanischen „Verkettung" von Makromolekülen [45]. Die Kraftwirkung auf ein Molekül z. B. im Volumen einer Flüssigkeit ergibt sich im zeitlichen Mittel vektoriell zu Null, da sich die anziehenden und abstoßenden Kräfte gegenseitig aufheben (**Bild 2-4 a**) [20]. Für Moleküle an der Grenzschicht gilt dies unter Vernachlässigung der nächst angrenzenden Phase nicht, auf sie wirken in das Volumen der Flüssigkeit hinein gerichtete Kohäsionskräfte F_k.

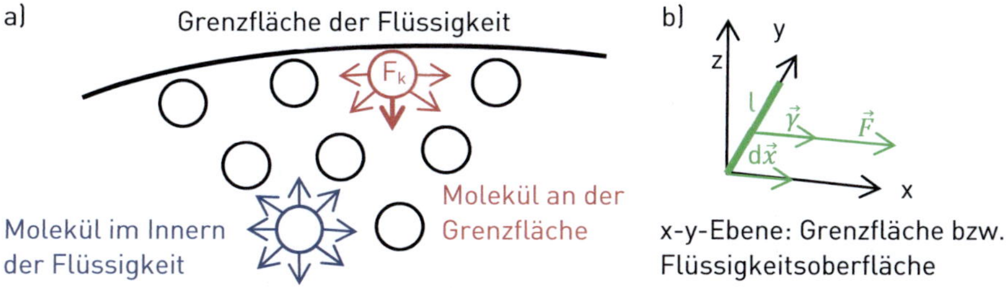

Bild 2-4: Wechselwirkungen von Molekülen im Innern und an der Grenzfläche von Flüssigkeiten (a), Definition der Grenzflächenspannung (b) nach [20]

Um die Grenzfläche eines Stoffes zu vergrößern, muss eine Gegenkraft aufgebracht bzw. eine Arbeit zur Überwindung der nach innen gerichteten Kohäsionskräfte verrichtet werden. Diese wird als Grenz- bzw. Oberflächenspannung bezeichnet und ist im „mechanischen Sinne" definiert als die auf die Verschiebung eines Längenelementes l um das Wegelement $d\vec{x}$ bezogene, tangential zur Oberfläche gerichtete Kraft $\vec{F}$ [20] (**Bild 2-4 b** und **Formel 2-1**).

$$\vec{\gamma} = \frac{\vec{F}}{l} \text{ in N/m = kg/s}^2$$

Formel 2-1

Der Betrag des Oberflächenspannungsvektors $|\vec{\gamma}|$ wird auch als Grenz- bzw. Oberflächenenergie γ bezeichnet. Eine weitere Definition der Grenzflächenspannung ist aus thermodynamischer Sicht auch durch die Betrachtung der differentiellen Änderung der spezifischen freien Enthalpie[2] [46] möglich. Diese kann unter isobaren und isothermen Bedingungen als die reversible Arbeit verstanden werden, um eine Oberfläche um eine Flächeneinheit zu vergrößern [47]. Daraus ergibt sich die Analogie zur mechanischen Definition.

Bei Benetzung einer horizontalen Feststoffoberfläche mit einer Flüssigkeit bildet sich zwischen diesen beiden unter Wirkung adhäsiver Kräfte eine Grenzschicht aus. Als Maß für die Benetzbarkeit kann der an der Dreiphasengrenze Gas - Flüssigkeit - Feststoff ausgebildete Gleichgewichtsrandwinkel θ_G herangezogen werden (**Bild 2-5**), welcher durch die YOUNG'sche Gleichung beschrieben werden kann [48] (**Formel 2-2**).

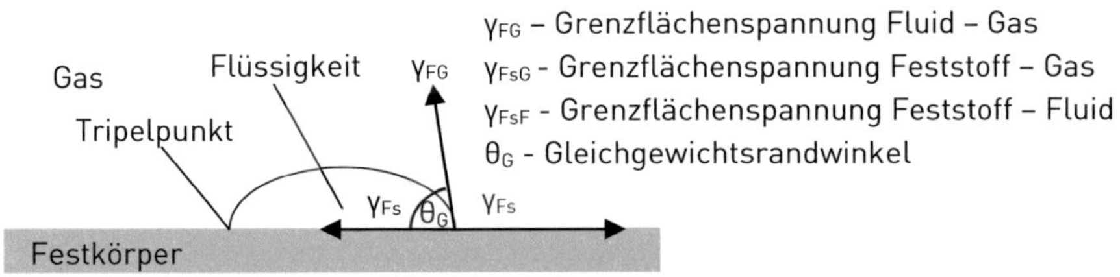

Bild 2-5: Flüssigkeitstropfen auf einer Feststoffoberfläche (schematisch)

---

[2] Die Enthalpie ist ein Maß für die auf die Stoffmenge bzw. Masse bezogene Energie eines thermodynamischen Systems [46].

$$\gamma_{FsG} - \gamma_{FsF} = \gamma_{FG} \cdot cos\theta_G$$

Formel 2-2

Die Gültigkeit der YOUNG'schen Gleichung ist allerdings auf ideale Grenzflächen beschränkt.

Die Adhäsionsarbeit W_A zwischen Flüssigkeit und Feststoff kann nach der Young-Dupré-Gleichung [49] (**Formel 2-3**) bzw. nach [50] aus dem geometrischen Mittel der beteiligten Oberflächenspannungen unter Beachtung des Wechselwirkungsparameters Φ beschrieben werden (**Formel 2-4**).

$$W_A = \gamma_{FG} + \gamma_{FsG} - \gamma_{FsF} = \gamma_{FG} \cdot (1 + cos\theta_G)$$

Formel 2-3

$$W_A = 2 \cdot \Phi \cdot \sqrt{\gamma_{FsG} \cdot \gamma_{FG}}, \text{ mit:}$$

$$\Phi = exp[\beta \cdot (\gamma_{FsG} \cdot \gamma_{FG})^2] \text{ und } \beta = 0{,}0001247 \left(\frac{m^2}{mJ}\right)^2$$

Formel 2-4

Bei einer Anwendung dieser Zusammenhänge kann durch die Messung des Benetzungswinkels bei bekannter Oberflächenspannung der Flüssigkeit die Oberflächenspannung des Feststoffes berechnet werden. Für eine möglichst exakte Messung muss der Messwert des Kontaktwinkels nahe am Gleichgewichtsrandwinkel idealer Feststoffoberflächen liegen.

Die Berechnung der Oberflächenspannung kann nach verschiedenen theoretischen Ansätzen und Methoden erfolgen, z. B. nach Zisman [48], Fowkes [50] oder Owens, Wendt, Rabel und Kaelble [51]. Deren Anwendung hängt auch von den verwendeten Prüfflüssigkeiten und der chemischen Zusammensetzung des Feststoffes ab. Allgemein wird davon ausgegangen, dass sich die Oberflächenspannung aus verschiedenen, additiv verknüpfbaren Komponenten der physikalischen Wechselwirkungskräfte zusammensetzt. Diese unterscheiden sich je nach Methode voneinander. Eine universal einsetzbare Methode ist die Berechnung nach [51], bei der eine Aufteilung der

Oberflächenspannung in dispersen γ^d und polaren γ^p Anteil erfolgt. Unter Anwendung von Formel 2-3 und einer Aufteilung der Oberflächenspannung in ihre Komponenten ergibt sich folgende Beziehung zwischen dem messbaren bzw. dem statischen Kontaktwinkel θ_s, der bekannten Oberflächenspannung des Fluids (γ_{FG}^d und γ_{FG}^p) und der unbekannten Oberflächenspannung des Feststoffes (γ_{FsG}^d und γ_{FsG}^p) (**Formel 2-5**):

$$-\gamma_{FG} \cdot cos\theta_G = \gamma_{FG} - 2 \cdot \Phi \cdot \left(\sqrt{\gamma_{FsG}^d \cdot \gamma_{FG}^d} + \sqrt{\gamma_{FsG}^p \cdot \gamma_{FG}^p}\right)$$

Formel 2-5

Daraus ergibt sich die Forderung, dass für die Bestimmung disperser γ_{Fs}^d und polarer γ_{Fs}^p Anteile der Oberflächenspannung des Feststoffes mindestens zwei Prüfflüssigkeiten mit verschiedenen dispersen γ_{F1}^d, γ_{F2}^d und polaren γ_{F1}^p, γ_{F2}^p Anteilen benötigt werden, aus denen sich die unbekannten Anteile γ_{Fs}^d und γ_{Fs}^p ermitteln lassen (**Formel 2-6**).

$$\gamma_{FsG} = \gamma_{FsG}^d + \gamma_{FsG}^p, \gamma_{F1G} = \gamma_{F1G}^d + \gamma_{F1G}^p, \gamma_{F2G} = \gamma_{F2G}^d + \gamma_{F2G}^p$$

Formel 2-6

Eine in der praktischen Messung häufig angewendete Vereinfachung der Betrachtungen lässt sich erreichen, wenn eine der beiden Prüfflüssigkeiten rein disperse Anteile aufweist. Für den Fall, dass $\gamma_{F1G}^p = 0$ ergeben sich γ_{Fs}^d, γ_{Fs}^p und schließlich γ_{Fs} zu (**Formel 2-7, Formel 2-8**):

$$\gamma_{FsG}^d = \frac{\gamma_{F1G} \cdot (1 + cos\theta_{s1})^2}{4 \cdot \Phi^2}$$

Formel 2-7

$$\gamma_{FsG}^{p} = \frac{\left(\gamma_{F2G} \cdot (1 + cos\theta_{s2})^2 - 2 \cdot \sqrt{\gamma_{F2G}^{d} \cdot \gamma_{FsG}^{d}}\right)^2}{4 \cdot \Phi^2 \cdot \gamma_{F2G}^{p}}$$

Formel 2-8

Bei der Verwendung von mehr als zwei Prüfflüssigkeiten kann eine Abschätzung der Messfehler bei der Kontaktwinkelmessung erfolgen.

2.2.1.2 Benetzung realer Feststoffoberflächen

Der Benetzungszustand realer Feststoffoberflächen weicht durch die Wirkung einzelner oder mehrerer folgender Bedingungen von der idealen Benetzung nach YOUNG'scher Gleichung ab [12]:

- chemische & topografische Heterogenität der Feststoffoberfläche,
- Deformation der Tropfenkontur durch die Gravitation,
- chemische Wechselwirkungen zwischen Flüssigkeit - Feststoff (z. B. Adsorption, Verformung des Feststoffes, Umorientierungsvorgänge im Feststoff, Quellen der Feststoffoberfläche),
- Einschluss von Gasbläschen in die Flüssigkeit-Feststoff-Grenzfläche (heterogene Benetzung).

Daraus resultieren messtechnisch eine Reihe von Kontaktwinkeln für eine Charakterisierung des Oberflächenzustandes (**Tabelle 2-1**).

Das Auftreten der Kontaktwinkelhysterese wird neben o. g. Bedingungen vor allem auf die topografische Heterogenität der Feststoffoberfläche und daraus resultierende heterogene Benetzung zurückgeführt, weshalb nachfolgend näher auf den Einfluss der Oberflächenstruktur auf die Benetzung eingegangen werden soll.

Die Oberflächenbeschaffenheit ist für die Benetzungseigenschaften von besonderer Bedeutung. Sie kann einen Einfluss auf die Richtung der Grenzflächenspannungsvektoren ausüben, ein gleichmäßiges Fortschreiten bzw. Rückziehen der Flüssigkeitsfront beeinflussen sowie Gaseinschlüsse zwischen Feststoff und Flüssigkeit verursachen. Beeinflusst die Struktur das Benetzungsverhalten, erfolgt eine Systembewertung aus Volumen- und

Oberflächeneigenschaften des Feststoffes. Dann wird anstelle des intrinsischen bzw. mikroskopischen Kontaktwinkels, der ausschließlich von den beteiligten Stoffen abhängig ist, ein makroskopischer Kontaktwinkel θ_s ermittelt. Um von dem messtechnisch erfassbaren makroskopischen auf den intrinsischen Kontaktwinkel θ_G schließen zu können, wurden verschiedene Modelle entwickelt, die einen Zusammenhang zwischen diesen Winkeln mit Hilfe von Korrekturfaktoren ermöglichen.

Tabelle 2-1: Kontaktwinkel an idealen und realen Feststoffoberflächen

Winkel	Erläuterung
Gleichgewichtsrandwinkel θ_G (intrinsischer oder mikroskopischer Kontaktwinkel)	Kontaktwinkel nach YOUNG'scher Gleichung an idealen Feststoffoberflächen
statischer Kontaktwinkel θ_s (scheinbarer oder makroskopischer Kontaktwinkel)	Winkel im Tripelpunkt einer Feststoff-Flüssigkeit-Gas-Grenzfläche an ruhendem Tropfen auf einer horizontalen, realen Feststoffoberfläche
Vorrück- oder Fortschreitwinkel θ_v	maximal messbarer Winkel im Tripelpunkt einer Feststoff-Flüssigkeit-Gas-Grenzfläche bei Benetzung von Flüssigkeit auf einer realen Feststoffoberfläche [45]
Rückzugswinkel θ_r	minimal messbarer Winkel im Tripelpunkt einer Feststoff-Flüssigkeit-Gas-Grenzfläche bei Entnetzung von Flüssigkeit auf einer realen Feststoffoberfläche [45]
Kontaktwinkelhysterese	Differenz aus Vorrück- und Rückzugswinkel

Die Benetzung strukturierter Oberflächen kann sich prinzipiell homogen nach dem Modell von Wenzel [52], heterogen nach dem Cassie-Baxter-Modell [53], was z. B. das Auftreten des Lotus®-Effektes beschreibt, oder aus einer Mischung dieser beiden Modelle einstellen [43], [54] (**Bild 2-6**).

Bei homogener Benetzung steigt mit zunehmender Rauheit die Kontaktwinkelhysterese an [54], [55]. Demgegenüber wird bei heterogener Benetzung mit steigender Rauheit eine kleinere Kontaktwinkelhysterese beobachtet [54], [55], [56]. Für eine Optimierung von Oberflächenstrukturen hinsichtlich eines gewünschten Benetzungsverhaltens wurden verschiedene Benetzungsmodelle herangezogen. Speziell die Einstellung super- oder ultrahydrophober Benetzungszustände mit statischen Kontaktwinkeln über 150° sind Gegenstand zahlreicher Untersuchungen [43], [47], [54], [57], [58], [59], [60], [61], [62] und auch [63], [64] für die Anwendung im Hochspannungs-Freiluftbereich.

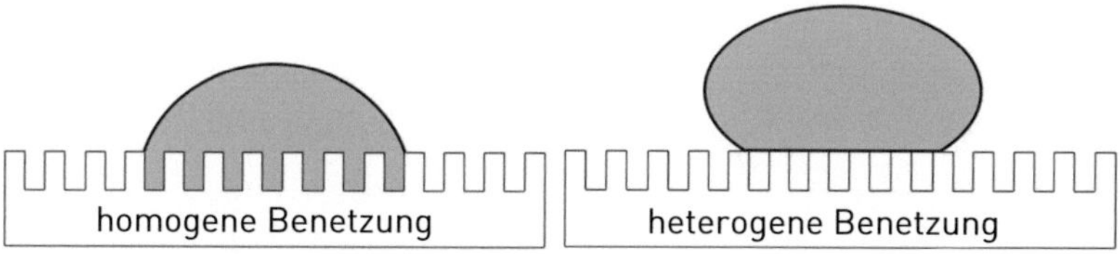

Bild 2-6: Benetzungszustände geometrisch strukturierter Oberflächen; Wenzel-Modell (links), Cassie-Baxter-Modell (rechts)

Um superhydrophobe Oberflächeneigenschaften zu erreichen, ist die Einstellung stabiler, heterogener Benetzungsverhältnisse erforderlich. Für deren Bewertung wird das Aspektverhältnis herangezogen, welches aus dem Quotienten der Profiltiefe und der Profilbreite bei periodischen Strukturen gebildet wird [65]. Dieses gibt an, ob eine gegebene Prüfflüssigkeit bis in die „Talsohlen“ des Rauheitsprofiles eindringen kann. Der heterogene Benetzungszustand wird dabei als umso stabiler angesehen, je größer das resultierende Aspektverhältnis ist.

Aus einer Zusammenstellung in [54] aus vielzähligen Untersuchungen ist der zumeist irreversible Übergang von heterogener zu homogener Benetzung infolge diverser Einflussfaktoren bekannt:

- Gewicht, Verdunstung, Kondensation und Vibration des Tropfens,
- Reduktion der Profiltiefe durch Schmutzteilchen,
- das Anlegen elektrischer Felder,
- der Einfluss von Form, Größe und Aspektverhältnis der Oberflächenstrukturen.

Diese Einflussfaktoren gelten bisher als nachteilig für die technische Anwendung der Superhydrophobie für Freiluftisolatoren.

2.2.2 Messtechnische Erfassung

Für eine Bewertung des Benetzungszustandes existieren eine Vielzahl von Messmethoden und Messgrößen. Eine Auswahl der häufig für polymere Isolierstoffe eingesetzten Verfahren ist in **Tabelle 2-2** [66] dargestellt.

In dieser Arbeit wird der Benetzungszustand anhand von Kontaktwinkelmessungen ermittelt. Auf diese wird nachfolgend näher eingegangen.

Tabelle 2-2: Ausgewählte Bewertungs- und Messgrößen für eine Bewertung des Benetzungszustandes in Anlehnung an IEC TS 62073 [66]

Bewertungsgröße	Messgröße, Beschreibung
Kontaktwinkelmessung	Messung statischer, dynamischer Kontaktwinkel
Abrollwinkel, Kippwinkel	Winkel, bei dem ein aufgesetzter Tropfen auf eine Oberfläche mit kontinuierlich zunehmender Neigung bei Erreichen eines bestimmten Kippwinkels abgleitet
Benetzungsbild	STRI-Methode nach [66]: Optische Bewertung eines Benetzungsbildes aufgesprühter Tropfen auf geneigter Oberfläche
Oberflächenspannung	Berechnung aus der Messung statischer Winkel mehrerer Prüfflüssigkeiten
	Wilhelmy-Methode: Berechnung aus der Messung der Kraft bei Tauchversuchen in eine Prüfflüssigkeit

Eine grundlegende Aussage zum Hydrophobieverhalten kann mit Hilfe eines aufgesetzten Tropfens auf einer horizontalen Feststoffoberfläche erfolgen. Hierbei wird der statische oder scheinbare Kontaktwinkel θ_s [67] ermittelt (**Bild 2-7**), welcher Werte zwischen dem Vorrück- und dem Rückzugswinkel einnehmen kann. Diese Messmethode findet häufig bei Bewertung des Benetzungszustandes polymerer Isolierstoffoberflächen Anwendung. Eine quantitativ vergleichende Bewertung ist jedoch infolge der jeweilig voneinander differierenden Mess- (z. B. Tropfenvolumen, Dosierrate, Messzeitpunkt) und allgemeiner Prüfparameter (z. B. Oberflächenstruktur, Reinigungszustand, Umgebungsbedingungen) stark eingeschränkt.

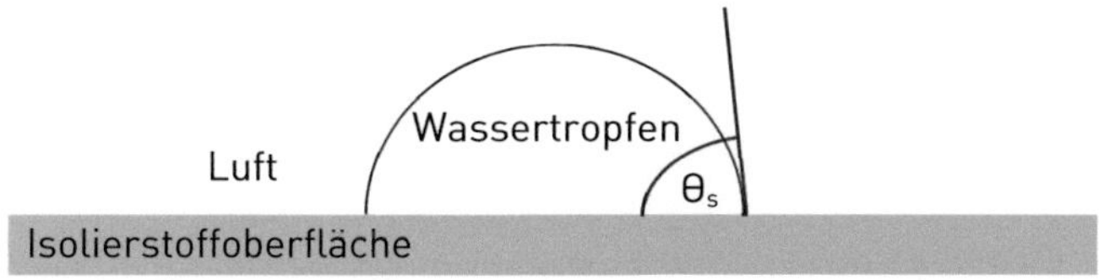

Bild 2-7: Messung des statischen Tropfenrandwinkels

Dies wird bei einer Zusammenstellung in [13] verdeutlicht, da diese Faktoren entscheidenden Einfluss auf das Messergebnis haben können. Eine grobe Klassifizierung des Benetzungsgrades polymerer Isolierstoffe kann orientierend in folgende Gruppen erfolgen und findet in dieser Arbeit ebenfalls Anwendung (**Tabelle 2-3** [62]):

Tabelle 2-3: Einstufung des Benetzungsgrades des statischen Kontaktwinkels nach [62]

statischer Kontaktwinkel	Einstufung
0° - 90°	hydrophil
90° - 150°	hydrophob
> 150°	superhydrophob

Für die Bestimmung der dynamischen Kontaktwinkel existieren eine Reihe verschiedener Messmethoden. Häufig finden die Volumenänderungsmethode durch Aufsetzen eines Tropfens auf die horizontale Probenoberfläche unter kontinuierlichem Zu- bzw. Wegdosieren des Tropfens als auch die Messung an abgleitenden Tropfen auf geneigten Isolierstoffoberflächen Anwendung (**Bild 2-8**).

Generell wird bei der Messung nach DIN 55660-2 [68] empfohlen, die Dosierrate der Prüfflüssigkeit bzw. die Abgleitgeschwindigkeit des Tropfens so gering wie möglich zu halten. Damit können ein quasistationärer Zustand des Tropfens mit der Feststoffoberfläche und Kontaktwinkel nahe dem Gleichgewichtsrandwinkel erreicht werden. Andernfalls kann, besonders bei Auftreten des Pinning-Effektes[3] [69], keine definierte Bewertung der Benetzungseigenschaften erfolgen.

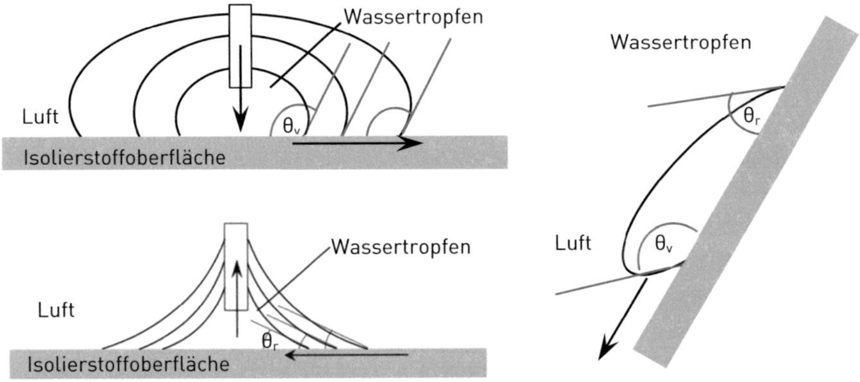

Bild 2-8: Messprinzip für die Messung dynamischer Kontaktwinkel mit der Volumenänderungsmethode (links) und Messung auf geneigter Ebene (rechts)

Für die dynamischen Kontaktwinkel existieren unterschiedliche Definitionen. Während in [68] an fortschreitenden bzw. sich zurückziehenden Tropfen *während* des Bewegungsvorganges gemessen wird, erfolgt an polymeren Isolierstoffen für die Hochspannungstechnik oft eine Messung am Tropfen augenblicklich *vor* der Bewegung, wie unter anderem in [12], [13], [16], [18], [20], [44], [64], [66], [70] beschrieben wird. Die Bewegung des Tropfens kann durch die Veränderung der Basislinie (Basisdurchmesser) des Tropfens detektiert werden. Der Unterschied dieser beiden Messprinzipien ist am Beispiel der Volumenänderungsmethode in **Bild 2-9** dargestellt. Für eine ideal glatte Feststoffoberfläche werden mit beiden Messmethoden identische dynamische Kontaktwinkel ermittelt.

An realen Feststoffoberflächen können unterschiedliche Messergebnisse bei Anwendung der Messprinzipien beobachtet werden, welche maßgeblich

[3] Infolge des Pinning-Effektes [69] können die Zunahme der Basislinie und die Initiierung des Abgleitvorganges auch bei verschiedenen Neigungswinkeln auftreten, da sich der Tropfen im Bereich des Vorrückwinkels bereits dehnt, im Bereich des Rückzugswinkels aber noch auf der Isolierstoffoberfläche anhaftet.

auf die chemische und topografische Heterogenität der Feststoffoberfläche zurückzuführen sind. Die Messung dynamischer Kontaktwinkel ist als erheblich anspruchsvollere aber auch als die aussagekräftigere und sensitivere Methode im Vergleich zur Bestimmung statischer Kontaktwinkel einzuschätzen, da die dynamischen Kontaktwinkel „Extremwerte“ für die Benetzbarkeit einer Feststoffoberfläche darstellen [67]. Untersuchungen in [16] mit der Messung jeweils *vor* der Bewegung des Tropfens weisen eine gute Übereinstimmung der dynamischen Kontaktwinkel zwischen der Volumenänderungsmethode und der Messung an der geneigten Ebene auf polymeren Isolierstoffoberflächen nach.

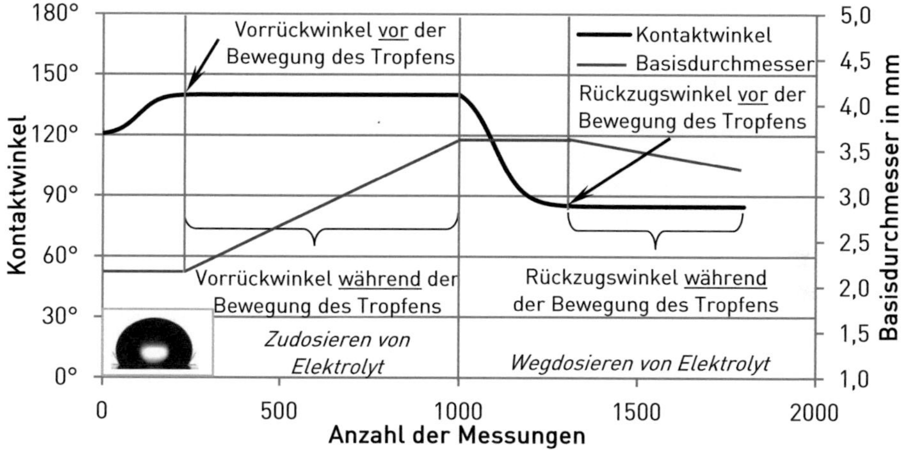

Bild 2-9: Verlauf des Vor- und Rückzugswinkels mit der Volumenänderungsmethode an ideal glatter Feststoffoberfläche; 1 Messung entspricht 1/20 s

Für eine Bewertung superhydrophober Oberflächen wird auch der Kippwinkel einer sich allmählich neigenden Feststoffoberfläche herangezogen [60], [61]. Je kleiner sich der resultierende Kippwinkel einstellt, desto hydrophober wird der Werkstoff eingestuft.

2.3 Elektrohydrodynamische Prozesse auf Isolierstoffoberflächen

In dieser Arbeit werden Wassertropfen definierten Volumens sowie definierter spezifischer Volumenleitfähigkeit allgemein als „Tropfen" bezeichnet. Die Elektrolytlösungen bestehen aus einfach oder mehrfach destilliertem bzw. entionisiertem Wasser unter Zugabe von Salzen für die Einstellung einer definierten spezifischen Volumenleitfähigkeit. Auf grundlegende Aspekte zur Benetzung und Hydrodynamik von Wassertropfen auf horizontalen Isolierstoffoberflächen wurde im vorangegangenen Kapitel eingegangen. Nachfolgend werden zusätzliche Phänomene unter Wirkung eines elektrischen Feldes betrachtet. Im Besonderen wird dabei auf die Zündung tropfeninitiierter Teilentladungen eingegangen, welche maßgeblich den Hydrophobieabbau im Dynamischen Tropfen-Prüfverfahren bewirken. In Abweichung z. B. von der mechanischen Definition der Begriffe „Belastung" und „Beanspruchung" wird die ausschließliche Wirkung eines elektrischen Feldes in dieser Arbeit als „Beanspruchung" bezeichnet, die Einwirkung eines Elektrolyten oder eine Kombination mehrerer Größen hingegen als „Belastung".

2.3.1 Elektrohydrodynamik auf horizontalen Isolierstoffoberflächen

Aus Untersuchungen in [44], [67], [70], [71], [72], [73], [74], [75] und weiteren bestehen grundlegende physikalische Erkenntnisse zum Verhalten von singulären Tropfen, Tropfenketten und Tropfenbelägen auf horizontalen Isolierstoffoberflächen. Dabei können Analogien zu freien Tropfen in Luft gebildet werden [49], für welche zahlreiche Erkenntnisse aus der Gewitterforschung vorliegen [76], [77]. Je weniger hydrophob eine Isolierstoffoberfläche ist (Tropfenrandwinkel $\theta_S < 90°$), desto stärker weicht das elektrohydrodynamische Verhalten eines aufgesetzten Tropfens vom Verhalten freier Tropfen ab [78].

Tropfen und Tropfenketten werden in vielen Untersuchungen durch diskret aufgesetzte singuläre Tropfen gebildet. Der Kontakt des Messtropfens mit der Isolierstoffoberfläche entspricht dabei einem Benetzungsvorgang, weshalb der gebildete Kontaktwinkel eher dem dynamischen Vorrückwinkel entspricht. Tropfenbeläge werden in der Regel durch Nebelbelastung oder Betauung der Isolierstoffoberfläche erzeugt. Der Tropfenbelag entsteht dann durch Tropfenkollision und/oder -kondensation. Dabei findet eine Anlagerung von Primärtropfen an Kondensationskeimen auf der Isolierstoffoberfläche statt. Diese wachsen weiter an und können sich mit benachbarten Tropfen vereinigen [67]. Durch das Zusammen- oder Abfließen von Tropfen nehmen die Kontaktwinkel des Belages eher den dynamischen Rückzugswinkel ein. Dadurch ergeben sich prinzipielle Unterschiede zwischen diskret aufgesetzten Tropfen und Tropfenbelägen.

Neben einer qualitativen Beschreibung elektrohydrodynamischer Phänomene erfolgt eine Quantifizierung in vielen Untersuchungen anhand der elektrisch erfassbaren Messgrößen:

- TE-Erscheinung (z. B. Einsatzspannung, scheinbare Ladung, Phasenlage),
- Überschlagspannung,
- Ableitstrom.

2.3.1.1 Singulärer Tropfen

Grundsätzliche Phänomene

Nachfolgend wird ein Tropfen auf einer horizontalen Isolierstoffoberfläche unter Beanspruchung mit einem Tangentialfeld betrachtet (**Bild 2-10** [31]). Der Fokus liegt zunächst auf Phänomenen unter Beanspruchung mit 50-Hz-Wechselspannung.

Der Tropfen verursacht aufgrund des hohen Verhältnisses der Dielektrizitätszahlen (Wasser:Luft = 80:1) Feldstärkeerhöhungen speziell im Bereich des Tripelpunktes. Die Feldlinien konzentrieren sich an diesem Pol und die resultierende Feldstärke kann die elektrische Festigkeit der Luft übersteigen. Dieses Modell bzw. Phänomen wird auch als Wassertropfenkorona bezeichnet. Den auf den Tropfen einwirkenden elektrischen Kräften wirken Rückstellkräfte der Viskosität als innere Reibung des Tropfens sowie Adhäsion an der Grenzfläche zwischen Flüssigkeit und Feststoff entgegen. Dadurch bilden Tropfen auf Isolierstoffoberflächen im Gegensatz zu „starren" Elektrodenanordnungen definierter Geometrie ein dynamisches, mechanisch schwingungsfähiges System [44]. Damit besteht eine komplexe

Wechselwirkung zwischen Tropfendeformation und der elektrischen Feldverteilung.

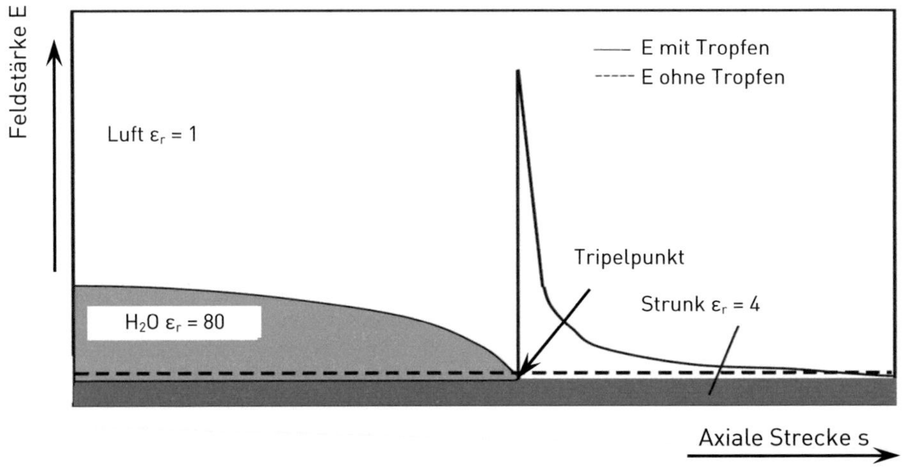

Bild 2-10: Feldstärkeverlauf entlang der Isolierstoffoberfläche mit und ohne einen Tropfen im Tangentialfeld unter AC-Beanspruchung [31]

Untersuchungen elektrohydrodynamischer Phänomene erfolgen i. d. R. in Spannungssteigerungsversuchen bis zum Überschlag der Elektrodenanordnung. Dieser wird über folgende Teilprozesse eingeleitet:

1. Deformation, Tropfenschwingungen und Dehnung im elektrischen Feld,
2. Tropfeninstabilität[4], TE-Einsatz, Bildung von „Jets" und von Sprühtropfen,
3. Überschlag.

Dabei wurden diverse Phänomene mit ihren Auswirkungen auf das elektrische Feld beobachtet (**Tabelle 2-4**). Eine strikte Trennung von Ursache und Wirkung ist aufgrund der gegenseitigen Beeinflussung von Tropfenkontur

[4] Erreicht ein Tropfen einen instabilen Zustand, weisen die Kontaktwinkel kleinere Werte als der Rückzugswinkel auf.

und Feldstärkeerhöhung erschwert. Eine ausführliche Beschreibung ist in [44], [67] und [70] enthalten.

Teilentladungen an singulären Tropfen werden den Glimm- und Streamerentladungen zugeordnet, wobei die Streamerentladungen mutmaßlich bei Kontakt des Tropfens mit der Elektrode auftreten und um mehrere Größenordnungen intensivere Pegel (ca. 50 pC) aufweisen können als die Glimmentladungen (ca. 0,5 pC) ([67]). Diese sind im Vergleich zu Koronaentladungen an Metallspitzen zeitlich instabil, schwanken und setzen teilweise aus [67]. Als mögliche Ursache wird die Überlagerung der Frequenz des angelegten Wechselfeldes mit der Abfolge von stabilen und instabilen Phasen des Tropfens diskutiert. Nach dem Verlöschen der Teilentladungen (TE) verbleiben Ladungen auf der Isolierstoffoberfläche, die nur langsam abfließen und ein intermittierendes Deformationsverhalten des Tropfens erzeugen können [67].

Tabelle 2-4: Überblick über Tropfenverhalten und Höchstfeldstärke am Tripelpunkt des Tropfens bei Steigerung der Prüfspannung U

U	Tropfen, Kontaktwinkel θ	Höchstfeldstärke E_h am Tripelpunkt
0	Ausgangszustand, $\theta = \theta_s$	$E_h = 0$
	Ausgangszustand, $\theta = \theta_s$	E_{h1}
↓	Tropfenschwingungen um die Gleichgewichtslage $\theta_v < \theta < \theta_r$	bei $\theta = \theta_r$ wird $E_{h2} > E_{h1}$
	Tropfendehnung (stabile Deformation) $\theta_v < \theta < \theta_r$	Erhöhung des Überbrückungsgrades, $E_{h3} > E_{h2}$, Höchstfeldstärken bis zum 8-fachen Wert der Grundfeldstärke ohne Tropfen möglich [70]
	Tropfeninstabilität (instabile Deformation) $\theta < \theta_r$	weitere Erhöhung des Überbrückungsgrades, die Höchstfeldstärke erreicht die kritische Feldstärke E_{krit}, bei der Tropfeninstabilitäten auftreten, Teilentladungseinsatz
$U_ü$	Überschlag der Elektrodenanordnung bei Erreichen der Überschlagspannung $U_ü$	

Unter Gleichspannungsbeanspruchung erfolgt der Überschlag im Spannungssteigerungsversuch in den gleichen Etappen wie unter AC-Beanspruchung. Allerdings werden bei der Tropfendeformation keine Tropfenschwingungen beobachtet. Die Deformation erfolgt „ruckartig" [44], [79] und unmittelbar während oder nach einer Spannungssteigerung [44], [80]. Des Weiteren liegen die TE-Einsatzspannungen [44], [81] und die Überschlagspannungen [78] höher als bei AC-Beanspruchung.

Einflussfaktoren auf das elektrohydrodynamische Verhalten

Die Einsatzspannungen der genannten Teilprozesse sind von einer Vielzahl von Parametern abhängig. Die wesentlichen Parameter mit ihren Trends sind in **Tabelle 2-5** aufgeführt. Eine vergleichende Bewertung der unterschiedlichen Untersuchungen ist infolge des komplexen Parameterfeldes, der Vielzahl der verwendeten Versuchsanordnungen und Messmethoden praktisch nicht möglich. Daher können für eine Abschätzung der Größenordnungen nur Einzelbeispiele dargestellt werden.

Ein wichtiger Parameter stellt das Tropfenvolumen mit seinem Einfluss auf o. g. Teilprozesse dar (**Bild 2-11** [70]). Dabei wird mit zunehmendem Tropfenvolumen ein Trend zu sinkenden Einsatzspannungen bzw. -feldstärken für die stabile und instabile Deformation sowie die Überschlagspannung beobachtet. Dies wird auf einen steigenden Überbrückungsgrad sowie verschiedene Schwingungsmodi zurückgeführt [44], [70], [71], [72], [75], [76], [78]. Auch die Frequenz des äußeren Wechselfeldes besitzt einen signifikanten Einfluss auf die TE-Einsatzspannung. Dabei werden in Abhängigkeit des Tropfenvolumens charakteristische Schwingungsmuster der Tropfen beobachtet. Diese treten wiederholt bei bestimmten Frequenzen und Tropfenvolumina auf [44], [78], (**Bild 2-12**) [75].

Tabelle 2-5: Wesentliche Parameter auf die TE-Einsatz- und Überschlagspannung bzw. -feldstärke singulärer Tropfen auf horizontalen Isolierstoffoberflächen (Literaturauswahl)

Erläuterung: ↗ Parameterwert steigt.

	Einflussgröße	Einfluss auf stabile & instabile Deformation, TE-Einsatz und Überschlag
Tropfenparameter	Volumen V_T	charakteristische Schwingungsmuster des Tropfens in Abhängigkeit des Volumens im AC-Feld [75]; V_T ↗: • Deformation, Instabilität, Teilentladungseinsatz, Überschlag bei kleinerer Prüfspannung [67], [73], [78], [82], [83], [84]; • Trend zu höherfrequenter Schwingung im AC-Feld [44].
Tropfenparameter	spezifische Volumenleitfähigkeit κ	eingebettete Elektroden: Tropfendeformation, -schwingung, TE-Einsatzspannung/ -feldstärke nahezu unabhängig von κ [75], [85]. aufgelegte Elektroden: **κ ↗:** sinkende TE-Einsatz- [86] und Überschlagspannung [72], [82].
Tropfenparameter	Ladungszustand Q	ungeladene Tropfen oszillieren im AC-Feld mit doppelter Frequenz des äußeren Feldes (Maxwell-Kraft), geladene Tropfen schwingen mit der angelegten Frequenz (Coulombkraft) [74], [87]. **Q ↗:** nahezu lineare Reduktion der kritischen Feldstärke und damit sinkende TE-Einsatzspannung bzw. -feldstärke [44].
Prüfspannungsart	AC	Tropfenschwingungen [44]
Prüfspannungsart	Frequenz f des AC-Feldes	**f ↗:** • abnehmende Amplitude der Tropfenschwingung [78]; • Trend zu höherfrequenter Tropfenschwingung [75], [88]; • Anstieg der Überschlagspannung infolge der Massenträgheit des Tropfens [74].
Prüfspannungsart	DC	"ruckartige Deformation" des Tropfens [44], [80]
Prüfspannungsart	Feldrichtung	niedrigere TE-Einsatzspannung im Tangentialfeld im Vergleich zum Normalfeld [73], [89]

	Einflussgröße	Einfluss auf stabile & instabile Deformation, TE-Einsatz und Überschlag
Umgebung	**Benetzungseigenschaften des Isolierstoffes**	**dynamische Kontaktwinkel ↗:** höhere TE-Einsatzspannung und Überschlag bei höherer Prüfspannung [75], [86], [90], [91]
	Temperatur T	**T ↗:** TE-Einsatz bei kleinerer Prüfspannung [70]
	Druck p	**p ↗:** TE-Einsatz bei höherer Prüfspannung [92], [93]
	relative Luftfeuchte r. F.	**r. F. ↗:** TE-Einsatz bei kleinerer Prüfspannung [70]

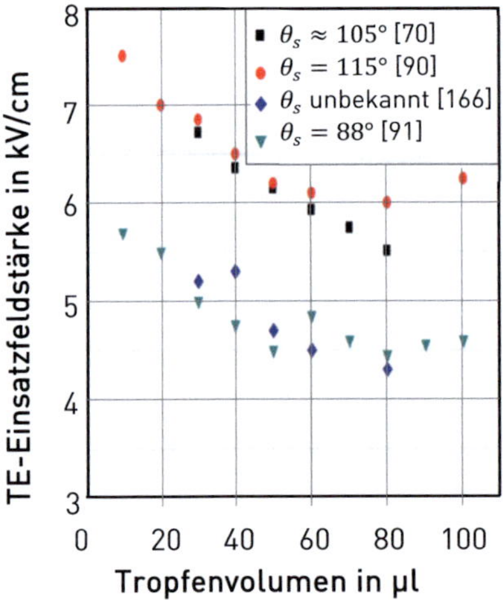

Bild 2-11: TE-Einsatzfeldstärke (Effektivwert) in Abhängigkeit des Tropfenvolumens nach [70]

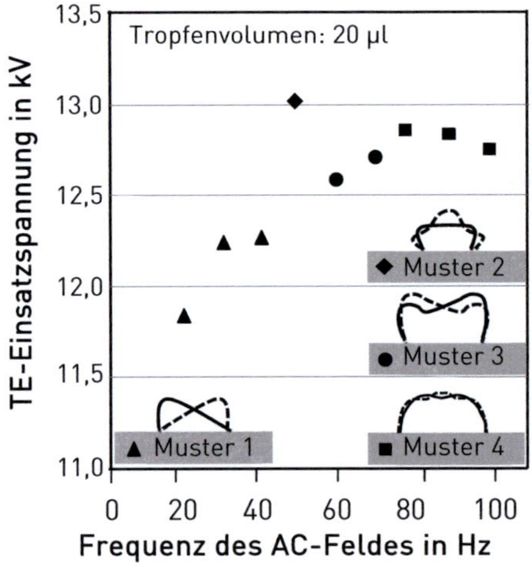

Bild 2-12: TE-Einsatzspannung (Effektivwert) in Abhängigkeit von der Frequenz des Wechselfeldes [75]

Für den Einfluss der spezifischen Volumenleitfähigkeit der Tropfen auf die Tropfendeformation und die TE-Einsatz- bzw. die Überschlagspannung werden unterschiedliche Ergebnisse ermittelt. Bei Elektrodenanordnungen mit in den Isolierstoff eingebetteten Elektroden wird mehrheitlich keine Abhängigkeit der TE-Einsatzspannung von der spezifischen Volumenleitfähigkeit beobachtet [75], [85]. Dies wird auf ein von der spezifischen Volumenleitfähigkeit unabhängiges Deformationsverhalten des Tropfens zurückgeführt.

Im Vergleich dazu sinken die TE-Einsatz- und Überschlagspannung mit steigender spezifischer Volumenleitfähigkeit bei auf die Isolierstoffoberfläche aufgelegten Elektroden [72], [82], [86]. Eine mögliche Ursache wird nicht angegeben, könnte allerdings auf den Ladungszustand der Tropfen oder die Bildung von Adsorbatschichten auf der Isolierstoffoberfläche zurückzuführen sein.

Der Ladungszustand des Tropfens kann Einfluss auf dessen Oszillationsverhalten ausüben. Untersuchungen in [74] und [75] weisen durch Modellberechnungen nach, dass ungeladene Tropfen unter Wirkung der Maxwell-Kraft mit der doppelten Frequenz des Wechselfeldes oszillieren. Im Gegensatz dazu schwingen geladene Wassertropfen in Frequenz mit dem AC-Feld infolge der Coloumb-Kraft. Dieser Effekt wird experimentell in [94] an definiert geladenen und ungeladenen Tropfen nachgewiesen.

2.3.1.2 Tropfenketten, Tropfenbeläge

An Tropfenketten können prinzipiell die gleichen hydro- und elektrohydrodynamischen Phänomene wie an singulären Tropfen beobachtet werden. Als zusätzliche Phänomene bei der Tropfendeformation sind die Bildung von Wasserpfaden zwischen benachbarten Tropfen und das Zusammenfließen von Tropfen zu nennen [67]. Die Einsatzspannung für die Tropfendeformation und die Überschlagspannung liegen niedriger als bei singulären Tropfen. Dies wird auf einen höheren Überbrückungsgrad und damit verbundene höhere lokale Feldstärken zurückgeführt [67]. Dabei sind die Anzahl und der Abstand zwischen benachbarten Tropfen von Bedeutung [72], [73], [95], [96], [97], [98], [99], wie bei Impulsspannungsbeanspruchung in **Bild 2-13** [67] gezeigt.

Die Wechselwirkungen zwischen benachbarten Tropfen stellen einen weiteren Zündmechanismus für Teilentladungen dar. Dadurch können sowohl der Teilentladungseinsatz als auch der Überschlag vor dem Eintritt der Tropfeninstabilität bei entsprechend geringem Tropfenabstand bzw. hohem Überbrückungsgrad erfolgen [67], [73]. Untersuchungen in [67] an instabilen Tropfenpaaren weisen zusätzlich zu den Streamerentladungen ortsstabile Glimmentladungen zwischen den Tropfen nach. Diese betragen nur 1/100 des Ladungspegels von Streamerentladungen.

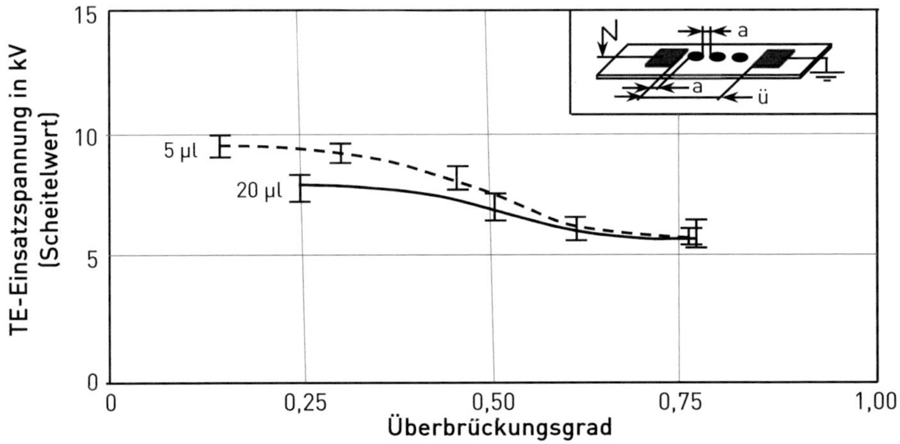

Bild 2-13: TE-Einsatzspannung in Abhängigkeit des Überbrückungsgrades im Spannungssteigerungsversuch bei Impulsspannung [67]

An realen Tropfenbelägen gewinnen die Phänomene der Tropfenvereinigung und -teilung als wichtiger Zündmechanismus von Teilentladungen an Bedeutung [67]. Die Bildung von Tropfen erfolgt durch Tropfenvereinigung. Dadurch nehmen Tropfen in Belägen eher den Rückzugswinkel ein und weisen eine andere Tropfenkontur im Vergleich zu aufgesetzten Tropfen auf. Aufgrund der geringen räumlichen Abstände benachbarter Tropfen als auch deren veränderter geometrischer Kontur können im Vergleich zu Tropfenketten nochmals geringere TE-Einsatzspannungen ermittelt werden [73]. Dadurch können die für den Einsatz von Tropfeninstabilitäten erforderlichen Feldstärken nicht aufgebaut werden und sind für Entladungsaktivitäten an realen Tropfenbelägen von untergeordneter Bedeutung [67]. Die TE-Pegel liegen im Vergleich zu singulären Tropfen und Tropfenketten deutlich niedriger (0,2 pC – 3 pC) [67] und sind den Koronaentladungen zuzuordnen.

In [67] werden ebenfalls Untersuchungen zur Korrelation von elektrischen Diagnosekenngrößen zu den dynamischen Kontaktwinkeln durchgeführt. Dabei zeigt sich eine Korrelation des maximalen Ableitstromimpulses mit dem Rückzugswinkel. Je kleiner sich der Rückzugswinkel ausbildet, umso stärker steigt der Ableitstrom an. Für Rückzugswinkel kleiner als 20° werden Ableitströme wie bei vollständig benetzenden Isolierstoffoberflächen ermittelt. Daraus kann geschlussfolgert werden, dass der Rückzugswinkel als nicht-elektrische Größe für eine elektrisch wirksame Hydrophobie polymerer Isolierstoffe herangezogen werden sollte.

2.3.2 Elektrohydrodynamik an geneigten Isolierstoffoberflächen

Bei elektrohydrodynamischen Phänomenen an geneigten Isolierstoffoberflächen ist in Ergänzung oben genannter Prozesse die Gravitation in Form der Hangabtriebskraft als zusätzliche äußere Kraft zu beachten. Dadurch können Tropfendeformationen, -teilungen und -vereinigungen auch durch die alleinige Wirkung der Hangabtriebskraft stattfinden und Teilentladungen auslösen. Bei Untersuchungen in [44] und [70] wird nachgewiesen, dass Tropfen unter Wirkung eines elektrischen Tangentialfeldes bei einem kleineren Volumen als Tropfen ohne Feldbeanspruchung abgleiten können. In [89] wird diese Aussage für die Richtung des elektrischen Feldes bzgl. der Hangabtriebskraft präzisiert. Sind die elektrische Feldstärke E und die Hangabtriebskraft F_H parallel zueinander ausgerichtet, werden mit zunehmendem Neigungswinkel kleinere TE-Einsatzfeldstärken beobachtet (**Bild 2-14** [89]).

Dies wird auf die zusätzliche Längsdehnung des Tropfens durch die Hangabtriebskraft in Feldrichtung zurückgeführt, was in einer Zunahme der Höchstfeldstärke an den Tropfenpolen resultiert. Tropfen mit 20 µl Volumen gleiten bei Neigungswinkeln von größer als 20° auf der untersuchten Isolierstoffoberfläche ab. Im Gegensatz dazu bleiben Tropfen bei normaler Ausrichtung der Feldstärke und Hangabtriebskraft auch bei Neigungswinkeln von 45° stabil auf der Isolierstoffoberfläche haften. Die TE-Einsatzfeldstärke steigt mit dem Neigungswinkel an, da die Tropfendeformation durch die Gravitation eine „Entlastung“ der Höchstfeldstärke bedeutet.

Durch mechanische Reibung des abgleitenden Tropfens und dessen elektrostatische Aufladung können auch Ladungsträger auf der Isolierstoffoberfläche induziert werden. Dabei gilt, je weniger leitfähig der Elektrolyt, desto mehr Ladungen können aufgebracht werden [100]. Untersuchungen in [100] weisen eine negative Aufladung der geneigten Isolierstoffoberfläche entlang der Tropfenabgleitbahn nach. Dies wird auch durch Untersuchungen in [101] bestätigt, obwohl abgleitende Tropfen periodisch positiv und negativ aufgeladen wurden.

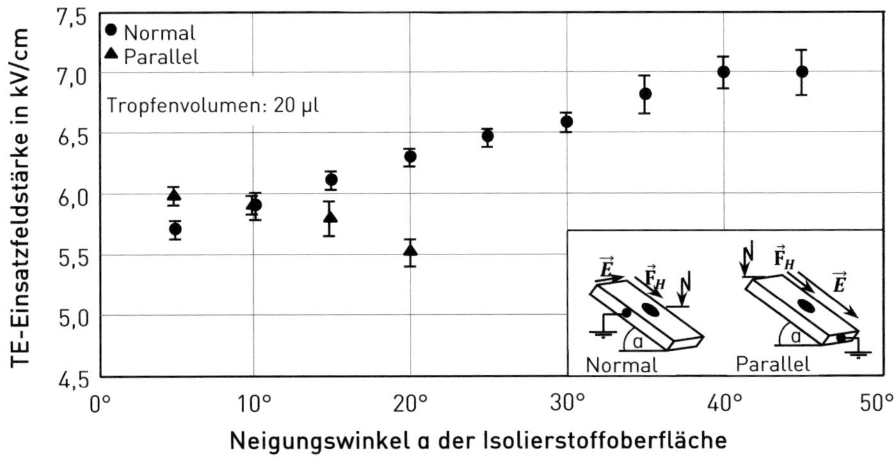

Bild 2-14: TE-Einsatzfeldstärke (Effektivwert) in Abhängigkeit des Neigungswinkels der untersuchten Isolierstoffoberfläche bei elektrischem AC-Feld tangential (parallel) bzw. normal bzgl. der Hangabtriebskraft [89]

Nachdem die bekannten elektrohydrodynamischen Phänomene auf ebenen und geneigten Isolierstoffoberflächen dargestellt wurden, wird nachfolgend deren Wirkung auf den Isolierstoff und die Auslösung hydrophobiemindernder physikalisch-chemischer Prozesse beschrieben.

2.4 Alterungsprozesse in der Alterungsfrühphase

Polymere Isolierstoffe können im Vergleich zu anorganischen Isolierstoffen komplexeren Alterungsprozessen unterliegen. Als Alterung werden nach DIN EN 60505 [102] alle irreversibel ablaufenden chemischen und physikalischen Schädigungsprozesse zusammengefasst. In [103] werden der Begriff der Degradation für einen reversiblen und die Deterioration für einen irreversiblen Schädigungsprozess verwendet. Dabei kann z. B. bei Silikonelastomeren mit der Degradation der Isolierstoffoberfläche der Prozess des Hydrophobieverlustes und der Wiederkehr beschrieben werden.

Ursachen von Degradations- und Deteriorationsprozessen können elektrischer, thermischer oder mechanischer Natur sein, durch Einwirkung von

Umwelteinflüssen gegeben sein oder aus einer Kombination dieser Belastungen eingeleitet werden. Für eine Abschätzung der Lebensdauer polymerer Isolierstoffe im Betriebseinsatz ist die „Reaktion“ des einzusetzenden Isolierstoffes auf diese Belastungen von Relevanz. Daraus haben sich im Laufe der Entwicklung elektrischer Isoliersysteme eine Reihe von Alterungsmodellen entwickelt.

Eine erstmalige Unterteilung der Alterungsprozesse von Isolierstoffoberflächen unter elektrischer Beanspruchung und simultaner elektrolytisch leitfähiger Fremdschichtbelastung erfolgte in [104] in die sog. Alterungsfrühphase und die Alterungsspätphase bei polymeren Isolierstoffen zum Einsatz in Hochspannungs-Innenraumschaltanlagen. Dabei werden ausschließlich Prozesse unter Wirkung des elektrischen Feldes und simultaner elektrolytischer Fremdschichtbelastung betrachtet. Die Frühphase schließt Alterungsprozesse, beim Neuzustand des Isolierstoffes beginnend, bei Zündung erster Mikroentladungen ein und endet beim Hydrophobieverlust. In der Alterungsspätphase ist das Auftreten thermisch initiierter Trockenbandentladungen ein typisches Merkmal, da sich durch den Verlust der Hydrophobie eine ohmsche Charakteristik der Fremdschicht mit Strömen im mA-Bereich einstellt. Die Einwirkung von Trockenbandentladungen (Szintillationen) kann zu thermisch eingeleiteten Deteriorationsprozessen bis zum Verlust des Isoliervermögens führen. Detaillierte Beschreibungen zu Prozessabläufen und Mechanismen der Alterungsspätphase unter betriebsfrequenter Wechsel- und Gleichspannungsbeanspruchung können weiterführender Literatur entnommen werden [33], [104], [105], [106], [107], [108], [109], [110].

In den letzten Jahrzehnten erfolgte eine weitere Präzisierung des Alterungsmodells der Alterungsfrühphase verschiedener polymerer Isolierstoffe für Innenraum- als auch Freiluftanwendungen [8], [34], [36], [44], [70], [111], [112]. Diskrete Tropfen auf Isolierstoffoberflächen begünstigen eine inhomogene elektrische Feldverteilung. Diese kann in der Zündung stromschwacher Mikroentladungen resultieren [44]. Diese Mikroentladungen führen zu einer Ionisierung der lokal umgebenden Luft, wobei Ozon (O_3) und Stickoxide (NO_x) entstehen. In der Folge startet der Prozess der elektrolytischen TE-Erosion [104], welcher durch die beiden parallel ablaufenden Prozesse „Säureangriff“ und Anstieg der Leitfähigkeit durch Zersetzungsprodukte [31] (sog. „Selbstverschmutzung“) beschrieben werden kann.

Beim Säureangriff werden durch die Anwesenheit von Wasser bzw. Luftfeuchte Säuren (z. B. Salpetersäure (HNO_3) [104] oder Salzsäure (HCl) bei Anwesenheit NaCl-haltiger Fremdschichten [112]) und Laugen auf der Isolierstoffoberfläche ausgebildet.

Untersuchungen in [44] und [104] an Epoxidharz-Formstoffen haben gezeigt, dass dadurch:

- eine Veränderung der Oberflächenbeschaffenheit,
- eine Zunahme der Oberflächenspannung
- sowie eine erhöhte Fremdschichtanlagerung und Erhöhung der Schichtleitfähigkeit auf der Oberfläche

verursacht werden kann. Bei Silikonelastomeren kann speziell die Salpetersäure eine chemische Reaktion mit alkalisch wirkenden Füllstoffen (z. B. ATH) eingehen und zu einer Versprödung des Isolierstoffes führen [31].

Der Anstieg der spezifischen Volumenleitfähigkeit durch Zersetzungsprodukte führt infolge der Dissoziation der löslichen Nitrate in der Feuchteschicht zu einer Zunahme der spezifischen Volumenleitfähigkeit der Fremdschicht. Welcher der beiden Prozesse den Alterungsverlauf dominiert, wird auch durch den Homogenitätsgrad des Grundfeldes beeinflusst [111]. Bei inhomogenen elektrischen Feldern ist überwiegend von einer lokalen Schädigung der Oberfläche durch Einwirkung elektrischer Teilentladungen auszugehen. Oberflächenschädigungen schwach inhomogener Grundanordnungen zeigen eher globalen Charakter [111]. Unter Freiluftbedingungen wurden Säureangriffe, d. h. niedrige pH-Werte beobachtet. Deshalb ist der Einfluss des Anstiegs der Leitfähigkeit bei hoher Fremdschichtklasse [17] eher vernachlässigbar [31].

Polymere Isolierstoffoberflächen durchlaufen eine Alterungsfrühphase, wenn sie hydrophobe Eigenschaften aufweisen. Aus Sicht der Isolierstoffdimensionierung ist es erforderlich, Einflussfaktoren zu identifizieren, die eine Minderung hydrophober Eigenschaften bedeuten können und Kenntnisse zu erlangen, unter welchen Bedingungen eine hydrophobe Isolierstoffoberfläche wiedererlangt werden kann. Ein Überblick über Einflussfaktoren auf das Benetzungsverhalten polymerer Isolierstoffoberflächen in der Alterungsfrühphase ist in **Anlage A1** dargestellt.

Unter Einwirkung hydrophobiemindernder Belastungsfaktoren, die einzeln oder in Kombination auftreten können [113], werden verschiedene chemisch-physikalische Umbildungsprozesse im Polymer angeregt:

- Umorientierung von Molekülketten (z. B. bei Silikonelastomeren die Orientierung von Methylgruppen in das Isolierstoffvolumen),
- Aufbrechen von Molekülgruppen geringer Bindungsenergie,
- Anbindung höherenergetischer Molekülgruppen an der Polymeroberfläche (z. B. Silanol- und Karbonylgruppen bei Silikonelastomeren [18], [13]),
- oxidative Weitervernetzung [18],
- Bildung von Zersetzungs- und Reaktionsprodukten durch Oberflächenalterung (Säuren, Laugen, „Selbstverschmutzung").

Bekanntermaßen können silikonhaltige Isolierstoffe ihre wasserabweisende Wirkung nach Verlust wiedererlangen und auf angelagerte Fremdschichten übertragen. Diese Fähigkeiten sind auf folgende intrinsische Eigenschaften des Polymers zurückzuführen und bewirken eine Verringerung der wirksamen Oberflächenspannung:

- Reorientierung von Molekülketten (z. B. Rückstellen hydrophober Methylgruppen an die Isolierstoffoberfläche) [114],
- Generierung und Diffusion verschiedener linearer und zyklischer kurzkettiger niedermolekularer Bestandteile an die Isolierstoffoberfläche [18], [115] bzw. auf angelagerte Fremdschichten [20],
- Abgabe flüchtiger sauerstoffreicher Bestandteile von der Isolierstoffoberfläche an die Umgebung [18],
- Aufbrechen geschlossener Oxidschichten [18].

Im folgenden Abschnitt wird ein Überblick auf Prüfverfahren bzw. Methoden zur Bewertung dynamischer Hydrophobieeigenschaften gegeben.

2.5 Bewertung dynamischer Hydrophobieeigenschaften

Im folgenden Überblick soll der Schwerpunkt der Literaturrecherche auf eine einfache Versuchsanordnung und -durchführung, die Reproduzierbarkeit und Messwertstreuung sowie einem Ranking der untersuchten Isolierstoffe gelegt werden. Diese stellen wichtige Kriterien für eine mögliche Normungsfähigkeit von Prüfverfahren dar.

2.5.1 Bewertung der Hydrophobiebeständigkeit

Prüfverfahren zur Bewertung der Alterungsfrühphase können grundlegend nach Verfahren zur Bewertung von Isolierstoffen für Innenraum- [34], [36], [104], [111], [112], [116] oder Freiluftanwendungen unterschieden werden [9], [10], [12], [13], [16] (**Tabelle 2-6**).

Als Bewertungskriterium dient die Dauer der Alterungsfrühphase vom Zuschalten der Prüfspannung bis zum Erreichen eines definierten Abbruchkriteriums. Ausgangspunkt für die festgelegten Grenzwerte sind jeweils Betrachtungen zu elektrisch zugeführten Leistungs- bzw. Energieeinträgen bis zum Erreichen einer elektrodenverbindenden Elektrolytspur. Diese werden mit Entladungserscheinungen korreliert, welche in Form von Trockenbandentladungen den Beginn der Alterungsspätphase einleiten.

Nachfolgend soll ausschließlich auf Prüfverfahren für den Hochspannungs-Freilufteinsatz eingegangen werden.

Fließende Feuchtigkeitsschichten stellen den kritischsten Fall einer feuchten Fremdschicht dar. Neben der Wassertropfenkorona zwischen diskreten, benachbarten Tropfen können hierbei abfließende Elektrolyttropfen einen Ladungstransport und Austausch zwischen dem Hochspannungs- und Erdpotential bewirken. Diese können zur Zündung von stromstarken Teilentladungen führen. Die Belastung mit einer fließenden Fremdschicht wird in diversen Prüfverfahren nachgebildet. Beispiele dafür sind eine Prüfung in der Salznebelkammer [10], welche realen Bedingungen im Freilufteinsatz sehr nahe kommt, und dem Rad-Tauch-Prüfverfahren [12].

Tabelle 2-6: Übersicht zu Prüfverfahren zur Bewertung der Alterungsfrühphase polymerer Isolierstoffe mit entsprechenden Bewertungskriterien (grau schattiert – Innenraumanwendung, weiß - Freilufteinsatz)

<table>
<tr><th>Prüfverfahren</th><th>Quelle</th><th>Spezifische Volumenleitfähigkeit der Prüflösung</th><th>Bewertungskriterium / Grenzwert</th><th>Begründung für Grenzwert</th></tr>
<tr><td>Kaltnebelkammer</td><td>[104]</td><td rowspan="3">17 µS/cm - 1000 µS/cm</td><td>Schichtleistung P_w
$P_w = \frac{U_e^2}{f} \cdot \kappa_F \geq 0{,}5$ W
U_e...Prüfspannung
f...Formfaktor der Probe
κ_F...Schichtleitfähigkeit</td><td>Auftreten von Trockenbandentladungen</td></tr>
<tr><td rowspan="2">Kaltnebelkammer/ Inverse Klimakammer</td><td>[34], [111], [116]</td><td>Schichtleistung
$P_w \geq 0{,}05$ W</td><td>Eingrenzung des Kriteriums nach [104], Vermeidung stromstarker Teillichtbögen</td></tr>
<tr><td>[34], [36], [112]</td><td>spezifische Schichtleistung
$P_s \geq 0{,}53$ W/cm²</td><td>Präzisierung des Kriteriums nach [111] und [116]</td></tr>
<tr><td>Salznebelkammer</td><td>[10], [12]</td><td rowspan="2">1500 µS/cm / 5000 µS/cm</td><td rowspan="2">Ableitstrom $\hat{\imath} \geq 1$ mA über 1 min
$\hat{\imath} = \frac{\kappa \cdot b \cdot \delta \cdot \hat{U}}{ü_k}$
κ...Volumenleitfähigkeit
b, δ, $ü_k$...Geometrie der Elektrolytspur</td><td rowspan="2">elektrodenverbindende Elektrolytspur definierter Geometrie</td></tr>
<tr><td>Rad-Tauch-Prüfverfahren</td><td>[9], [10], [12]</td></tr>
<tr><td rowspan="2">Dynamisches Tropfen-Prüfverfahren</td><td>[13]</td><td rowspan="2">1500 µS/cm</td><td>Ableitstrom $I_a \geq 5$ mA über 2 s, Berechnung analog [9]</td><td rowspan="2">Vermeidung stromstarker Teillichtbögen, versuchstechnische Aspekte</td></tr>
<tr><td>[14], [16]</td><td>Ableitstrom $I_a \geq 2$ mA über 4 s, Berechnung analog [9]</td></tr>
</table>

Untersuchungen in [10] stellen mit dem Rad-Tauch-Prüfverfahren ein mit Hilfe der Spannungsbeanspruchung und spezifischen Volumenleitfähigkeit der Prüflösung einstellbares zeitraffendes Prüfverfahren vor. Mit Hilfe dieses Verfahrens ist es möglich, verschiedene polymere Isolierstoffe wie SIR, EP-Harze und EPDM hinsichtlich ihrer Hydrophobiebeständigkeit zu skalieren, wie nachfolgende Untersuchungen in [9] und [12] zeigen. Der Einfluss der Rauheit der Isolierstoffoberfläche, stoffliche Modifizierungen, die Behandlung des Füllstoffes sowie der Einfluss der Dicke eines SIR-Coatings (SC) können ebenfalls bewertet werden (**Bild 2-15** [12]).

Nachteile des Rad-Tauch-Prüfverfahrens sind das schwer reproduzierbar einzustellende Fließverhalten der Fremdschicht, der z. T. hohe zeitliche Prüfaufwand und die aufwändige Herstellung der Prüfkörper. Die hohe Messwertstreuung der Prüfergebnisse ist ebenfalls als nachteilig einzuschätzen. Diese ist für Prüfungen in der Nebelkammer allerdings noch höher, weshalb beide Prüfverfahren als wenig geeignet für eine wiederhol- und reproduzierbare Bewertung der Hydrophobiebeständigkeit angesehen werden.

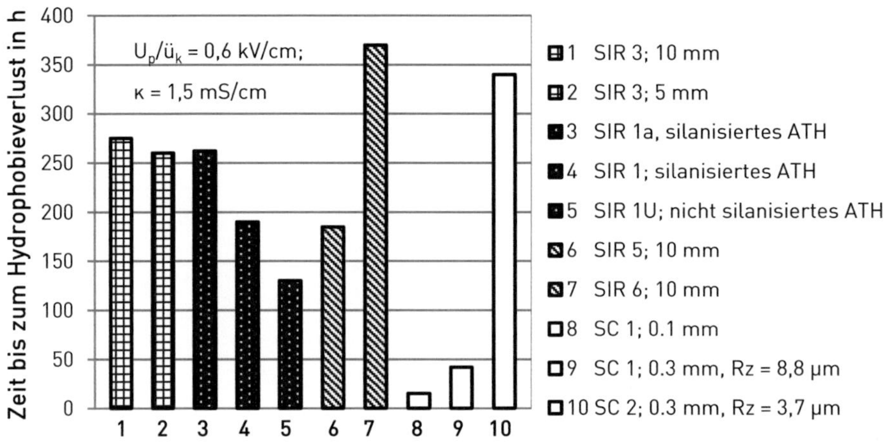

Bild 2-15: Mittelwert der Hydrophobiebeständigkeit im Rad-Tauch-Prüfverfahren an unterschiedlichen SIR-Formulierungen sowie für SIR-Coating (SC) [12]

Für ein neu zu entwickelndes Isolierstoff-Prüfverfahren standen ein im Vergleich zu den genannten Verfahren zeitlich geringer Prüfaufwand, möglichst geringe Messwertstreuung, ein einfacher Versuchsaufbau und einfach herzustellende Prüfkörper im Fokus. Unter Beachtung dieser Aspekte entstand das Dynamische Tropfen-Prüfverfahren [13], [117], in welchem plattenförmige Isolierstoffproben auf einer geneigten Ebene mit halbzylindrischen Elektroden arretiert werden (**Bild 2-16**).

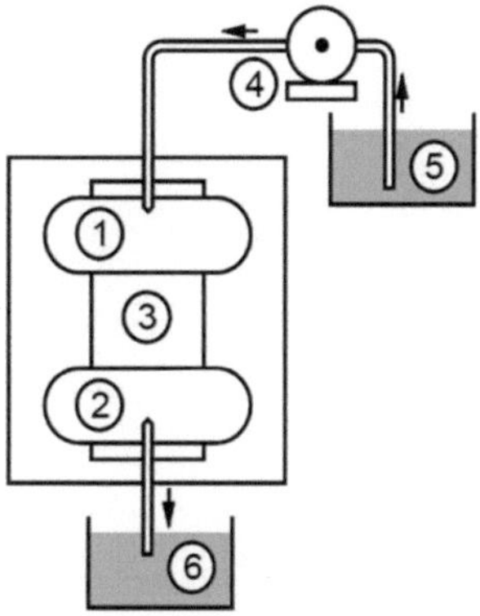

1 Hochspannungselektrode
2 Erdelektrode
3 Prüfkörper
4 Peristaltikpumpe mit Schlauch zur Elektrolytversorgung
5 Vorratsbehälter mit Elektrolyt
6 Auffangbehälter

Bild 2-16: Versuchsaufbau des DTPV nach [13], [14]

Die Elektrodenanordnung bildet mit der Isolierstoffoberfläche bzgl. des elektrischen Feldes eine Schräggrenzfläche, wobei die maßgebliche Beanspruchung in Längsrichtung stattfindet. Dadurch werden die Tropfen im DTPV in tangentialer Feldrichtung beansprucht, was nach [73] als die kritischere Feldrichtung im Vergleich zum Feld in normaler Richtung einzuschätzen ist.

In [14] werden Untersuchungen für eine definierte Zuführung des Elektrolyten auf einer geneigten Isolierstoffoberfläche durchgeführt (**Bild 2-17**). Bei Aufsetzen eines einzelnen Tropfens wird ein vom Isolierstoff abhängiges Tropfenvolumen für den Abgleitvorgang beobachtet. Dadurch ergeben sich uneinheitliche Prüfbedingungen für eine Bewertung verschiedener Isolierstoffe. Deshalb kommt ein zusätzlicher „Kontaktpartner" (z. B. Kanüle oder Elektrode) zum Einsatz. Dessen Adhäsionsvermögen kann maßgeblich das Abgleitverhalten des Tropfens beeinflussen und für die Aufprägung des elektrischen Feldes genutzt werden. Dabei hat sich die Verwendung halbzylindrischer Metallelektroden als praktikabel erwiesen.

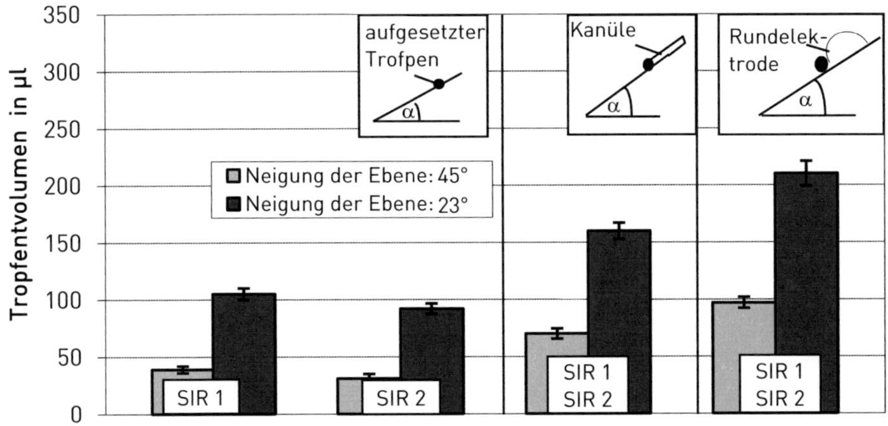

Bild 2-17: Abhängigkeit des Tropfenvolumens von der Zuführung des Tropfens und dem Neigungswinkel an zwei unterschiedlichen Silikonelastomeren [14]

Im DTPV wird ein Elektrolyt definierter Durchflussrate und spezifischer Volumenleitfähigkeit an der oberen Elektrode mittels Peristaltikpumpe zugeführt. Da der Elektrolyttropfen stets entlang derselben Bahn abgleitet, wird im Vergleich zum Rad-Tauch-Prüfverfahren nochmals eine Zeitraffung der Prüfung erreicht. Der Hydrophobieabbau während einer Prüfung im DTPV bis zum vollständigen Hydrophobieverlust kann in vier Phasen eingeteilt werden (**Tabelle 2-7**) [14], (**Bild 2-18**).

Tabelle 2-7: Die vier Phasen des Hydrophobieabbaus im DTPV nach [14]

Phase	Beschreibung
1	nahezu rückstandslos abgleitende Tropfen auf der Isolierstoffoberfläche
2	Zunahme der Elektrolytrückstände
3	Zunahme der Elektrolytrückstände → Ausbildung einer temporär durchgehend leitfähigen Elektrolytspur während des Abgleitvorganges → Ableitstromimpulse mit überwiegend ohmschen Charakter
4	Hydrophobieverlust → überwiegend ohmscher Ableitstrom und Zündung von Trockenbandentladungen → Auslösung des Überstromzeitrelais bei Überschreitung des Abbruchkriteriums

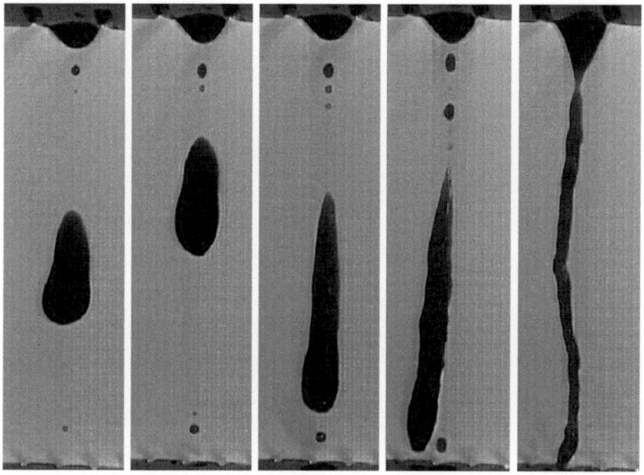

0 kV Phase 1 Phase 2 Phase 3 Phase 4

Bild 2-18: Tropfenabgleitverhalten im DTPV auf HTV bei 5 kV AC in den Phasen 1 bis 4 des Hydrophobieabbaus

Die galvanische Verbindung des Elektrolyten mit den Elektroden ermöglicht eine „elektrische“ Detektion des Hydrophobiezustandes (**Bild 2-19**).

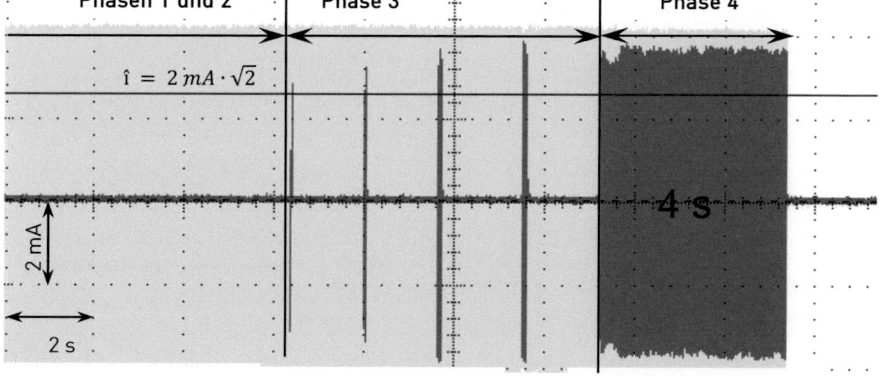

Bild 2-19: Oszillogramm des Ableitstromes aller vier Phasen des Hydrophobieabbaus [14]

Bei Erreichen einer partiell durchgehenden Elektrolytspur kann ein Ableitstrom im mA-Bereich getragen und für ein automatisiertes Abbruchkriterium einer Prüfung herangezogen werden.

Als wesentliche Einflussfaktoren auf das Prüfergebnis wurden bisher folgende Prüfparameter und Prüfbedingungen für 50-Hz-Wechselspannungsbeanspruchung identifiziert (**Tabelle 2-8**). Die ermittelten Tendenzen zum Einfluss der spezifischen Volumenleitfähigkeit der Prüflösung, der Prüfspannungshöhe und der Oberflächenstruktur des Isolierstoffes auf das Prüfergebnis stimmen mit Untersuchungen im Rad-Tauch-Prüfverfahren nach [12] überein.

Ein internationaler Rundversuch in der CIGRE Working Group (WG) D1.14 weist die prinzipielle Reproduzierbarkeit des Prüfverfahrens unter 50-Hz-Wechselspannungsbeanspruchung nach [23]. Infolge der hohen Messwertstreuungen und bisher wenigen Erfahrungen mit dem Prüfverfahren werden noch keine Isolierstoffklassifizierungen oder Mindestanforderungen abgeleitet.

Tabelle 2-8: Bisher identifizierte Prüfparameter und -bedingungen im DTPV für AC-Beanspruchung

Parameter	Isolierstoff	Auswirkung auf Ausfallzeit t_A
spezifische Volumenleitfähigkeit der Prüflösung [14]	SIR, EP [14], SIR [118]	sinkende Hydrophobiebeständigkeit mit steigender spezifischer Volumenleitfähigkeit
Prüfspannungshöhe	SIR [14], [23]; PTFE [119]	sinkende Hydrophobiebeständigkeit mit steigender Prüfspannung
Frequenz der Prüfspannung	HCEP [15], [120], SIR [121]	stark nichtlineares Absinken der Hydrophobiebeständigkeit mit zunehmender Frequenz
Rauheit (R_a, R_z) der Isolierstoffoberfläche	SIR [13], [14], [16], [23], [122], [123]	sinkende Hydrophobiebeständigkeit mit steigender Rauheit R_a, R_z

Erste Erfahrungen zur Gleichspannungsbeanspruchung liegen in [15], [120], [123] (CIGRE WG D1.27) vor, die auch in der nachfolgenden CIGRE WG D1.58 thematisiert werden. Für einen Vergleich der erzielten Ergebnisse mit AC-Beanspruchung werden sowohl der Effektivwert als auch der Scheitelwert der Prüfspannung als Vergleichswert zum DC-Spannungswert (Gleichrichtwert) herangezogen. Während sich bei einem Vergleich von Effektivwert zu Gleichrichtwert in der Regel kleinere Ausfallzeiten für die AC-Beanspruchung ergeben [15], [120], werden bei einem Vergleich Scheitelwert - Gleichrichtwert gleiche Ausfallzeiten oder mitunter höhere Ausfallzeiten unter AC-Beanspruchung ermittelt (**Bild 2-20**) [123]. Zur Klärung dieses Phänomens sind weitere Untersuchungen erforderlich.

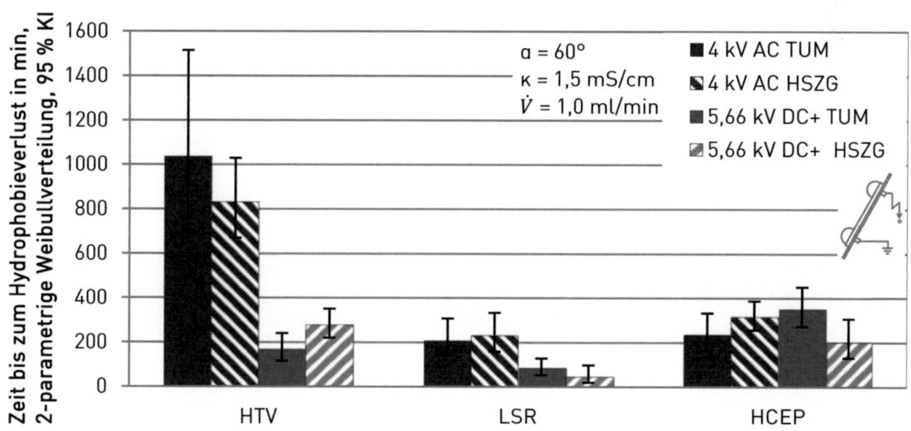

Bild 2-20: Untersuchungen zum Hydrophobieverlust ausgewählter polymerer Isolierstoffe bei gleichem Scheitel- und Gleichrichtwert an der Technischen Universität München (TUM) und Hochschule Zittau/Görlitz (HSZG) [123]

Der Einfluss der Welligkeit der Prüfgleichspannung auf die Hydrophobiebeständigkeit ist nach [124] als unkritisch einzuschätzen. Die Untersuchungen wurden bei gleichen Scheitelwerten der Prüfspannungen durchgeführt und zeigen, dass bis zur zulässigen Welligkeit von 3 % nach DIN EN 60060-1 [125] keine Beeinflussung des Prüfergebnisses zu erwarten ist. Bei einer Welligkeit von 53 % ist eine tendenzielle Abnahme der Hydrophobiebeständigkeit zu beobachten [124].

Untersuchungen an Silikonelastomeren zeigen keinen signifikanten Einfluss der Polarität der Prüfgleichspannung auf die Hydrophobiebeständigkeit. Teilweise werden im Trend kleinere Ausfallzeiten für die negative Polarität ermittelt [126]. Die Ursache wird auf ein einheitlicheres Ableitverhalten bei negativer Polarität und damit lokal konzentriertere Zündung von Teilentladungen zurückgeführt.

Auf den Parameterstudien aufbauend wurde das Dynamische Tropfen-Prüfverfahren in zahlreichen Untersuchungen für eine Bewertung der Hydrophobiebeständigkeit verschiedener polymerer Isolierstoffe und Beschichtungen (**Tabelle 2-9**) aber auch stofflicher Modifizierungen herangezogen [13], [127], [128].

Tabelle 2-9: Übersicht der Ausfallzeiten t_A unterschiedlicher Untersuchungen polymerer Isolierstoffe im DTPV in Abhängigkeit von der AC-Spannungshöhe U_e (Effektivwert)

Material	Mittelwert t_A in min bei U_e in kV AC			
	3	4	5	6
SIR (RTV-2) [23]		264	98	
SIR 1 (HTV) [119]		>360		
SIR 2 (HTV) [119]		>360	>360	
PTFE-Formstoff [119]			>360	>360
SIR 3 (HTV) [14]	>214	2		
SIR 4 [14]	247	82		
SIR-Coating [14]		>360	>360	>354
EP-Harz 1 [14]	5			
EP-Harz 2 [14]	110			
PUR [14]	>360	>160		
HCEP [15]			209	

Die dargestellten Ergebnisse zeigen die prinzipielle Skalierbarkeit polymerer Isolierstoffe hinsichtlich ihrer Hydrophobiebeständigkeit mit dem DTPV auf. Neben einer Unterscheidbarkeit verschiedener Isolierstoffgruppen können auch Unterschiede innerhalb einer Isolierstoffgruppe ermittelt werden. Dabei besteht eine Übereinstimmung zum Rad-Tauch-Prüfverfahren, unter dessen Anwendung ebenfalls höhere Hydrophobiebeständigkeiten für Silikonelastomere im Vergleich zu Epoxidharz-Formstoffen ermittelt wurden [9]. Weiterhin ist eine Bewertung stofflicher Modifizierungen möglich, wie beispielsweise der Anteil und die Füllstoffbehandlung von ATH (silanisiert/nicht silanisiert) [13], [31]. Demzufolge weisen die bisherigen Untersuchungen die prinzipielle Eignung des DTPV als Isolierstoffprüfverfahren für die Bewertung der Hydrophobiebeständigkeit nach.

Für ein quantitatives Isolierstoffranking ist neben einheitlichen Versuchsparametern vor allem eine einheitliche Struktur der Isolierstoffoberfläche von Bedeutung. Diese kann, wie in Tabelle 2-8 zusammengestellt, maßgeblich die Ausfallzeit beeinflussen. Beispielsweise ragt das SIR-Coating mit besonders hohen Ausfallzeiten aus den dargestellten Ergebnissen in Tabelle 2-9 heraus. Ursächlich könnte die bei der Trocknung des Coatings eingestellte freie Oberfläche und daraus resultierend sehr kleine Rauheit dazu geführt haben.

Untersuchungen in der CIGRE WG D1.27 [129] zeigen einen signifikanten Einfluss der Rauheit R_z auf die Hydrophobiebeständigkeit von RTV-2-Prüflingen unter AC- und DC-Beanspruchung (**Bild 2-21**).

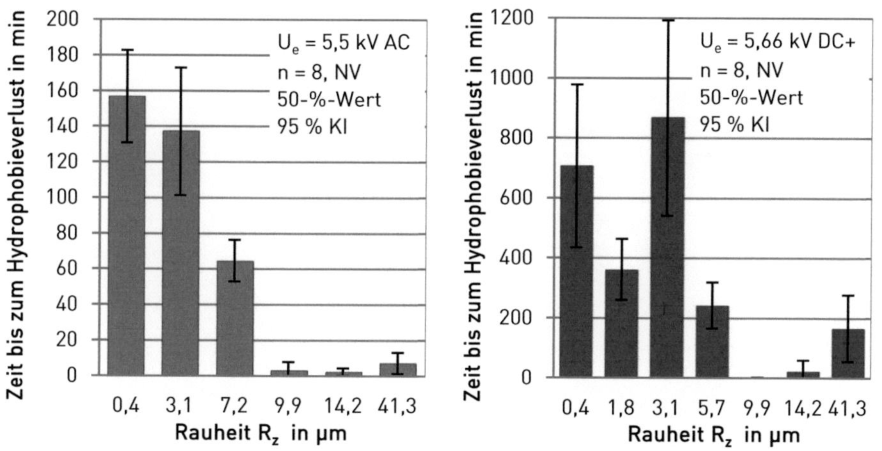

Bild 2-21: Einfluss des Rauheitskennwertes R_z auf den Hydrophobieverlust auf RTV-2 bei 5,5 kV AC- (links) und 5,66 kV positive DC-Beanspruchung (rechts) [129]

Die Ausfallzeiten weisen ein Minimum bei einer Rauheit von ca. R_z = 10 µm auf. Vermutlich wird dieses durch einen Wechsel der Benetzungsart von homogener zu heterogener Benetzung verursacht. Studien in [122] weisen ebenfalls qualitativ mit zunehmender Rauheit den Trend zu geringeren Ausfallzeiten nach. Allerdings ist kein quantitativer Vergleich möglich, da in [122] die mittlere Rautiefe R_a angegeben wird und keine Korrelation zwischen diesen beiden Kennwerten besteht.

Demzufolge ist bei einem Isolierstoffranking eine einheitliche Oberflächenstruktur erforderlich, damit die Hydrophobiebeständigkeit als Isolierstoffeigenschaft bewertet werden kann. Andernfalls ist die Hydrophobiebeständigkeit als Grenzflächeneigenschaft zu bezeichnen.

2.5.2 Bewertung der Hydrophobiewiederkehr

Für eine Bewertung der dynamischen Hydrophobieeigenschaft „Wiederkehr" ist zunächst eine definierte Vorbelastung der Proben durchzuführen. Anhand zahlreicher Einflussfaktoren, die einen Hydrophobieabbau bewirken können (vgl. Anlage A1), wurden eine Reihe von Prüfmethoden und Prüfverfahren entwickelt. Dabei finden sowohl einzelne Belastungsfaktoren als auch die Kombination mehrerer Belastungen Anwendung (**Tabelle 2-10**).

Tabelle 2-10: Überblick über Belastungsfaktoren und Prüfmethoden für eine Vorbelastung der Isolierstoffproben zur Bewertung der Hydrophobiewiederkehr

Belastungsfaktor	Prüfanordnung und -methode zur Vorbelastung
UV-Strahlung	[18], [20], [130]
Koronaentladung	Spaltanordnung [13], [20], [130], [131]; Nadel-Platte [12], [18], [24], [40].
Wärme	Lagerung bei erhöhter Temperatur (100-300) °C [130]
Absorption von Feuchtigkeit, Wasser bzw. Elektrolyt	Wasserlagerung bei Raumtemperatur und erhöhter Temperatur [12], [13], [18], [20], [131]
Säuren, Laugen	Säurelagerung [131]
sowie einer Kombination dieser Belastungen	Rad-Tauch-Prüfverfahren [12]; Wassertropfenkorona [73]; Klimaprüfung (UV-Strahlung, Luftfeuchtigkeit, Temperatur) [40]; UV-Strahlung und Korona [132]; UV-Strahlung, Salznebel, erhöhte Temperatur [133].

Die Wiederkehr der Hydrophobie nach der Belastung wird in Abhängigkeit von der Erholungszeit durch die Bewertung des Hydrophobiezustandes ermittelt. Dazu werden eine Vielzahl von Bewertungskenngrößen und Prüfmethoden herangezogen:

- optisch: Kontaktwinkel [12], [13], [20], Benetzungsbild [20], [73],
- elektrisch: Ableitstrom [13], Überschlagspannung [10],
- chemisch [18]: z. B. IR-Spektroskopie, Photoelektronen-Spektroskopie, Rasterelektronenmikroskopie

Eine häufig angewendete Methode ist die Kontaktwinkelmessung s. a. Kap. 2.2.1. In **Bild 2-22** [13] ist beispielhaft der Anstieg der Vorrück- und Rückzugswinkel einer LSR-Formulierung nach Koronabeanspruchung dargestellt. Dabei können sowohl durch den Betrag als auch die Geschwindigkeit des Kontaktwinkelanstieges Aussagen zur Wiederkehr getroffen werden. Die Untersuchungen in [13] belegen einen Einfluss des ATH-Gehaltes (0 %, 50 %) und der Füllstoffbehandlung auf die Hydrophobiewiederkehr. Dabei zeigt die untersuchte LSR-Formulierung bei Zusatz von nicht silanisiertem ATH die schnellste Hydrophobiewiederkehr.

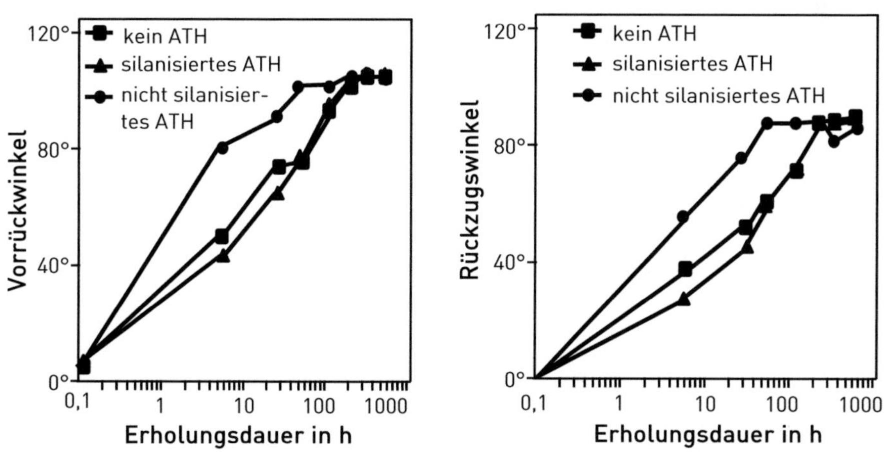

Bild 2-22: Anstieg der dynamischen Kontaktwinkel auf LSR-SIR nach 30 min Koronabeanspruchung bei Lagerung unter erhöhter Temperatur bei 30 °C [13]

Weitere Bewertungsmöglichkeiten der Wiederkehr sind durch eine Diagnose mit elektrischen Kenngrößen gegeben. Unter deren Anwendung kann eine Aussage zur elektrischen Wirksamkeit des Hydrophobiezustandes gewonnen werden. Unter „elektrischer Wirksamkeit" der Hydrophobie wird die Fähigkeit einer Isolierstoffoberfläche zur Unterdrückung von Ableitströmen auf dem Niveau des Ausgangszustandes neuer Proben angesehen. Typische Pegel für befeuchtete hydrophobe Isolierstoffoberflächen liegen im µA-Bereich [1]. Die Einsatzspannungen für Teilentladungen und die Überschlagspannung bei Befeuchtung liegen ebenfalls im Bereich des Ausgangszustandes.

In [13] wird die Hydrophobiewiederkehr mittels Ableitstromanalyse bewertet (**Bild 2-23**). Dazu findet das Verfahren nach [67] an einem realen Tropfenbelag mittels Benebelung auf horizontaler Isolierstoffoberfläche Anwendung.

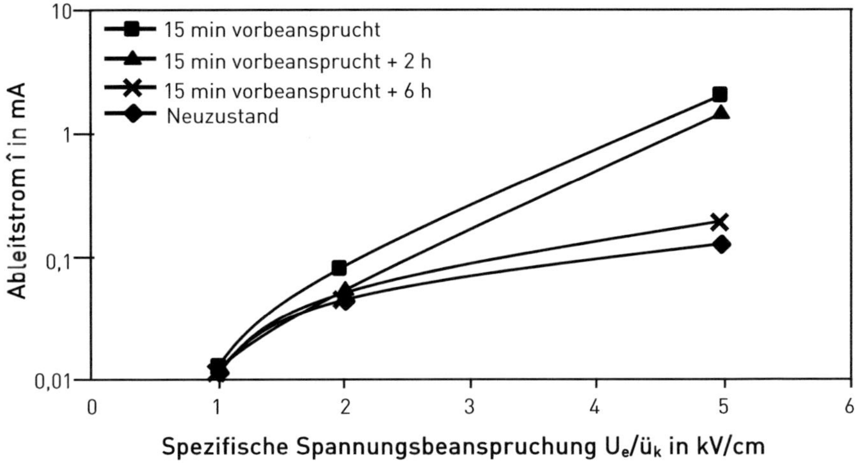

Bild 2-23: Hydrophobiewiederkehr auf LSR-SIR nach Beanspruchung mit Koronaentladungen - Diagnose des Ableitstromes in Abhängigkeit von der Prüfspannungshöhe bei unterschiedlichen Erholungsdauern [13]

Anhand des Ableitstromes kann bereits wenige Stunden nach der Beanspruchung mit Koronaentladungen eine Wiederkehr der Hydrophobie beobachtet werden. Während das Material direkt nach der Beanspruchung Ableitströme im mA-Bereich aufweist, sinkt dieser nach sechs Stunden Erholungsdauer nahezu auf den Wert des Neuzustandes ab. Damit kann eindeutig die elektrische Wirksamkeit der Hydrophobiewiederkehr diagnostiziert werden.

Das Dynamische Tropfen-Prüfverfahren wurde in [16] sowie einem internationalen Rundversuch [23] ebenfalls für die Bewertung der Hydrophobiewiederkehr für 50-Hz-Wechselspannung herangezogen. Hierbei werden die Proben nach einer ersten Beanspruchung im DTPV mit temporärem Hydrophobieverlust entlang der Elektrolytbahn einer zweiten Prüfung ausgesetzt. Bereits die Elektrolytbelastung ohne Spannungsbeanspruchung vor Versuchsbeginn ermöglicht eine visuelle Begutachtung der Wiederkehr. Als Bewertungskriterium werden die Ausfallzeiten des Erst- und Wiederholversuches herangezogen. Allerdings kann teilweise eine erhebliche Messwertstreuung bei den verschiedenen Prüflaboren beobachtet werden, weshalb eine weitere Optimierung empfohlen wird.

In [15] werden nach derselben Prüfmethode im DTPV die erreichten Ausfallzeiten des Zweitversuches auf die Ausfallzeit des Erstversuches bezogen. Während für das untersuchte Silikonelastomer nach 24 Stunden Ruhephase im Zweitversuch 23 % der Ausfallzeit des Erstversuches erreicht werden, kann für das untersuchte HCEP nach 500 Stunden eine Erholung auf 13 % der Erstausfallzeit nachgewiesen werden. Da sich die Erstausfallzeiten beider Materialien allerdings erheblich unterscheiden, ist kein quantitativer Isolierstoffvergleich möglich.

In [134] erfolgt unter Nutzung des DTPV eine Bewertung des Hydrophobiezustandes anhand der Leuchtstärke der detektierten Entladungen. Dabei wird eine Korrelation zwischen HC-Klassen nach [66] und der Leuchtintensität der Entladungen beobachtet.

Ein Isolierstoffranking ist aufgrund der vielzähligen Belastungs- und Bewertungsmöglichkeiten stark eingeschränkt. Mehrheitlich weisen allerdings die Silikonelastomere z. B. einen schnelleren Wiederanstieg der Kontaktwinkel auf bzw. erreichen höhere Endwerte als andere hydrophobe Isolierstoffe wie z. B. Epoxidharz-Formstoffe [20]. Dies kann auf den im Vergleich zu anderen polymeren Isolierstoffen hohen Anteil niedermolekularer Bestandteile von bis zu 5 % [20] sowie die Fähigkeit zur Reorientierung von Molekülketten [114] der Silikonelastomere zurückgeführt werden.

2.5.3 Bewertung des Hydrophobietransfers

Zur Bewertung des Transfervermögens hydrophober polymerer Isolierstoffe existieren diverse Prüfmethoden und -verfahren [7], [11], [12], [19], [20], [22], [23] und [24]. Das allgemeine Bewertungsprinzip beruht auf der Ermittlung des Benetzungsverhaltens über der Transferzeit auf einer auf eine Isolierstoffoberfläche künstlich aufgetragenen Verschmutzungsschicht. Die verschiedenen Prüfverfahren unterscheiden sich dabei im Wesentlichen durch die Art, Zusammensetzung und Dicke sowie die Art des Auftragens der Verschmutzungsschicht, wie Zusammenstellungen in [16] zeigen.

Als ein mögliches Verfahren für die Normung wird das Masken-Verfahren nach [22] in Betracht gezogen [5]. Bei diesem Verfahren wird ein Rahmen aus Kunststofffolie (sog. „Maske") definierter Dicke auf die Isolierstoffoberfläche aufgeklebt. Eine flüssige Suspension aus Quarzmehl, destilliertem Wasser und Isopropanol wird auf die Isolierstoffoberfläche gegeben. Überschüssige Suspension wird über die Maske abgestrichen. Damit kann eine definierte Höhe der Verschmutzungsschicht in flüssigem Zustand in Höhe der Maskendicke erreicht werden. Nach dem Trocknen der Schicht werden die Proben unter definierten Umgebungsbedingungen gelagert. Die Bewertung des Hydrophobietransfers erfolgt durch Kontaktwinkelmessung nach definierten Transferzeiten. Diese ist exemplarisch für drei verschiedene ausgewählte Silikonelastomere anhand des statischen Kontaktwinkels dargestellt (**Bild 2-24** [16]). Dabei zeigt sich für das untersuchte HTV der schnellste Anstieg des Kontaktwinkels. Ein Vergleich zu Untersuchungen an EPDM und einem Epoxidharz-Formstoff mit derselben Prüfprozedur zeigt auch nach 400 h Transferzeit keinen signifikanten Anstieg der statischen Kontaktwinkel [16].

Die im vorangegangenen Kapitel dargestellten Diagnosegrößen zur Bewertung der elektrischen Wirksamkeit der Hydrophobie finden auch für den Hydrophobietransfer Anwendung. Untersuchungen in [12], [13], [135] weisen den elektrisch wirksamen Transfer durch Ableitstrommessung an Tropfenbelägen nach. In [10] wird als Diagnosegröße die Überschlagspannung herangezogen und damit die Wirksamkeit des Transfers nach einer definierten Ruhephase verschmutzter Modellisolatoren detektiert. Bei einem Vergleich der ermittelten Überschlagspannung mit dem Neuzustand bzw. der vollständigen Filmbenetzung ist eine quantitative Bewertung des Hydrophobiezustandes möglich (**Bild 2-25**).

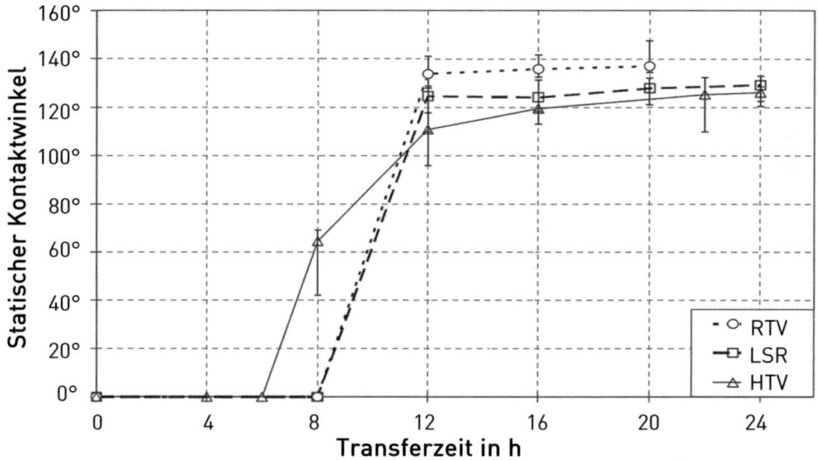

Bild 2-24: Anstieg des statischen Kontaktwinkels über der Transferzeit für drei ausgewählte Silikonelastomere mit dem Maskenverfahren [16]

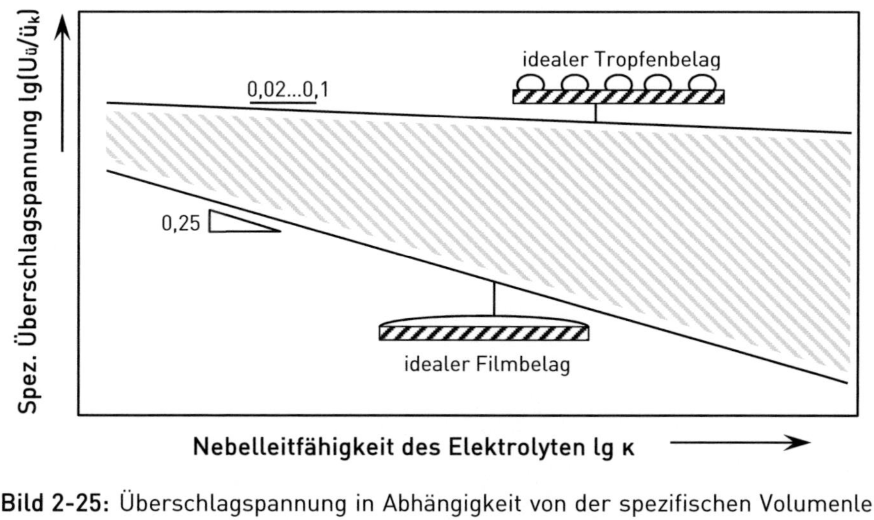

Bild 2-25: Überschlagspannung in Abhängigkeit von der spezifischen Volumenleitfähigkeit des Elektrolyten für eine hydrophobe und hydrophile Isolierstoffoberfläche in Anlehnung an [10]

Diese Prüfprozedur lässt prinzipiell auch eine Aussage über den Hydrophobieverlust und die Hydrophobiewiederkehr zu. Erste Erkenntnisse zur Eignung des Dynamischen Tropfen-Prüfverfahrens für eine Bewertung des Hydrophobietransfers wurden in [136] mit orientierenden Untersuchungen gewonnen. Dabei kann an definiert verstaubten SIR-Proben ein elektrisch wirksamer Hydrophobietransfer beobachtet werden.

2.6 Schlussfolgerungen aus den vorliegenden Erkenntnissen

Für eine Bewertung der als „Schlüsseleigenschaften" bezeichneten dynamischen Hydrophobieeigenschaften liegen umfangreiche Erkenntnisse über Prozesse und Mechanismen des Hydrophobieverlustes, der Hydrophobiewiederkehr und des Hydrophobietransfers unter Beanspruchung mit einzelnen Belastungsfaktoren aber auch Multi-Stress vor. Unter deren Anwendung wurde eine Reihe bisher nicht genormter Prüfverfahren entwickelt. Das Dynamische Tropfen-Prüfverfahren wird für eine Normung zur Bewertung der Hydrophobiebeständigkeit und -wiederkehr favorisiert, da bei Anwendung dieses Verfahrens im Vergleich zu Nebelkammer- oder dem Rad-Tauch-Prüfverfahren eine deutliche Zeitraffung und eine Reduzierung der Messwertstreuung erzielt werden und einfach herzustellende Proben verwendet werden können. Bisher liegen jedoch wenige Erkenntnisse zu den im DTPV ablaufenden hydrophobieabbauenden Mechanismen vor, deren Klärung zu einer weiteren Reduzierung der Messwertstreuung und Herstellung der Reproduzierbarkeit beitragen kann. Internationale Rundversuche mit AC-Beanspruchung weisen die prinzipielle Reproduzierbarkeit des Prüfverfahrens nach. Allerdings schränken die hohe Messwertstreuung der Prüfergebnisse und die uneinheitliche Oberflächenstruktur bisher ein Ranking polymerer Isolierstoffe hinsichtlich ihrer Hydrophobiebeständigkeit ein. Die Messwertstreuung in Wiederholversuchen zur Bewertung der Hydrophobiewiederkehr ist noch größer und kann nur für eine qualitative Aussage herangezogen werden. Ein Vergleich verschiedener Isolierstoffe ist infolge unterschiedlicher Erstausfallzeiten eingeschränkt. Erste Untersuchungen weisen die Eignung des DTPV auch für eine Bewertung des Hydrophobietransfers nach. Damit zeigt das Dynamische Tropfen-Prüfverfahren bei Optimierung der Prüfprozedur und -bedingungen das Potential für die Bewertung aller drei dynamischer Hydrophobieeigenschaften.

3 Aufgabenstellung

Mit dem Dynamischen Tropfen-Prüfverfahren kann sowohl die Hydrophobiebeständigkeit als auch die Hydrophobiewiederkehr polymerer Isolierstoffe unter definierter Spannungsbeanspruchung bei simultaner elektrolytischer Fremdschichtbelastung bewertet werden. Dieses Prüfverfahren wird infolge höherer Zeitraffung und geringerer Messwertstreuung im Vergleich zu anderen Verfahren (z. B. Nebelkammer- oder Rad-Tauch-Prüfverfahren) für die Entwicklung zu einem genormten Prüfverfahren favorisiert.

Ein Ziel dieser Arbeit besteht in der Ertüchtigung des DTPV: Senkung der Messwertstreuung und Erreichen von Reproduzierbarkeit für ein Ranking polymerer Isolierstoffe für den Hochspannungs-Freilufteinsatz hinsichtlich der Hydrophobiebeständigkeit und -wiederkehr. Zur Erreichung dieses Zieles werden zunächst grundlegende Erkenntnisse zu den stattfindenden hydrophobieabbauenden Prozessen gewonnen:

- Studien hydro- und elektrohydrodynamischer Phänomene sowie Detektion hydrophobieabbauender Mikroentladungen zur Identifizierung des Schädigungsprozesses der Isolierstoffoberfläche,
- Analyse thermischer Prozesse sowie des Ableitstromes in der Alterungsübergangsphase zur präzisen Detektion des Hydrophobieverlustes und der Festlegung eines präzisierten Abschaltkriteriums.

Darauf aufbauend wird der Frage nach dem Einfluss relevanter Prüfparameter und Prüfbedingungen nachgegangen. Daraus wird schlussfolgernd eine präzisierte Prüfvorschrift mit festgelegten Prüfparametern, Prüfbedingungen und entsprechenden Toleranzen abgeleitet.

Ein weiteres Ziel stellen Untersuchungen für ein erstmalig quantitatives Ranking polymerer Isolierstoffe sowie deren stofflicher Modifizierungen hinsichtlich ihrer Hydrophobiebeständigkeit dar. Inwiefern dieses Ranking auf die Praxis mit realen Tropfenbelägen übertragen werden kann, wird abschließend an zwei ausgewählten polymeren Isolierstoffen unter Salznebelbelastung näher untersucht.

In weiteren Studien soll eine verbesserte Bewertungsmöglichkeit der Hydrophobiewiederkehr mit dem DTPV erreicht werden. Hierbei werden die bereits bekannten Wiederhol- sowie Intervallversuche überprüft und bzgl. der Messwertstreuung eingeschätzt.

Abschließend wird der Frage nachgegangen, inwiefern das DTPV auch als Diagnoseverfahren für eine Bewertung der elektrischen Wirksamkeit der dynamischen Hydrophobieeigenschaften „Wiederkehr" und „Transfer" an vorbelasteten Proben geeignet ist, damit andere, teilweise sehr aufwändige Verfahren ersetzt werden können und eine Bewertung aller drei dynamischer Hydrophobieeigenschaften ermöglicht wird.

Infolge zunehmender Anwendung von HVDC-Übertragungsleitungen werden alle geplanten Untersuchungen sowohl unter 50-Hz-Wechsel- als auch unter Gleichspannungsbeanspruchung durchgeführt. Der Schwerpunkt der Studien liegt dabei auf Untersuchungen im AC-Feld.

4 Versuchs- und Messtechnik

4.1 Untersuchte Isolierstoffe und deren Oberflächenstrukturen

Alle untersuchten Isolierstoffe finden im Hochspannungs-Freiluftbereich für Isolatoren und Kabelendverschlüsse Anwendung und werden als Standardprodukte der entsprechenden Hersteller in die Gruppe der Silikonelastomere, Epoxidharz-Formstoffe oder in die Gruppe der Ethylen-Copolymere eingeordnet (**Tabelle 4-1**). Bei den Silikonelastomeren findet je eine im Niederdruck-Gieß- bzw. Spritzpress-Verfahren verarbeitete LSR-, RTV-2- sowie HTV-Variante Anwendung. Weitere Untersuchungen werden an einem speziell modifizierten cycloaliphatischem Epoxidharz-Formstoff (HCEP) sowie an Ethylen-Vinyl-Acetat (EVA) durchgeführt. Für Untersuchungen stofflicher Modifikationen kommt eine bzgl. des ATH-Gehaltes modifizierte HTV-Formulierung HTV* zum Einsatz. Dazu wird ein mit 58 % ATH-gefülltes Polymer A mit einem ungefüllten Basispolymer B zu 0 %, 33 %, 66 % und 100 % gemischt, wodurch sich vier verschiedene ATH-Füllgrade ergeben. Allerdings können dadurch auch andere Bestandteile der Formulierung mit ihrem Gewichtsanteil variieren.

Tabelle 4-1: Übersicht der untersuchten polymeren Isolierstoffe

Isolierstoffbezeichnung	Spezifizierung
LSR	additionsvernetzender Flüssigsilikonkautschuk
RTV-2	raumtemperaturvernetzender Silikonkautschuk (additionsvernetzend)
HTV	peroxidisch vernetzender Festsilikonkautschuk
HTV*	peroxidisch vernetzender Festsilikonkautschuk, Variation des ATH-Gehaltes mit 0 %, 19 %, 38 % und 58 %
HCEP	modifizierter, cycloaliphatischer Epoxidharz-Formstoff
EVA	Ethylen-Vinyl-Acetat

Die verwendeten Prüfkörper liegen in Plattenform mit Abmaßen von ca. (H x B x T) 120 mm x 40 mm x 6 mm vor. Dabei kommt Material unterschiedlicher Produktionschargen zum Einsatz. Infolge gleicher Rezeptur aller

Chargen wird angenommen, dass diese keinen signifikanten Einfluss auf das Hydrophobieverhalten ausüben.

Wie bereits in Kapitel 2.2.1 erläutert, kann die Oberflächenstruktur der Prüfkörper einen maßgeblichen Einfluss auf die Bewertung der dynamischen Hydrophobieeigenschaften ausüben. Daher werden, wenn nicht anders angegeben, Prüfkörper verwendet, die in Gieß- bzw. Pressformen bekannter Rauheit hergestellt wurden (**Tabelle 4-2**). Die Oberflächenstruktur der Formen wurde durch den Projektpartner an der Technischen Universität München mittels Sandstrahlverfahren erzeugt, um eine möglichst isotrope Struktur zu erhalten.

Tabelle 4-2: Gemessene Rauheitskennwerte[5] auf den verwendeten polymeren Isolierstoffen nach DIN EN ISO 4287 [137]

Isolierstoff	R_z in µm	R_a in µm
EVA	5,6	0,7
HCEP	5,1	0,7
HTV	5,3	0,8
LSR	4,9	0,5
RTV-2	5,2	0,7

Für die verwendeten Isolierstoffe mit definierter Rauheit wurden statische und dynamische Kontaktwinkel (**Bild 4-1**) sowie Oberflächenspannungen nach der Methode von Owens, Wendt, Rabel und Kaelble (OWRK) ermittelt (**Bild 4-2**), wie in Kap. 4.2.1 erläutert wird.

Die statischen sowie die dynamischen Kontaktwinkel liegen mit einer Ausnahme in gleichen Wertebereichen für die untersuchten Isolierstoffe. Bei EVA werden deutlich niedrigere Rückzugswinkel im Vergleich zu den anderen Isolierstoffen ermittelt. Die dadurch höhere Kontaktwinkelhysterese als Differenz aus Vorrück- und Rückzugswinkel kann einerseits auf die tendenziell höhere Rauheit aber maßgeblich auf die erwartungsgemäß schwächeren Hydrophobieeigenschaften zurückgeführt werden. Dies zeigt sich auch an den signifikant höheren Oberflächenspannungen. Mit Ausnahme von EVA

[5] Für die freundliche Bereitstellung der Messdaten sei Herrn Dipl.-Ing. A. Hergert von der Technischen Universität München gedankt.

weisen alle in diesen Untersuchungen verwendeten Isolierstoffe eine annähernd gleiche Gesamtoberflächenspannung von ca. (25 ± 3) mN/m bei einer Rauheit von ca. R_z = 5 µm auf.

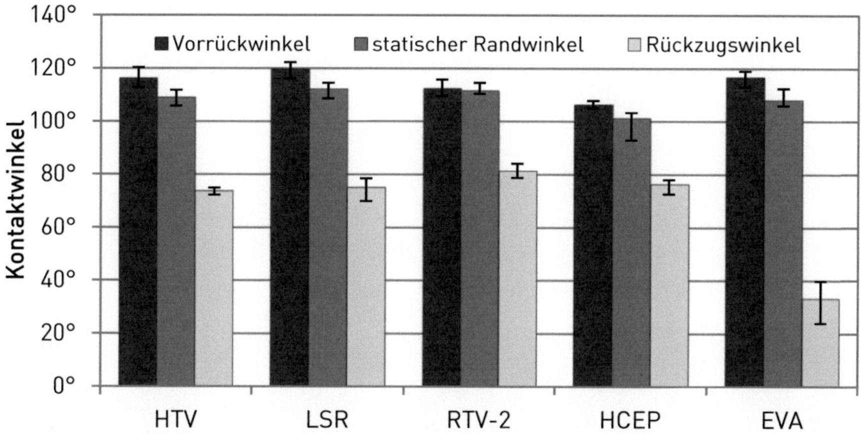

Bild 4-1: Arithmetischer Mittelwert und Spannweite der statischen und dynamischen Kontaktwinkel der untersuchten polymeren Isolierstoffe (R_z = 5 µm), Messmethode s. Tabelle 4-5

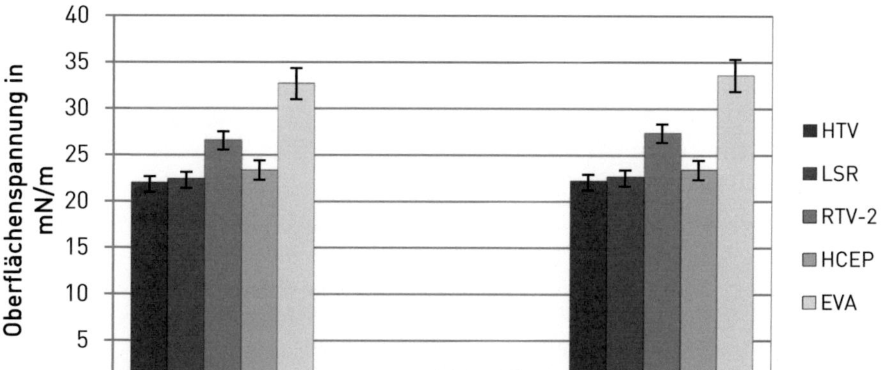

Bild 4-2: Mittelwerte und Spannweite der Oberflächenspannungen der untersuchten polymeren Isolierstoffe mit ihren Einzelanteilen nach „OWRK"-Methode

Bei Proben aus HCEP und EVA konnte keine isotrope Oberflächenstruktur hergestellt werden (**Bild 4-3,** links). Als Ursache werden die für die Entformung der Proben verwendeten Trennmittel vermutet. Dadurch zeigen sich teilweise große Streuungen beim Benetzungsverhalten dieser Proben (**Bild 4-3,** rechts). Allerdings war kein Zusammenhang zwischen der Struktur der Isolierstoffoberfläche und dem Benetzungsverhalten erkennbar.

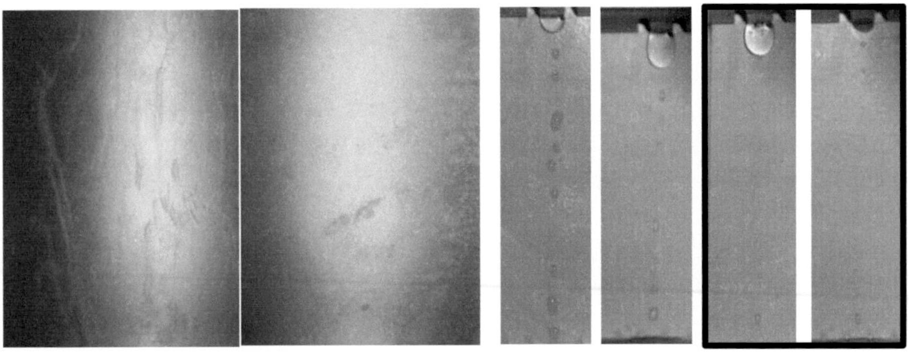

Bild 4-3: Oberflächenstruktur verschiedener HCEP-Proben (links); Aufnahme von verschiedenen EVA-Proben bei Benetzung mit Elektrolyt im DTPV vor Beginn einer Prüfung bei U = 0 (rechts)

Für Untersuchungen im DTPV wurden ausschließlich Proben verwendet, bei denen nur eine kleine Anzahl an Elektrolytrückständen (Anzahl ≤ 5) mit kleinem Durchmesser (d ≤ 2 mm) bei Elektrolytbelastung erkennbar waren (Proben wie gerahmt in Bild 4-3, rechts). Feststoffoberflächen können hinsichtlich ihrer geometrischen Oberflächenbeschaffenheit nach DIN 4760 [138] in Form, Welligkeit und Rauheit untergliedert werden. Bei einer gezielten geometrischen Strukturierung kann in nano- und mikrostrukturierte Oberflächen unterschieden werden.

Untersuchungen zum Einfluss der Rauheit und der geometrischen Struktur auf die elektrohydrodynamischen Phänomene und die Hydrophobiebeständigkeit werden an strukturierten RTV-2-Proben durchgeführt. Dabei werden sowohl der Rauheitswert R_z bei unbekannter Struktur (**Tabelle 4-3**) und auch die anisotrope Mikrostruktur der Proben bei einheitlichem Rauheitswert R_z = 100 µm variiert.

Tabelle 4-3[6]: RTV-2-Proben mit unterschiedlichem Rauheitswert R_z

Material des Gießformbodens	Rauheit R_z in µm
Glas	0,4
Stahlblech	1,8
lackiertes Stahlblech A	3,1
	5,7
lackiertes Stahlblech B	7,2
sandgestrahltes Aluminium	9,9
	14,2
	28,1
	41,3

Die anisotrop mikrostrukturierten Proben werden vorrangig in Querrichtung auf ihre Hydrophobieeigenschaften untersucht (**Bild 4-4**). Bei der Noppenstruktur wird der Noppenabstand von 180 µm als Längs- und der versetzte Noppenabstand von 160 µm als Querrichtung definiert (**Tabelle 4-4**)[7].

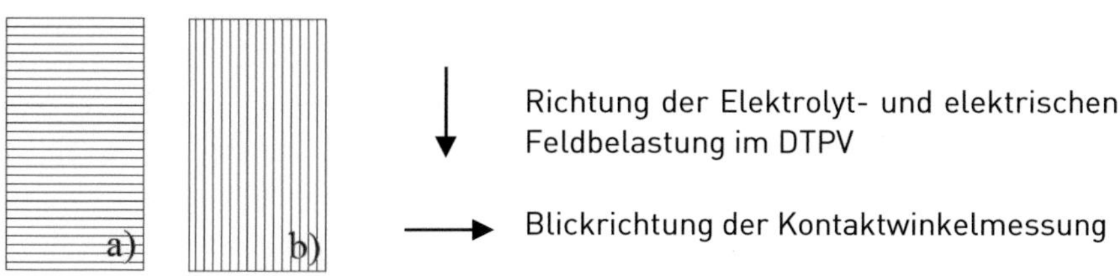

Bild 4-4: Einsatzrichtung der Proben: a) senkrecht zu den Rillen (Querrichtung), b) parallel zu den Rillen (Längsrichtung)

[6] Für die Bereitstellung dieser Proben sei recht herzlich Herrn Dipl.-Ing. A. Hergert von der Technischen Universität München gedankt.

[7] Für die Entwicklung der Gießformen und Herstellung dieser Proben sei herzlich Frau Dipl.-Ing. (FH) D. Hübner von der Hochschule Zittau/Görlitz gedankt.

Tabelle 4-4: RTV-2-Proben mit definierter Oberflächenstruktur

Struktur	Oberflächenbeschaffenheit	Profilansicht
viereckige Rillenstruktur, Aspektverhältnis 1:2	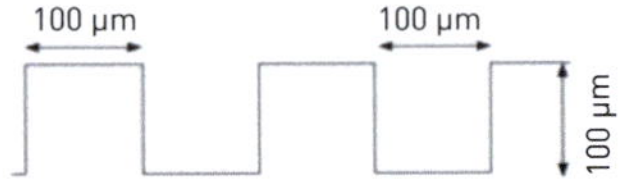	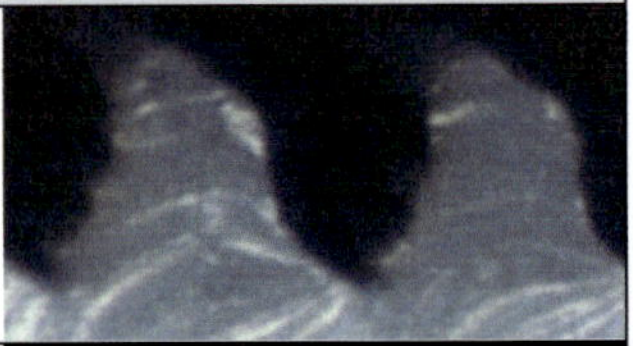
dreieckige Rillenstruktur, Aspektverhältnis 1:2	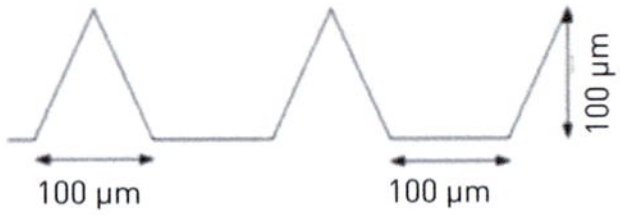	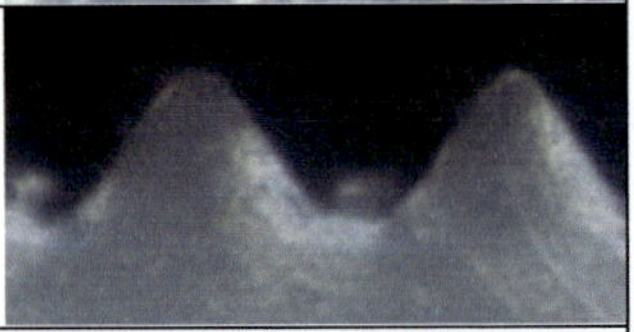
Noppenstruktur, Aspektverhältnis 1:1,8	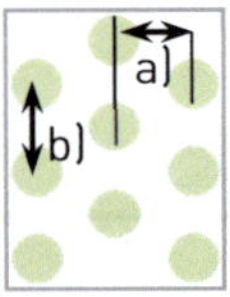 Höhe und Durchmesser der Noppen: 100 µm Abstand der versetzten Reihen: a) 160 µm bzw. b) 180 µm	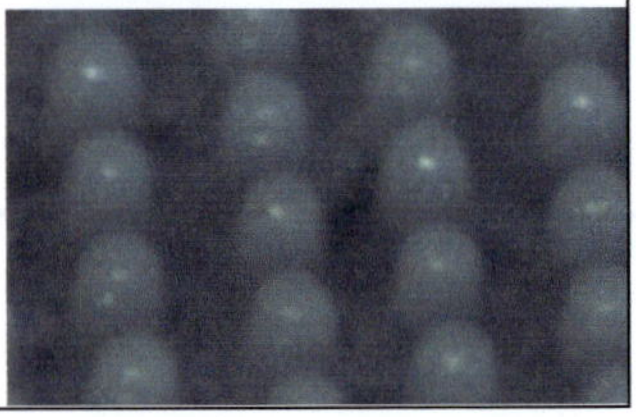

Vor der Durchführung eines jeden Versuches werden die Prüfkörper, soweit nicht anders angegeben, mit einem fusselfreien, weichen Tuch und Isopropanol gereinigt und anschließend mit destilliertem Wasser abgespült. Danach erfolgt das Abtrocknen der Proben mit einem Seidentuch. Abschließend erfolgt eine mindestens 24-stündige Lagerung der Prüfkörper unter Laborklimabedingungen in einem staubgeschützten Kunststoff-Behälter aus Polycarbonat. Die Lagerung sowie die Untersuchungen erfolgen bei einer Temperatur von 23 °C ± 3 K und einer relativen Luftfeuchte von 50 % ± 10 % (Anlehnung an DIN EN 60212 [139], Normklima B).

4.2 Versuchsanordnungen und Versuchsdurchführung

4.2.1 Bewertung des Hydrophobiezustandes

Die Bewertung des Hydrophobiezustandes erfolgt in diesen Untersuchungen durch die Messung statischer und dynamischer Tropfenrandwinkel am liegenden Tropfen (sessile drop [140]). Dabei sind eine Reihe unterschiedlicher

Messmethoden, Messzeitpunkte und Berechnungsalgorithmen anwendbar. In Voruntersuchungen wird deshalb mit dem verwendeten Kontaktwinkelmesssystem[8] (**Bild 4-5**, links) eine geeignete Messprozedur für die untersuchten polymeren Isolierstoffe entwickelt und validiert.

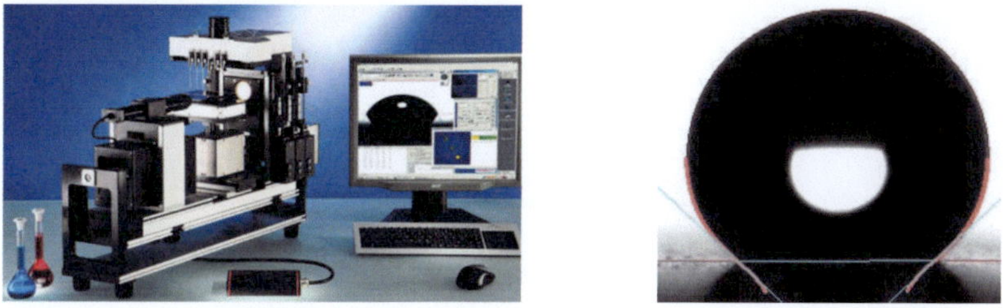

Bild 4-5: Kontaktwinkelmesssystem OCA 35 (links) und Tropfenkontur zur Messung statischer Randwinkel an einem HTV-Prüfkörper (rechts)

Die Ermittlung statischer Kontaktwinkel wird an einem auf die Isolierstoffoberfläche aufgesetzten Tropfen durchgeführt (Bild 4-5, rechts). Dabei werden diskrete Tropfen definierten Volumens auf die Isolierstoffoberfläche aufgesetzt und eine Aufnahme des jeweiligen Tropfens erstellt. Die Berechnung des Kontaktwinkels kann mit dem verwendeten Messsystem nach vier verschiedenen Berechnungsalgorithmen erfolgen. Dabei wird die Tropfenkontur durch verschiedene mathematische Modelle nachgebildet (z. B. nach Kreis- und Ellipsengleichung, Young-Laplace-Verfahren [141]) und der Schnittwinkel mit der Basislinie des Tropfens berechnet. Bei dem Young-Laplace-Verfahren wird im Vergleich zu den anderen beiden Berechnungsalgorithmen der Einfluss der Schwerkraft berücksichtigt und der Kontaktwinkel aus dem Kräftegleichgewicht zwischen Oberflächenspannung und Gravitation ermittelt. Dadurch ist diese Methode speziell für Tropfen auf hydrophoben Oberflächen geeignet und wird als die genauere Methode eingeschätzt [60]. Der Kontaktwinkel kann ebenfalls durch das Anlegen einer Tangente an die Tripelpunkte des Tropfens mit der umgebenden Gasphase und der Isolierstoffoberfläche gemessen werden. Ein Vergleich der statischen Kontaktwinkel, die mit den vier vorgestellten Berechnungsalgorithmen ermittelt wurden, ist in **Bild 4-6** dargestellt.

[8] Hersteller: Dataphysics, Modell OCA 35, Messsoftware SCA 20.

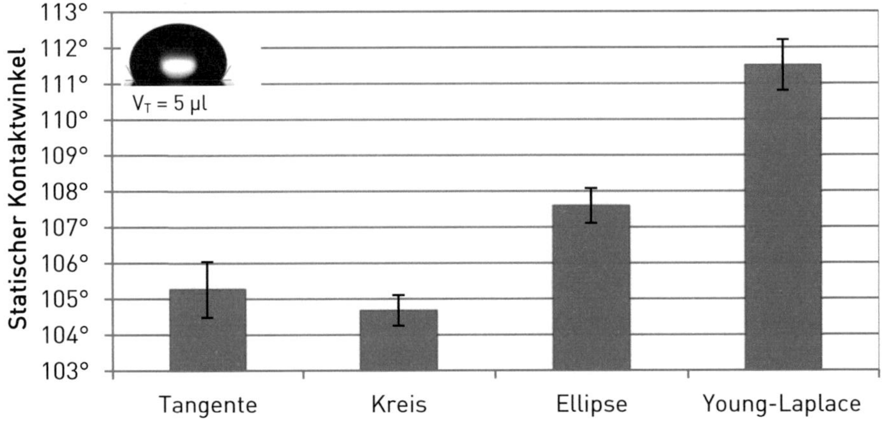

Bild 4-6: Mittelwert und Konfidenzbereiche (95 % stat. Sicherheit) statischer Kontaktwinkel in Abhängigkeit des Berechnungsalgorithmus auf HTV-Prüfkörpern, Stichprobe n = 50

Es zeigt sich, dass die Wahl des Berechnungsalgorithmus einen signifikanten Einfluss auf das Messergebnis ausübt. Dadurch entsteht ein systematischer Fehler, da das jeweilige mathematische Modell eine Näherung zur realen Tropfenkontur darstellt. Demzufolge sind alle Messungen statischer und dynamischer Kontaktwinkel nach dem gleichen Berechnungsalgorithmus durchzuführen. Aus bisherigen Erfahrungen in [141] ist bekannt, dass die Berechnungsverfahren für unterschiedlich große Tropfen und Kontaktwinkel unterschiedlich gut geeignet sind. Beispielsweise werden bei großen Tropfen und hohen Kontaktwinkeln das Young-Laplace- und das Ellipsen-Verfahren empfohlen. In diesen Untersuchungen wird das Tangentenverfahren angewendet, da ausschließlich bei diesem Verfahren die unsymmetrische Tropfenkontur erfasst werden kann, was für die Ermittlung der dynamischen Kontaktwinkel erforderlich ist.

Die Messung der dynamischen Kontaktwinkel kann nach der Volumenänderungsmethode oder an einem auf der geneigten Ebene abgleitenden Tropfen erfolgen (**Bild 4-7**). Die Messung kann dabei vor oder während der Bewegung des Tropfens durchgeführt werden (vgl. Bild 2-9).

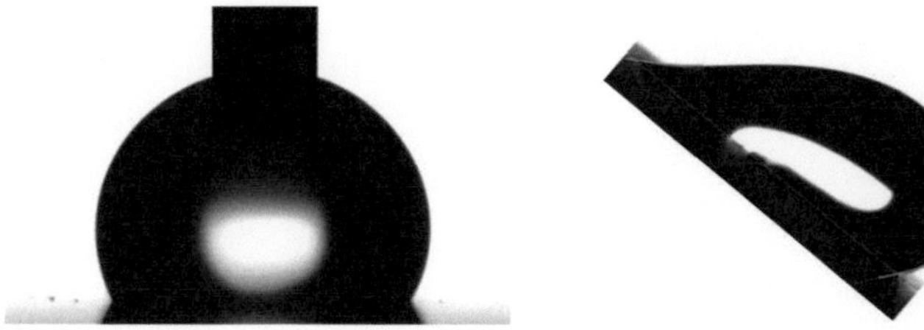

Bild 4-7: „Needle-In"-Verfahren an einem HTV-Prüfkörper während des Zudosierens (links) und Kontaktwinkelmessung an der geneigten Ebene (rechts)

Bei der Messung *während* der Bewegung des Tropfens wird mit den verwendeten Isolierstoffen der sogenannte Pinning-Effekt [69] beobachtet, da der Tropfen keine gleichmäßige Bewegung beim Voranschreiten bzw. Zurückziehen vollführt, sondern durch die Oberflächenrauheit und Oberflächenheterogenität an seiner gleichförmigen Bewegung gestört wird. Dieser Effekt spiegelt sich bei der dynamischen Kontaktwinkelmessung in einer hohen Messwertstreuung von z. B. über 10° für den Rückzugswinkel im Bereich des jeweiligen Plateaus wider, wie am Beispiel der Volumenänderungsmethode gezeigt werden kann (**Bild 4-8**).

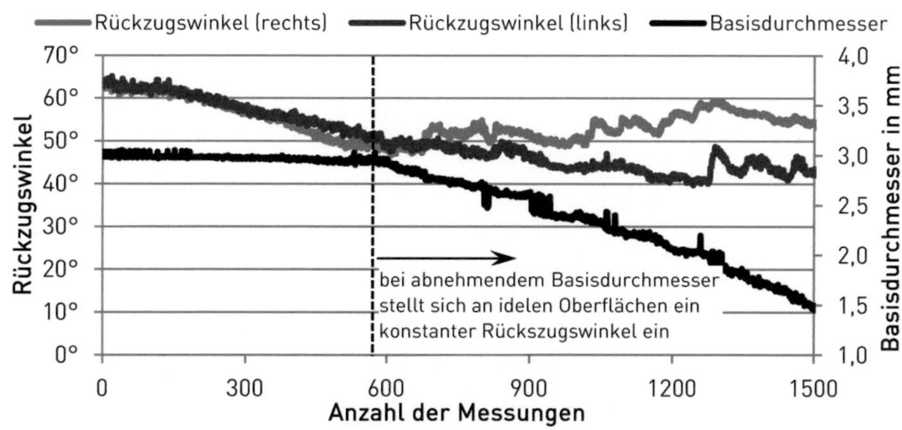

Bild 4-8: Verlauf des Rückzugswinkels mit der Volumenänderungsmethode an einem HTV-Prüfkörper infolge des Pinning-Effektes, 1 Messung entspricht 1/20 s

Auch bei der Bestimmung der dynamischen Kontaktwinkel an der geneigten Ebene wird mit dieser Messmethode eine hohe Streuung infolge des Pinning-Effektes beobachtet. Deshalb wird diese Methode für die untersuchten Isolierstoffe als ungeeignet eingeschätzt und die Messung *vor* der Bewegung des Tropfens durchgeführt.

Untersuchungen in [16] an polymeren Isolierstoffen weisen eine Korrelation der Messergebnisse unter Anwendung der Volumenänderungsmethode und der Messung an der geneigten Ebene nach. Damit können beide Methoden als geeignet eingestuft werden.

Da sich bei der geneigten Ebene der korrekte Neigungswinkel für den Beginn des Abgleitvorganges als subjektiver Parameter erweist und diese Methode allgemein einen höheren Aufwand bei der Messung erfordert, werden dynamische Kontaktwinkel in dieser Arbeit mit Hilfe der Volumenänderungsmethode bestimmt. Die einheitlich festgelegten Prüfparameter sind in **Tabelle 4-5** angegeben.

Tabelle 4-5: Parameterfestlegung für die Ermittlung von Kontaktwinkeln

Parameter	Spezifizierung
Prüfflüssigkeit	einfach destilliertes Wasser (H_2O)
Methode	Sessile Drop, Tangentenverfahren
statischer Kontaktwinkel (Tangentenverfahren)	5 µl Tropfenvolumen, Messung 30 s nach Aufsetzen des Tropfens
dynamischer Kontaktwinkel (Volumenänderungsmethode (Needle-In), Tangentenverfahren)	Vorrückwinkel: direktes Zudosieren von 15 µl H_2O, Dosierrate von 1 µl/s zu 5 µl großen Tropfen Rückzugswinkel: Wegdosieren von 15 µl H_2O von 20 µl großen Tropfen, Dosierrate von 0,2 µl/s

Für qualitative Aussagen zu den Benetzungseigenschaften wird auch die Oberflächenspannung herangezogen. Diese werden mit Hilfe der Messung statischer Kontaktwinkel unter Verwendung verschiedener Prüfflüssigkeiten bestimmt. Für die Berechnung der Oberflächenspannung aus den Kontaktwinkelmessungen wird in dieser Arbeit die Berechnung nach Owens, Wendt, Rabel und Kaelble [51] (vgl. Kap. 2.2.1) mit Hilfe der Messsoftware SCA20 des verwendeten Kontaktwinkelmesssystems herangezogen. Da der Messwert des statischen Kontaktwinkels nicht dem Gleichgewichtsrandwinkel entspricht (s. Kap. 2.2.1), kann keine Aussage über die intrinsische

Grenzflächenspannung abgeleitet werden. Ein relativer Vergleich bei einheitlicher Oberflächenstruktur wird jedoch als zulässig angesehen.

Für eine Abschätzung des Messfehlers werden sechs verschiedene Prüfflüssigkeiten verwendet (**Tabelle 4-6**), womit eine statistische Auswertung der Oberflächenspannung (Normalverteilung, Konfidenzbereiche mit 95 % statistischer Sicherheit) möglich ist.

Tabelle 4-6: Oberflächenspannung der verwendeten Prüfflüssigkeiten

	Oberflächenspannung in mN/m		
Prüfflüssigkeit	**polar**	**dispers**	**gesamt**
1-Bromnaphthalin [142]	0,0	44,6	44,6
Diiodmethan [143], [144]	2,6	47,4	50,0
Dimethylsulfoxid [145]	8,0	36,0	44,0
Ethylenglykol [146]	19,0	29,0	48,0
Gycerol/Glycerin [147]	41,5	21,2	62,7
Wasser [142]	51,0	21,8	72,8

4.2.2 Dynamisches Tropfen-Prüfverfahren

4.2.2.1 Versuchsaufbau und -durchführung

Das DTPV wurde zunächst für eine Bewertung der Hydrophobiebeständigkeit entwickelt und später auch für eine Bewertung der Hydrophobiewiederkehr nach einem temporären Hydrophobieverlust herangezogen. Im DTPV werden plattenförmige Prüfkörper auf einer geneigten Ebene unter Spannungsbeanspruchung und simultaner elektrolytischer Fremdschichtbelastung untersucht. In diesen Untersuchungen werden die grundsätzliche Versuchsanordnung und Versuchsdurchführung nach Vorgaben in [22] und [23] eingehalten. Als Ausgangspunkt für Vor- bzw. Parameteruntersuchungen dienen die in [23] definierten Parameter (**Tabelle 4-7**).

Die plattenförmigen Prüfkörper werden auf eine isolierende Grundplatte (PTFE) aufgelegt und mit zwei Edelstahlelektroden (Werkstoff W1.4401 passiviert, Zeichnung siehe (**Anlage A2**[9])) positioniert und fixiert (**Bild 4-9**).

Tabelle 4-7: Prüfparameter DTPV nach [23]

Parameter	Wert
spezifische Volumenleitfähigkeit	(1,5 ± 0,2) mS/cm
Durchflussrate	(1,0 ± 0,2) ml/min
Neigungswinkel	60°
Tropfenfrequenz	(12 ± 1) min^{-1}
Abschaltkriterium	I_a > (2,0 ± 0,5) mA über (4,0 ± 0,5) s
Prüfspannung (50/60 Hz)	(3,0 - 6,0) kV

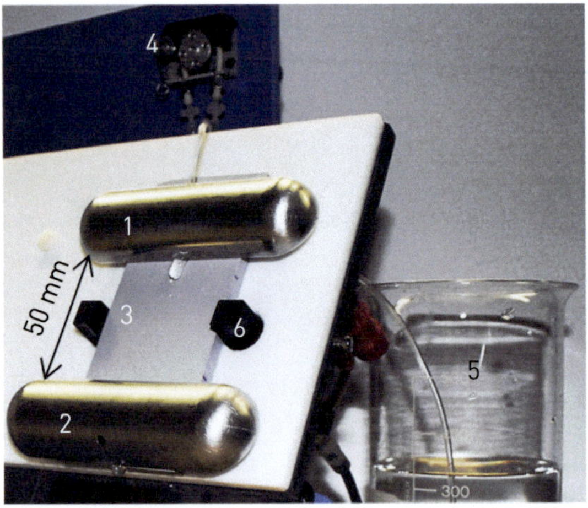

1 obere Elektrode
2 untere Elektrode
3 Prüfkörper
4 Peristaltikpumpe
5 Vorratsbehälter
6 Lichtschranke

Bild 4-9: Prüfanordnung des DTPV

Als Prüfflüssigkeit dient einfach destilliertes bzw. entionisiertes Wasser unter Zugabe von Natriumchlorid (NaCl). Ein Einfluss der Wasserqualität (destilliertes oder entionisiertes Wasser) auf das Prüfergebnis konnte in Vorver-

[9] Für die Erstellung der Zeichnung danke ich herzlich Herrn Dipl.-Ing. (FH) M. Herrmann von der Hochschule Zittau/Görlitz.

suchen nicht nachgewiesen werden (**Anlage A3**). Die spezifische Volumenleitfähigkeit der Prüflösung wird mittels Leitfähigkeitsmesszelle[10] unter nichtlinearer Temperaturkompensation bei 23 °C eingestellt. Die Prüfflüssigkeit steht in einem Vorratsbehälter zur Verfügung und wird über eine Peristaltikpumpe zur oberen Elektrode geleitet. Somit kann eine stetige und konstante Elektrolytzuführung gewährleistet werden.

In der Einstellphase wird die Tropfenfrequenz mit Hilfe der Durchflussrate eingestellt und über einen Zeitraum von mindestens 5 Minuten kontrolliert. Damit kann erreicht werden, dass die Tropfen bei Prüfbeginn entlang derselben Tropfenbahn abgleiten und eine einheitliche Tropfenfrequenz aufweisen. Die Tropfenfrequenz f_T wird messtechnisch über eine Infrarot-Lichtschranke erfasst. Das Tropfenabgleitvolumen V_T berechnet sich unter Kenntnis der Durchflussrate $\dot{V}$ wie folgt (**Formel 4-1**):

$$V_T = \frac{\dot{V}}{f_T}$$

Formel 4-1

Die Einstellphase ermöglicht bereits eine Aussage zum Benetzungsverhalten einer Isolierstoffoberfläche. Beispielsweise wird bei einem hydrophilen Isolierstoff die Abgleitbahn vollständig benetzt, wohingegen bei einem hydrophoben Material diskret abgleitende Tropfen beobachtet werden (**Bild 4-10**). Es wird festgelegt, dass Proben, die eine nahezu durchgehende Elektrolytspur aufzeigen, nicht zu einer Prüfung im DTPV zugelassen werden. Beim Zuschalten der Prüfspannung ist bei derartigem Abgleitverhalten von einem sofortigen Ausfall der Probe auszugehen.

Für die Untersuchungen stehen zwei begehbare Prüffelder mit oben beschriebener Prüfanordnung zur Verfügung, wobei diese mit je zwei benachbarten Anordnungen nach Bild 4-9 betrieben werden können. Geerdete Bauteile und Zäune des Prüffeldes besitzen einen Abstand von mindestens 40 cm zum Prüfling. Die Kontaktelemente auf der Rückseite der Elektroden bestehen aus 4 mm starken Bolzen, welche über Kontakthülsen mit Laborleitungen steckbar verbunden sind. Die Laborleitungen werden senkrecht

[10] pH/Cond 3320, Hersteller: WTW.

zur Grundplatte an der Rückseite der Prüfanordnung weggeführt.

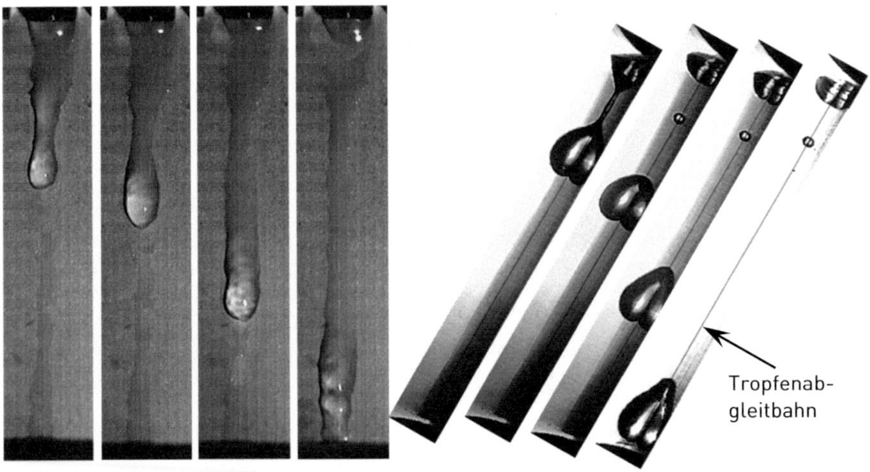

t = 0 20 ms 30 ms 40 ms t = 0 25 ms 55 ms 85 ms

Bild 4-10: Tropfenabgleiten auf hydrophiler (EVA, links) und hydrophober (LSR, rechts) Probe bei einheitlicher Isolierstoffstruktur (R_z = 5 µm)

Die 50-Hz-Wechselspannungsversorgung erfolgt je Versuchsstand durch einen Hochspannungstransformator[11]. Die Gleichspannung wird mittels elektronischer Schaltnetzgeräte[12] bereitgestellt. Während einer Prüfung erfolgt eine Aufzeichnung des Ableitstromes mittels A/D-Wandler und dazugehöriger Software[13]. Die Abtastrate ist dabei auf eine Frequenz von 83,3 kHz begrenzt. Damit ist mit diesem Messsystem keine Teilentladungsmessung möglich. Bei Analyse eines typischen Ableitstromverlaufes in der Alterungsübergangphase mittels Fast-Fourier-Transformation werden Frequenzanteile bis maximal 1 kHz detektiert. Amplituden oberhalb der 13. Harmonischen weisen Anteile kleiner als 0,2 % der Grundschwingung auf. Demzufolge wird der Messfehler mit kleiner als 0,2 % als ausreichend klein angesehen.

---

[11] Hersteller: TUR Dresden, 35 kV; 4,4 kVA.

[12] Hersteller: Glassman, 12 kV, 250 mA DC±; Hersteller: EA Electronics, 6 kV, 350 mA DC±.

[13] Hersteller: bmcm, Typ: USB-AD16F; Software: NEXTVIEW®4.

Die Spannungszuschaltung definiert den Beginn einer Prüfung. Das Ende der Prüfung ist erreicht, sobald ein definierter Ableitstrom über eine festgelegte Dauer fließt. Die automatische Abschaltung des Versuchsstandes erfolgt über ein Grenzwertrelais[14].

Sowohl die verwendeten Schläuche und Elektrolytbehälter als auch die Edelstahlelektroden werden mehrfach verwendet. Deshalb müssen diese einer gut reproduzierbaren Reinigungsprozedur unterzogen werden, um definierte Ausgangsbedingungen für die nachfolgende Prüfung zu schaffen. Die Schläuche der Peristaltikpumpe sowie die Elektrolytbehälter werden an jedem Versuchstag mit einfach destilliertem bzw. entionisiertem Wasser und Isopropanol gespült, um Salzrückstände des Elektrolyten und mögliche organische Rückstände wie z. B. Bakterien zu entfernen.

In [16] wird über eine unerwünschte Beeinflussung des Prüfergebnisses durch die Oberflächenrauheit sowie den Korrosionszustand im Bereich der Austrittsöffnung an der oberen Elektrode berichtet. Dabei werden mit zunehmender Korrosion größere Tropfenvolumina bei steigender Benetzbarkeit der Edelstahlelektrode beobachtet und sinkende Ausfallzeiten ermittelt. Zur Vermeidung dieses Phänomens werden die Elektroden nach jedem Versuch folgender Behandlung unterzogen:

1. Reinigung mittels Poliervlies (Körnung 3000),
2. 10 min Ultraschallbad[15], Reinigungsmittel: destilliertes Wasser und 5 % Tickopur R27[16],
3. Abspülen mit klarem Wasser und Abtrocknen mit einem Tuch,
4. mindestens 24 Stunden Lagerung unter Laborklima.

Durch die Reinigung im Ultraschallbad soll ein reproduzierbarer Benetzungszustand der Elektroden vor jeder neuen Prüfung erreicht werden. Dies kann durch Kontaktwinkelmessung nachgewiesen werden. Dabei werden einheitlich statische Kontaktwinkel von $\theta_s = 81° \pm 6°$ gemessen.

[14] Typ GMA-1, Hersteller: Müller-Ziegler.

[15] Hersteller: Bandelin GmbH, Typ: Sonorex Super RK 100/H, Betriebsfrequenz: 35 kHz, HF-Leistung: 80 W.

[16] Hersteller: Merck.

Um die Benetzungsfläche auf eine konstante Breite zu begrenzen, werden an der oberen Elektrode neben der Austrittsöffnung zusätzliche Fräsungen eingefügt (**Bild 4-11**).

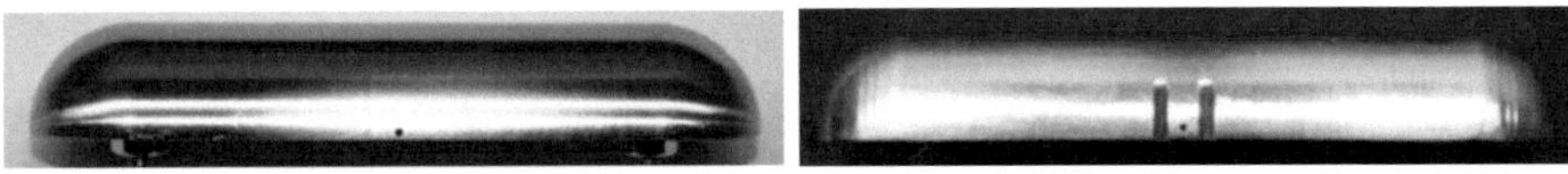

Bild 4-11: Nicht modifizierte (links) und leicht modifizierte (rechts) obere Elektrode

Vergleichsuntersuchungen mit der in [13] definierten Elektrode weisen keinen Einfluss der Modifizierung auf die mittlere Ausfallzeit nach (**Anlage A4**). Allerdings können durch die Anwendung der Modifizierung eine bessere Einstellbarkeit der Tropfenfrequenz, eine geringere Streuung dieses Parameters in der Einstellphase sowie eine Reduzierung der Messwertstreuung der Ausfallfallzeit erzielt werden, was eine Verbesserung für die Versuchsdurchführung darstellt und die Unempfindlichkeit des Prüfverfahrens erhöht.

4.2.2.2 Elektrisches Feld bei 50-Hz-AC-Beanspruchung

Bei Anlegen der Prüfspannung an die halbzylindrischen Elektroden bildet sich ein inhomogenes elektrisches Feld aus. Untersuchungen in [67] haben gezeigt, dass elektrohydrodynamische Phänomene durch einen Teilentladungseinsatz an der die Spannung führenden Elektrode beeinflusst werden können. Deshalb sind Teilentladungen an den Elektroden für eine Bewertung hydrophober Eigenschaften gegen fremdschichtinitiierte Teilentladungen zu vermeiden. Nachfolgend wird deshalb der Frage nachgegangen, bis zu welcher Prüfspannungshöhe Teilentladungsfreiheit gegeben ist.

Experimentelle Untersuchungen zeigen für die gewählte Elektrodenanordnung nahezu identische Teilentladungseinsatz- und Überschlagspannungen[17] von $\hat{U}_a = 38{,}6\ \mathrm{kV} \pm 1\ \mathrm{kV}$ bzw. $\hat{U}_ü = 40{,}3\ \mathrm{kV} \pm 1\ \mathrm{kV}$ (Spannweite, n=10). Da-

[17] Nach DIN EN 60060-1 wird für Überschläge an Isolierstoffoberflächen keine Klimakorrektur durchgeführt.

mit wird davon ausgegangen, dass sich ein schwach inhomogenes Feld ausbildet. Die beobachteten Teilentladungen sind instabil, können zeitlich aussetzen und von der visuellen Erscheinungsform her den Streamerentladungen zugeordnet werden (**Bild 4-12**[18]).

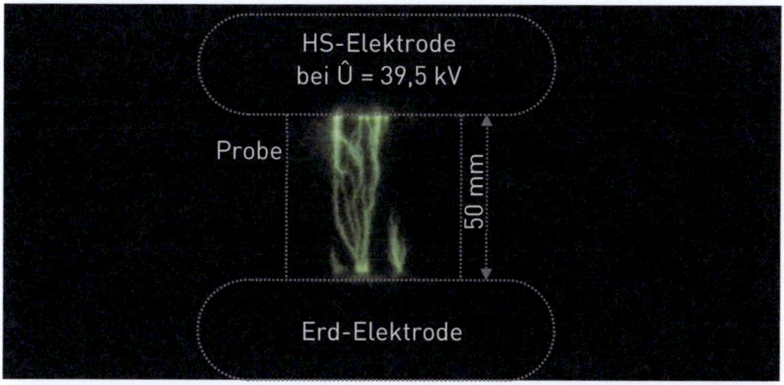

Bild 4-12: Teilentladungen auf der Isolierstoffoberfläche unmittelbar vor dem Überschlag, Aufnahme durch die UV-Nachtsicht-Kamera (s. Kap. 4.3.3)

Folglich kann die verwendete Elektrodenanordnung ohne Anwesenheit eines Tropfens für die bisher verwendeten Prüfspannungen von bis zu U_e = 6 kV als teilentladungsfrei betrachtet werden.

Für eine Abschätzung der Feldverteilung wird eine elektrostatische Feldberechnung der Grundanordnung ohne Anwesenheit eines Tropfens mit der Simulationssoftware ELECTRO (Version 6.4, Hersteller: IES [148] für 2D- und rotationssymmetrische 3D-Feldsimulation) durchgeführt. Im Bereich der Höchstfeldstärke entsteht an der Tripelkante Elektrode - Isolierstoff – Luft eine Unstetigkeitsstelle der Feldstärke, die keine exakte Berechnung in diesem Bereich erlaubt. Dies kann mit der Einbettung der Elektroden vermieden werden. Dabei stellt ein „Einbetten“ der Elektroden um 0,25 mm und damit der Tripelkante in den Isolierstoff einen ausreichenden Abstand der Unstetigkeitsstelle zum Tripelpunkt dar.

[18] Entgegen der später empfohlenen Potentialzuordnung mit oberer geerdeter Elektrode wurde die Überschlagspannung unter Beachtung versuchstechnischer Aspekte bei oberer Elektrode an Hochspannungspotential ermittelt.

Für die qualitative Berechnung wird wie in der realen Prüfanordnung ein Abstand zu geerdeten Bauteilen von ca. 40 cm berücksichtigt. Das resultierende Feldbild in der Seitenansicht und der Feldstärkeverlauf entlang der Tropfenabgleitbahn sind in **Bild 4-13** und **Bild 4-14** dargestellt.

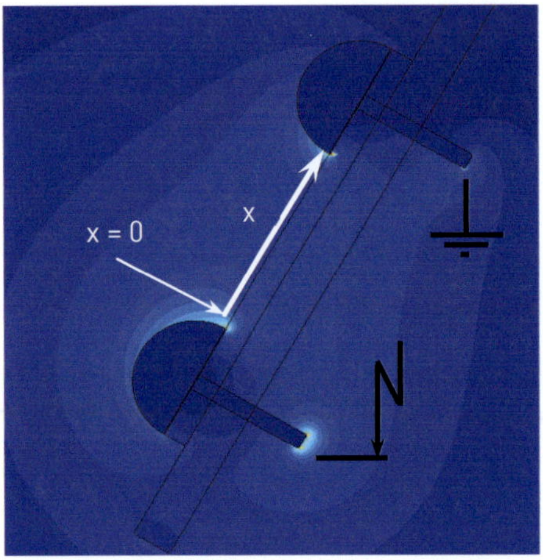

Bild 4-13: Abgeschätzte Feldverteilung im DTPV (Seitenansicht) mittels ELECTRO bei U_e = 5 kV AC

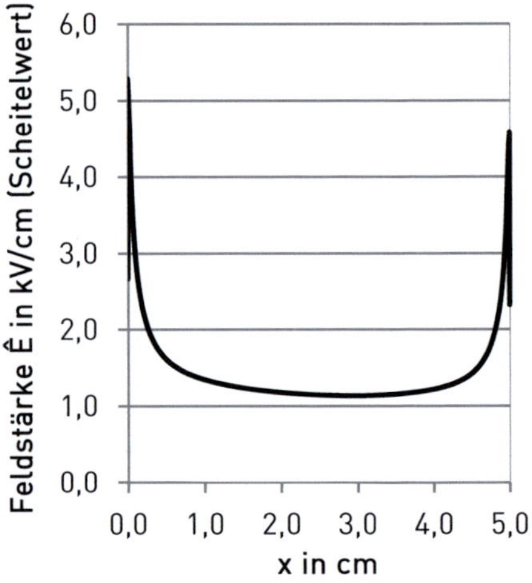

Bild 4-14: Feldstärkeverteilung entlang der Isolierstoffoberfläche aus der Seitenansicht bei U_e = 5 kV AC (10000 Stützpunkte)

Hierbei werden die Hochspannung an die untere Elektrode angelegt und die obere Elektrode geerdet, da diese Potentialzuordnung bei den später dargestellten Ergebnissen vorrangig verwendet werden wird.

Erwartungsgemäß wird ein inhomogenes und bezüglich der Hochspannungselektrode unsymmetrisches elektrisches Feld ausgebildet. Die Asymmetrie ist auf die Wirkung von Längs- und Querkapazitäten zurückzuführen [149].

4.2.2.3 Wasserlagerung

Eine definierte Vorbelastung hydrophober polymerer Isolierstoffe für weitere Untersuchungen im Dynamischen Tropfen-Prüfverfahren erfolgt mit Hilfe der Wasserlagerung. Diese ermöglicht einen gezielten Abbau der Hydrophobie in Abhängigkeit von der Lagerungsdauer. Im Vergleich zu anderen Vorbelastungen, wie z. B. durch Beanspruchung mit Koronaentladungen, wird keine Veränderung der Oberflächenstruktur infolge dieser Belastung verursacht.

Die Untersuchungen werden an HTV-, HCEP- und LSR-Prüfkörpern durchgeführt und die Proben, wie in Kap. 4.1 beschrieben, gereinigt und konditioniert. Die Wasserlagerung erfolgt mit destilliertem Wasser bei Raumtemperatur mit 23 °C ± 3 K unter Zugabe von 5 mg/l Kupferchlorid zur Vermeidung biogenen Bewuchses nach [10]. Für die Bewertung des Hydrophobiezustandes werden die Proben aus dem Wasserbad entnommen und mit einem saugfähigen Tuch vorsichtig getrocknet. Die Bewertung erfolgt in Voruntersuchungen anhand der Messung statischer und dynamischer Kontaktwinkel nach Kap. 4.2.1 (**Bild 4-15**).

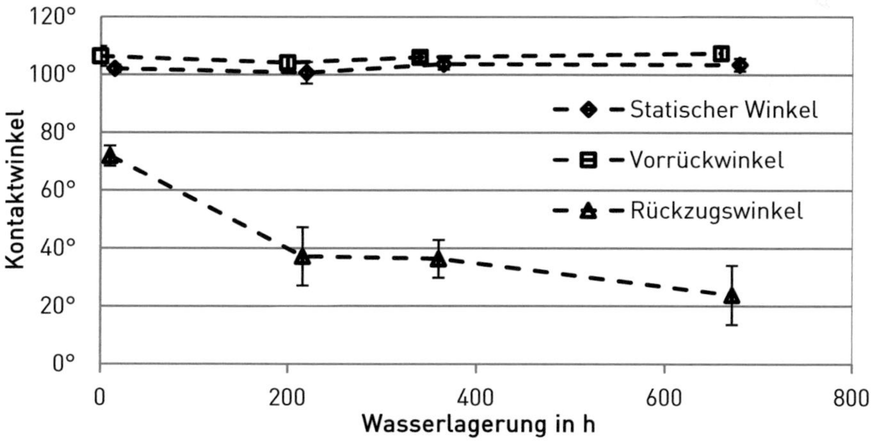

Bild 4-15: Statische und dynamische Kontaktwinkelmessung in Abhängigkeit von der Wasserlagerungsdauer am Beispiel von HTV-Prüfkörpern, jeweils 2 Messungen an je 8 Proben, Normalverteilung, 50-%-Wert mit 95 % KI

Dabei zeigt sich erwartungsgemäß, dass der Rückzugswinkel am empfindlichsten auf die Wasserlagerung reagiert, wohingegen der statische und der Vorrückwinkel im betrachteten Lagerungszeitraum keinerlei Änderung aufweisen. Deshalb wird für die weiteren Versuche ausschließlich der Rückzugswinkel für eine Bewertung des Hydrophobiezustandes bei wassergelagerten Prüflingen herangezogen.

4.2.2.4 Hydrophobietransfer

Bei Untersuchungen zur Bewertung der elektrischen Wirksamkeit des Hydrophobietransfers im DTPV wird für eine Vorbelastung der Proben das Hydrophobietransfer-Prüfverfahren (HTPV) (sog. „Maskenverfahren") herangezogen. Diese Untersuchungen werden ausschließlich an Silikonelastomeren (HTV, LSR) durchgeführt. Vorversuche an HCEP-Proben haben gezeigt, dass auch nach 2000 h Transferzeit keine Belastung mit Elektrolyt im DTPV ohne Abtragen der Verschmutzungsschicht möglich ist. Der Transferprozess war nach dieser Zeitdauer noch nicht ausreichend stark ausgeprägt.

Die Prüfprozedur und Durchführung des HTPV basieren auf Angaben in [23] sowie der darauf aufbauenden Weiterentwicklung des Prüfverfahrens im Rahmen des gemeinsamen Forschungsprojektes an der Technischen Universität München. Die Prüfprozedur erfolgt prinzipiell nach folgenden Schritten:

- Anfertigung und Aufkleben der Masken auf die gereinigte Isolierstoffoberfläche,
- Mischen und Auftragen der Verschmutzungsschichtsuspension,
- Lagerung der Proben unter definierten Umgebungsbedingungen,
- Kontaktwinkelmessung bzw. Untersuchungen im DTPV.

Für die Kontaktwinkelmessungen und die Untersuchungen im DTPV werden separate Proben hergestellt, um eine Beeinflussung der Transferschichten durch Kontaktwinkelmessungen zu vermeiden. Alle Proben eines Materials werden gemeinsam gelagert, sodass von einer Übertragbarkeit der Ergebnisse der Kontaktwinkelmessung auf die Untersuchungen im DTPV ausgegangen wird.

Die Masken werden aus handelsüblicher, selbstklebender Folie hergestellt und in mehreren Schichten bis zur Nenndicke von 0,36 mm übereinander geklebt. Für Untersuchungen im DTPV ist eine Abweichung der Maskengeometrie von [23] erforderlich. Deshalb weisen sowohl die Proben als auch Verschmutzungsschichten unterschiedliche Dimensionen auf (**Tabelle 4-8, Bild 4-16**).

Tabelle 4-8: Abmessungen der verwendeten Isolierstoffproben und Masken

Parameter	Form A (Kontaktwinkel)	Form B (DTPV)
Dimensionen Isolierstoffprobe in mm	50 x 50 x 6	120 x 50 x 6
Außenabmessungen der Maske in mm	50 x 50	120 x 40
Größe des Maskenfensters in mm	30 x 30	90 x 20

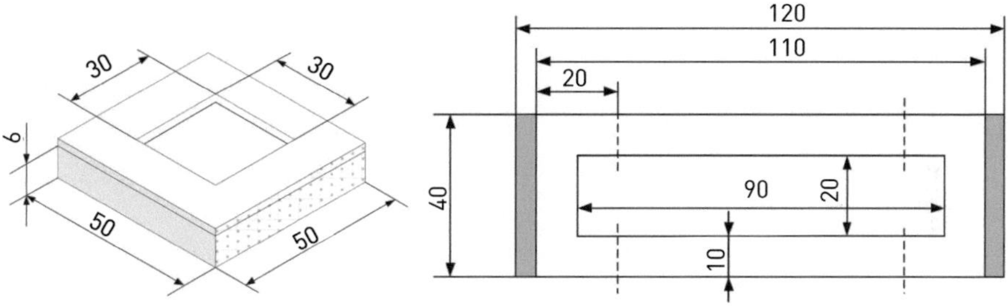

Bild 4-16: Masken- und Probenabmessungen für Kontaktwinkelmessungen nach [23] (3D-Ansicht) (links) und Untersuchungen im DTPV (Draufsicht) (rechts)

Die Verschmutzungsschicht besteht aus einer Suspension aus 7,5 g Siliziumdioxid (nicht silanisiertes Quarzmehl SF600[19]) und 3,5 ml einer Mischung aus destilliertem Wasser und Isopropanol (65 %/35 %-vol. bzw. 2,275 g destilliertes Wasser/0,956 g Isopropanol). Alle Bestandteile werden über 2 min verrührt und unverzüglich auf die Maskenfenster der Probekörper verteilt. Überschüssige Suspension wird abgestrichen, sodass die noch feuchte Verschmutzungsschicht eine Dicke von einheitlich 0,36 mm auf der Isolierstoffoberfläche aufweist. Nach einer 5-minütigen Trocknung werden die Proben im Exsikkator (gesättigte Salzlösung aus Magnesiumnitrat-Hexahydrat mit

[19] Hersteller: Quarzwerke GmbH.

(53 ± 2) % r. F. bei (23 ± 4) °C) bzw. in einer Klimakammer (23 °C, 50 % r. F.) unter definierten Umgebungsbedingungen gelagert.

Die Bewertung des Hydrophobiezustandes über der Transferzeit erfolgt anhand des Rückzugswinkels nach der in Tabelle 4-5 beschriebenen Methode. Untersuchungen im DTPV erfolgen nach Kap. 4.2.2.

4.2.3 Modellanordnung zur Beobachtung elektrohydrodynamischer Phänomene

Ergänzende Untersuchungen elektrohydrodynamischer Phänomene sowie zu Entladungserscheinungen erfolgen an „ruhenden" Tropfenketten und Tropfenbelägen. Dazu werden horizontal nebeneinander angeordnete Elektroden auf einer um 45° zur Horizontalen geneigten Isolierstoffoberfläche herangezogen (**Bild 4-17**).

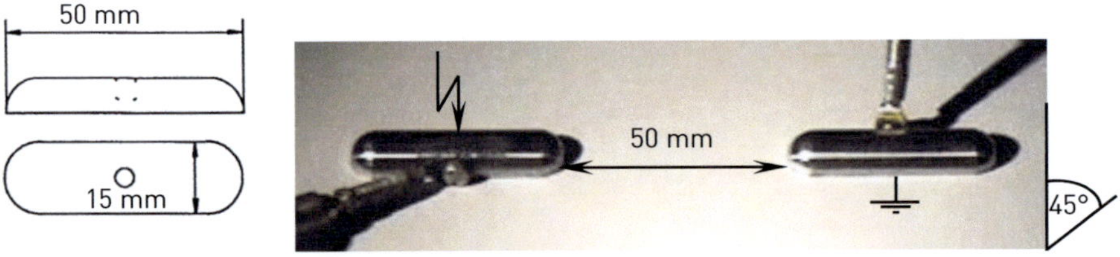

Bild 4-17: Horizontal angeordnete Elektroden für Untersuchungen an diskret aufgesetzten Tropfen sowie „natürlicher" Benebelung

Als Testflüssigkeit wird einfach destilliertes Wasser verwendet. Für Dokumentationszwecke werden bei ausgewählten Versuchen noch Testtinte sowie eine UV-aktive Testtinte[20] hinzugefügt. Die Tropfen mit einem Volumen von V_T = 50 µl – 60 µl werden mit einer Pipette auf die Isolierstoffoberfläche aufgesetzt. Die Untersuchungen erfolgen im Spannungssteigerungsversuch mit einer Geschwindigkeit von ca. 1 kV/30 s bis U_e = 20 kV und werden mit einer Hochgeschwindigkeits-Kamera (s. Kap. 4.3.1) sowie einer Nachtsicht-UV-Kamera (Kap. 4.3.3) durchgeführt.

[20] UV Clear Blue Dye, Hersteller: Mayhems Solutions.

4.2.4 Salznebelprüfung an plattenförmigen Isolierstoffproben

Für vergleichende Untersuchungen zur Bewertung der Hydrophobiebeständigkeit in der Salznebelkammer werden, um 45° zur Horizontale geneigte, plattenförmige Isolierstoffproben mit Abmaßen von ca. (H x B x T) 130 mm x 250 mm x 6 mm definierter Rauheit verwendet (vgl. Tabelle 4-2). Das elektrische Feld wird wie im DTPV mittels zweier halbzylindrischer Elektroden aufgeprägt (s. Bild 4-17, links). Diese sind derart angeordnet, dass es im Gegensatz zum DTPV nur einen Pfad mit der höchsten Feldbeanspruchung im trockenen Zustand gibt. Die Elektroden sind horizontal in einem Abstand von 50 mm horizontal nebeneinander angeordnet, um ein kurzzeitiges Überbrücken der Elektroden durch einen abgleitenden Tropfen zu vermeiden (**Bild 4-18**).

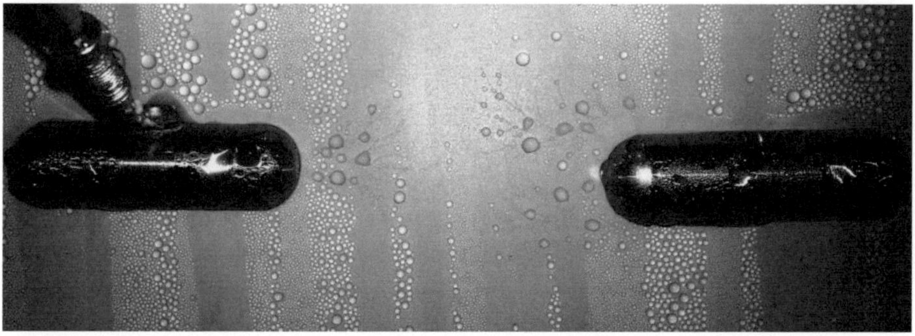

Bild 4-18: Elektrodenanordnung bei vergleichenden Untersuchungen in der Salznebelkammer

Das sich zwischen den Elektroden aufbauende elektrische Feld wird nach [67] als stark inhomogen angenommen. Die Prüfung erfolgt unter Einhaltung der angegebenen Prüfparameter an jeweils vier Proben gleichzeitig, wobei eine symmetrische Verteilung der Proben in der Kammer eingehalten wird (**Tabelle 4-9**). Damit soll eine möglichst gleichmäßige Nebelverteilung in der Kammer und Niederschlagsrate auf den Proben gewährleistet werden.

Tabelle 4-9: Prüfparameter für Untersuchungen in der Salznebelkammer

Parameter	Wert	Zeichnung
Elektrolyt, spezifische Volumenleitfähigkeit	einfach destilliertes Wasser unter Zugabe von NaCl und 5 mg/l $CuCl_2$; κ = (1,5 ± 0,01) mS/cm bei 23 °C± 3 K	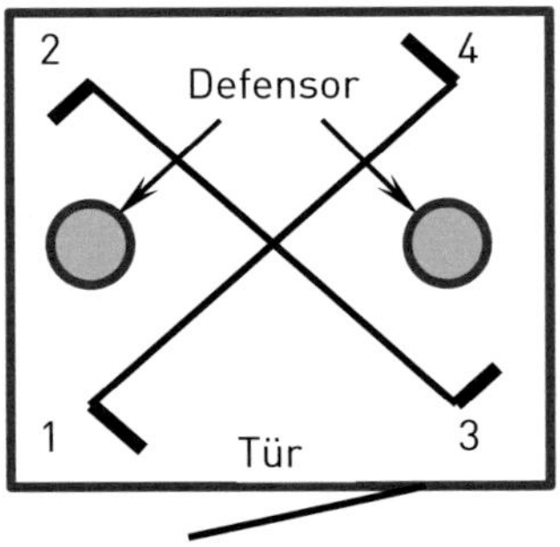
Niederschlagsrate auf waagerechter Probe	(0,025 ± 0,005) g/(cm²h)	
Neigungswinkel der Isolierstoffproben	45°	
Abschaltkriterium	I_a > (1,0 ± 0,1) mA über (2,0 ± 0,25) s	Draufsicht auf die Nebelkammer, Position der Prüflinge 1...4 sowie der beiden Defensoren
Prüfspannung AC (50-Hz-Wechselspannung)	U_e = 5,0 kV	
Prüfspannung DC+	U = 5,0 kV	

Die Untersuchungen werden sowohl bei Gleich[21] - als auch unter Wechselspannungsbeanspruchung[22] durchgeführt. Während der Prüfung erfolgt eine Aufzeichnung des Ableitstromes mittels A/D-Wandler und dazugehöriger Software[23].

Die Spannungszuschaltung definiert den Beginn einer Prüfung. Das Ende der Prüfung ist erreicht, sobald ein definierter Ableitstrom über eine festgelegte Dauer fließt (vgl. Tabelle 4-9). Die automatische Abschaltung des Prüfstandes erfolgt über ein Grenzwertrelais[24]. Bei Ausfall eines Prüflings wird der gesamte Prüfstand abgeschaltet und die verbleibenden Proben können im spannungslosen Zustand bis zu 12 h ausschließlicher Nebelbelastung vor dem Wiedereinschalten der Prüfspannung ausgesetzt sein.

[21] Elektronisches Schaltnetzteil, Hersteller: FuG, 20 kV, 120 mA DC±.

[22] Prüftransformator, Hersteller: TUR Dresden, 35 kV; 4,4 kVA.

[23] Hersteller: bmcm, Typ: USB-AD16F; Software: NEXTVIEW®4.

[24] Typ GMA-1, Hersteller: Müller-Ziegler.

4.3 Weitere Versuchs- und Messtechnik

4.3.1 Hochgeschwindigkeits-Kameramesssystem

Für eine Studie elektrohydrodynamischer Phänomene wird das Tropfenabgleitverhalten mit einer Hochgeschwindigkeits- Kamera[25] (**Bild 4-19**) erfasst. Neben qualitativen Aussagen zu Tropfenkonturen und Tropfenschwingungen werden auch die quantitativ erfassbaren Größen Tropfenfrequenz, das daraus resultierende Tropfenvolumen sowie die obere und die untere Tropfenlänge l_o bzw. l_u herangezogen (**Bild 4-20**).

Bild 4-19: Hochgeschwindigkeits-Kamera-System I-Speed 3

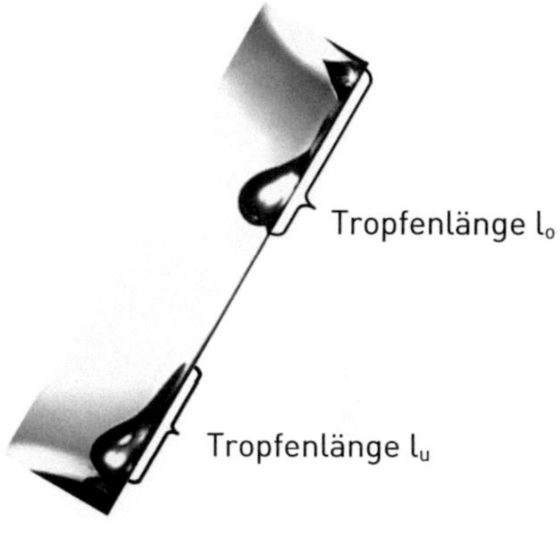

Bild 4-20: Obere und untere Tropfenlänge bei Kontakt mit den Elektroden

Sofern nicht anders angegeben, werden Untersuchungen zum Einfluss eines ausgewählten Parameters auf das Tropfenabgleitverhalten über eine jeweils 10-minütige Beanspruchungsdauer durchgeführt. Dies stellt einen Kompromiss aus einer statistischen Absicherung und einer Vermeidung hydrophobieabbauender Prozesse und damit einhergehender Beeinflussung des Tropfenabgleitverhaltens während der Untersuchung dar. Für die Darstellung und Dokumentation elektrohydrodynamischer Phänomene werden

[25] Hersteller: Olympus, Typ: I-Speed-3, Aufnahmerate: 5000 Bilder je Sekunde.

zusätzliche Versuche unter Zugabe von Testtinte zum Elektrolyten durchgeführt. Diese Versuche werden nicht für die Auswertung der dargestellten Messergebnisse (z. B. Tropfenfrequenz, Tropfenlänge) herangezogen, da die Testtinte das Tropfenabgleitverhalten beeinflussen kann.

4.3.2 Thermovisionskamera

Für eine Bewertung thermischer Prozesse beim Übergang von der Alterungsfrüh- zur Alterungsspätphase im DTPV werden Thermographiemessungen an der Isolierstoffoberfläche durchgeführt. Die Messung erfolgt berührungslos mit Hilfe einer Infrarot-Kamera[26] mit folgenden Eigenschaften:

- digitales Kamerasystem, Bildrate: 20 Bilder je Sekunde,
- thermische Auflösung: 30 mK bei 30 °C,
- Wellenlänge: (7,5 – 14,0) µm,
- geometrische Auflösung: 640 x 480 Pixel,
- kalibrierter Temperaturmessbereich: 0 °C...300 °C.

Das Messprinzip basiert auf der Erfassung der emittierten Strahlung des Messobjektes, wobei diese nach dem Planckschen Strahlungsgesetz ein Maß für die absolute Temperatur eines Messobjektes darstellt [150]. Das Plancksche Strahlungsgesetz gilt allerdings ausschließlich für ideale schwarze Strahler. Reale Körper emittieren nur einen Teil der Strahlung eines schwarzen Körpers, wobei die Abweichung durch den Emissionsgrad ε definiert wird. Der Emissionsgrad von Feststoffen ist sowohl von der Wellenlänge der abgegebenen Strahlung, der Temperatur, vom Material, der Oberflächenrauheit [151] als auch von Oberflächenschichten, Fremdeinstrahlung und dem Betrachtungswinkel [152] abhängig. Für die untersuchten polymeren Isolierstoffe wurde in Vorversuchen der Emissionsgrad mit 0,9 durch definierte Temperaturlagerung bei 50 °C in einem Wärmeschrank bestimmt. Dabei kann nach [150] für die verwendeten Werkstoffe von der Unabhängigkeit des Emissionsgrades von der Temperatur- und der Wellenlänge ausgegangen werden.

[26] VarioCAM® hr head 640, Hersteller: Infra Tec GmbH, thermische Auflösung: 30 mK (Herstellerangabe).

Bei der Thermografiemessung ist neben der Erfassung der Strahlung des Messobjektes die Umgebungsstrahlung zu beachten. Trifft Strahlung auf einen Körper, kann diese absorbiert, transmittiert oder reflektiert werden. Nach dem Kirchhoffschen Gesetz sowie dem Energieerhaltungssatz gilt folgender Zusammenhang zwischen Absorption α, Reflektion ρ und Transmission τ in Abhängigkeit von der Wellenlänge λ (**Formel 4-2**) [153]:

$$\alpha(\lambda) + \rho(\lambda) + \tau(\lambda) = 1 \quad \text{bzw.} \quad \text{bei } \alpha, \rho, \tau \neq f(\lambda) \quad \text{gilt:} \quad \alpha + \rho + \tau = 1$$

Formel 4-2

Für eine exakte Temperaturmessung müssen der Absorptions-, der Reflektions- und der Emissionsgrad des Messobjektes sowie der Transmissionsgrad des umgebenden Gasmediums und der Einfluss der Umgebungsstrahlung auf die Messung bekannt sein (**Bild 4-21**). Nach Kirchhoff werden der Absorptions- und Emissionsgrad eines Körpers gleichgesetzt [150].

Der Reflektionsgrad des Messobjektes bestimmt sich nach dem Kirchhoffschen Gesetz unter Vernachlässigung des Transmissionsgrades des Messobjektes zu 0,1 [154]. Der Transmissionsgrad der Messstrecke Prüfling –IR-Kamera ist von der Wellenlänge des IR-Sensors abhängig und kann nach VDI 3511, Blatt 4 [155] für Luft bei dem verwendeten Messsystem mit eins angenommen werden.

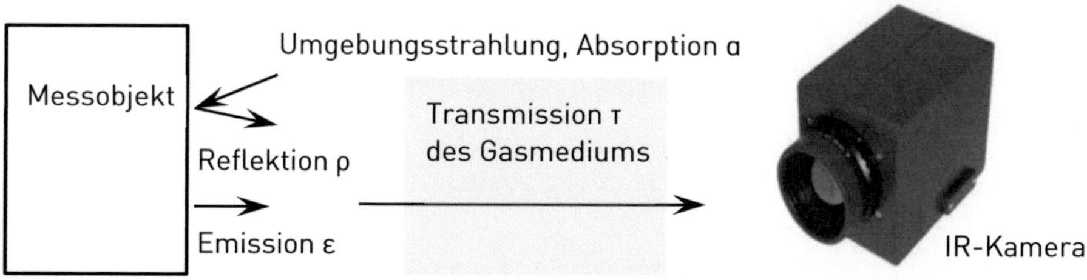

Bild 4-21: Schematische Darstellung der einzelnen Strahlungsanteile bei der Thermografiemessung

Messwertverfälschungen entstehen durch Fremdeinstrahlung umgebender Wärmequellen wie z. B. Beleuchtung und Heizung, deren Anteil an der zu ermittelnden emittierten Strahlung des Messobjektes unbekannt ist. Demzufolge ist die Angabe von absoluten Temperaturen nicht sinnvoll, weshalb bei den Ergebnissen auf die Umgebungstemperatur bezogene Temperaturdifferenzen dargestellt werden.

Die Messung der Temperatur erfolgt senkrecht zur Isolierstoffoberfläche mit einem Abstand von ca. 30 cm. Dadurch ergibt sich unter Beachtung des Bildfeldwinkels und der geometrischen Auflösung eine Messauflösung von 250 µm je Bildpixel.

Mit Hilfe der Messsoftware Irbis® 3 Plus[27] erfolgt die Auswertung und Darstellung der maximalen Temperaturerhöhung entlang der Tropfenabgleitbahn, wobei die Messung unter Angabe der Absolut-Temperatur erfolgt (**Bild 4-22**).

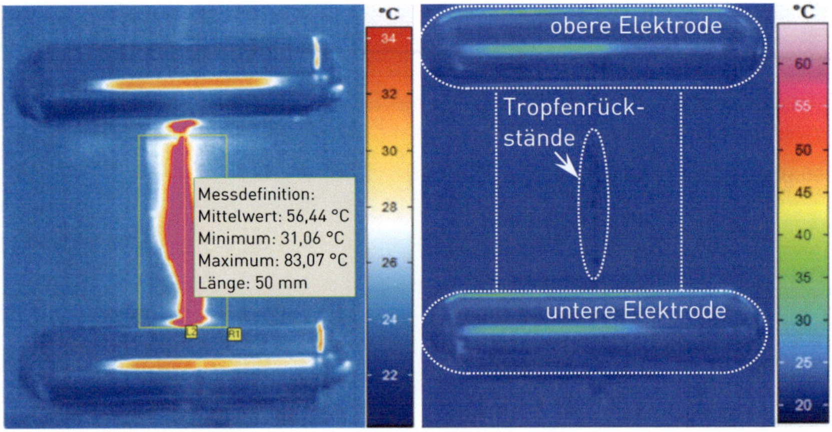

Bild 4-22: Thermografiebild mit Messfelddefinition (links), Absorption emittierter Strahlung der Isolierstoffoberfläche durch Tropfenrückstände (rechts)

Dadurch können sowohl Temperatur-Zeit-Verläufe als auch lokale Temperaturverteilungen ermittelt werden. Von besonderer Bedeutung ist die Anwesenheit von Tropfenrückständen in der Abgleitbahn. Da Wasser in dem betrachteten Wellenlängenbereich einen Transmissionsgrad kleiner als

[27] Hersteller: Infra Tec GmbH.

eins aufweist, entsteht ein Messfehler, wodurch Oberflächentemperaturen in diesem Bereich um ca. 5 K kleiner als die tatsächliche Temperatur ermittelt werden (Bild 4-22, rechts).

4.3.3 UV-Kamerasysteme

Zur weiteren Klärung hydrophobieabbauender Mechanismen werden für die Detektion der tropfeninitiierten Teilentladungen (TE) verschiedene UV-Kamerasysteme unterschiedlicher Messprinzipien und Empfindlichkeiten eingesetzt (**Tabelle 4-10**).

Tabelle 4-10: Übersicht der eingesetzten UV-Kamerasysteme

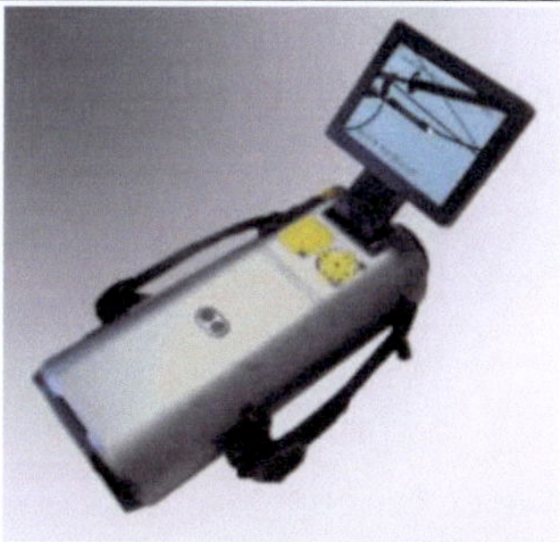	DayCor® Luminar[28] • Tageslicht-UV-Kamera • digitales Kamerasystem, Bildrate optische Kamera: 25 Bilder je Sekunde; Bildrate UV-Kamera (CCD): 30 Bilder je Sekunde • Wellenlänge: (240 – 280) µm • Empfindlichkeit von 2,2x10^{-18} W/cm^2 bzw. TE-Detektion ab 1,0 pC auf 10 m Distanz (Herstellerangabe) • geometrische Auflösung: 560 x 420 Pixel
	Coronafinder[29] • Nachtsicht-UV-Kamera, Innenraumanwendung • analoges Kamerasystem • Wellenlänge: (200-300) nm • Erfassung der Entladungsform • Empfindlichkeit von 10 pC auf 1 m Distanz bzw. 50 pC auf 10 m Distanz (Herstellerangabe)

[28] Hersteller: Ofil, mit freundlicher Unterstützung bei der Durchführung der Messungen durch Herrn Dr.-Ing. habil. F. Schmuck, Pfisterer Sefag, Schweiz.

[29] Hersteller: Syntronics, LLC, Analogkamerasystem, mit freundlicher Leihgabe durch Herrn Prof. Dr.-Ing. S. Grossmann, Technische Universität Dresden.

Das allgemeine Messprinzip beruht auf der Erfassung von UV-Emission (Spektralbereich 200 nm - 400 nm Wellenlänge), welche durch die elektrische Entladung freigesetzt wird. Das digitale System der Tageslicht-UV-Kamera besteht aus einem konventionellen Kamerasystem und einem UV-System mit UV-Bandpassfilter, Bildverstärker und CCD-Kamera [156]. Die Visualisierung der Teilentladungen erfolgt über punktweise Darstellung der detektierten Photonen. Eine Überlagerung beider Bildsysteme ermöglicht eine exakte Lokalisierung von Teilentladungen. Da die CCD-Kamera mit einer Abtastrate von 30 Hz ausgelesen und der Speicher anschließend geleert wird, ist es möglich, dass kein Entladungsereignis pro Bild visualisiert wird [157]. Demzufolge ist dieses Kamerasystem speziell für die ortsstabile TE-Detektion geeignet.

Bei dem analogen System der Nachtsicht-UV-Kamera erfolgt die Detektion der Entladungen durch Anregung des in der Kamera enthaltenen Prüfgases durch die emittierten Photonen. Die visuelle Erfassung der Umgebung und eindeutige Zuordnung der Teilentladungen zum Tropfen bzw. dessen Konturen werden durch eine notwendige Abdunkelung des Prüflabors erschwert. Unter Zugabe der UV-aktiven Testtinte zur Prüflösung ist dennoch ein Erkennen der Tropfenkontur möglich.

In CIGRE WG D1.61 wird derzeit die Erstellung einer Richtlinie zur visuellen UV-Detektion von Koronaentladungen thematisiert. Bisher stehen allerdings keine genormten Methoden zur Verfügung. Deshalb werden nachfolgend Voruntersuchungen zur Erfassung tropfeninitiierter Teilentladungen durchgeführt.

Für einen Vergleich der zur Verfügung stehenden Kamerasysteme werden Untersuchungen zur Empfindlichkeit durchgeführt. Dazu kommt zunächst eine Spitze-Platte-Anordnung zur Anwendung (Nadelradius: (40 – 70) µm, Abstand Nadel – Platte: 24 cm), mit deren Hilfe ortsstabile Koronaentladungen definierter Teilentladungsintensität in Form von Trichelentladungen erzeugt werden können. Die Intensität hängt dabei maßgeblich vom Radius der verwendeten Nadelspitze ab.

Diese kann mit klassischer elektrischer TE-Messtechnik mit einem Prüfkreis nach DIN EN 60270 [158] gemessen werden. Die elektrische Erfassung, Aufzeichnung und Auswertung der Teilentladungsimpulse wird über das

Messsystem LDS-6[30] und die Koppeleinheit LDM-5/U realisiert. Die Spannungsversorgung erfolgt über den Stelltransformator LM25[31] sowie den AC-Prüftransformator WPT[32]. Der Grundstörpegel ist kleiner als 1 pC.

Für die verwendeten Kamerasysteme können folgende scheinbare Ladungen bei einem Abstand zum Messobjekt von ca. 1,4 m ermittelt werden:

- Tageslicht-UV-Kamera: < 6 pC
- Nachtsicht-UV-Kamera: 15 pC

Damit kann die Tageslicht-UV-Kamera aufgrund der Herstellerangaben wie zu erwarten als das empfindlichere Kamerasystem für ortsstabile Entladungen bewertet werden. Darauf aufbauend werden Untersuchungen an ruhenden Tropfenbelägen für AC- und DC-Beanspruchung (**Bild 4-23**) und auch an abgleitenden Tropfen im DTPV durchgeführt.

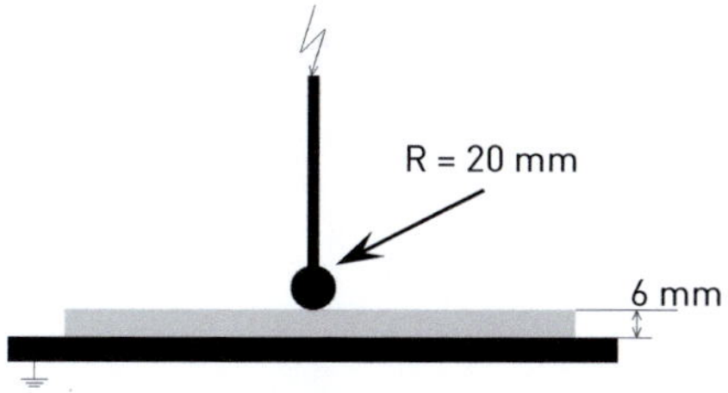

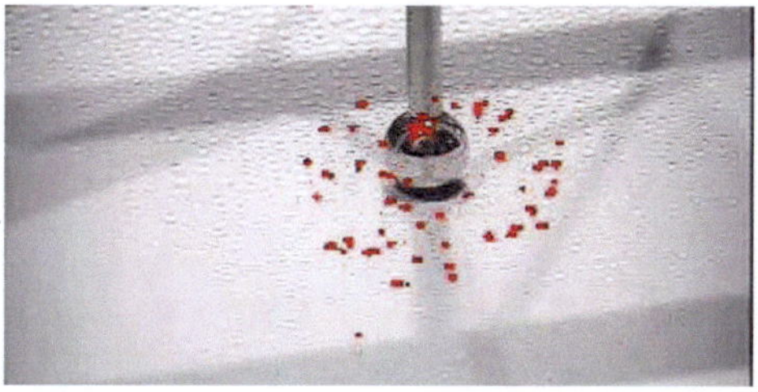

Bild 4-23: Schematische Darstellung der Elektrodenanordnung zur Bewertung des TE-Einsatzes an Tropfenbelägen (links); Beispiel für Entladungserscheinungen mit der Tageslicht-UV-Kamera auf HTV bei U_e = 8 kV AC

Dabei werden in Spannungssteigerungsversuchen (ca. 1 kV/30 s) die TE-Einsatzspannungen ermittelt. Da der tatsächliche TE-Einsatz auch unterhalb der Empfindlichkeitsschwelle der UV-Kamera liegen kann, wird nachfolgend der Begriff der *sichtbaren* TE-Einsatzspannung verwendet. Mit Hilfe dieser Größe ist auch eine Aussage über die elektrisch detektierte Ladung

[30] Hersteller: Doble Lemke GmbH.

[31] Hersteller: HIGHVOLT Prüftechnik Dresden, 0...250 V/5,8 kVA.

[32] Hersteller: TUR Dresden, 10 kVA/110 kV.

möglich. Zum Beispiel weisen mit der Nachtsicht-UV-Kamera detektierte Entladungen mindestens eine scheinbare Ladung von ca. 15 pC auf.

Die Untersuchungen an Tropfenbelägen zeigen teilweise deutlich höhere sichtbare Einsatzspannungen für die Tageslicht-UV-Kamera im Vergleich zur Nachtsicht-UV-Kamera (**Tabelle 4-11**, **Tabelle 4-12**).

Tabelle 4-11: Sichtbare TE-Einsatzspannungen an Tropfenbelägen sowie auf HTV unter AC- (U_e) und DC-Beanspruchung ($U_=$)

Prüf-spannung	Kamera	U_e bzw. $U_=$ in kV	Beobachtung /Bemerkung
AC	Tageslicht	3,7	Zuordnung der TE zum Tropfenbelag möglich
	Nachtsicht	3,7	keine Zuordnung der TE zum Tropfenbelag möglich
DC+/DC-	Tageslicht	≈20/≈-20	TE treten deutlich unregelmäßiger als unter AC-Beanspruchung auf, keine eindeutige Zuordnung zum Tropfenbelag möglich
	Nachtsicht	≈20/≈-15	

Tabelle 4-12: Sichtbare TE-Einsatzspannungen im DTPV auf HTV unter AC- (U_e) und DC-Beanspruchung ($U_=$)

Prüf-spannung	Kamera	U_e bzw. $U_=$ in kV	Beobachtung /Bemerkung
AC	Tageslicht	7,7	Keine eindeutige Zuordnung der TE zur Tropfenkontur möglich. Die Tageslicht-UV-Kamera bietet den Vorteil einer besseren Erkennung des Tropfens. Die Nachtsicht-UV-Kamera ermöglicht die Erfassung der Entladungsform.
	Nachtsicht	4,5	
DC+/DC-	Tageslicht	5,0/-5,0	
	Nachtsicht	4,5/-4,0	

Diese sind vermutlich auf die im Vergleich zur Spitze-Platte-Anordnung weder zeitlich noch örtlich stabilen Teilentladungen an den Wassertropfen zurückzuführen.

Bei der visuellen Erfassung von Teilentladungen durch die analoge Nachtsicht-UV-Kamera kann ausschließlich eine qualitative Aussage bzgl. der Lokalisierung der TE-Quelle und der Entladungsform gewonnen werden. Ein Rückschluss auf die Intensität der Teilentladungen mithilfe der Intensität der beobachteten Leuchterscheinungen ist von großer Subjektivität geprägt und wird deshalb für eine Bewertung nicht herangezogen.

Die digitale Tageslicht-UV-Kamera ermöglicht für orts- und zeitstabile Entladungen eine relative Bewertung mit Hilfe einer Zählfunktion der Anzahl der emittierten Photonen. Für die beschriebenen örtlich und zeitlich instabilen Teilentladungen an Wassertropfen kann diese Funktion jedoch keine Anwendung finden.

Anhand der Voruntersuchungen zeigt sich, dass für eine visuelle Detektion und eine qualitative Bewertung der Entladungserscheinungen hinsichtlich Entladungsdauer und Häufigkeit beide Kamerasysteme Anwendung finden können. Die Angabe der detektierten Teilentladungseinsatzspannung erfolgt allerdings ausschließlich mit Hilfe der analogen Nachtsicht-UV-Kamera, da diese empfindlicher auf die zu beobachtende Wassertropfenkorona reagiert.

4.4 Statistische Auswertung der Ergebnisse

Die in dieser Arbeit dargestellten Ergebnisse unterliegen einer Reihe voneinander unabhängiger Einflussfaktoren, die in gleichem Maße das Messergebnis beeinflussen können. Beispielsweise wird die Ausfallzeit im Dynamischen Tropfen-Prüfverfahren sowohl durch die Zündbedingungen, Verweildauer und Intensität von Mikroentladungen aber auch die Umbildungsprozesse des Tropfenbelages von einzeln abgleitenden Tropfen, der Bildung von Elektrolytrückständen bis hin zur Ausbildung einer geschlossenen Elektrolytbahn bestimmt. Ebenso wird das Benetzungsverhalten, wie bspw. die Kontaktwinkelmessung oder die Bewertung des Tropfenabgleitverhaltens im DTPV auch durch die chemische und topographische Heterogenität der Isolierstoffoberfläche beeinflusst.

Daher kommt für die statistische Auswertung unter Beachtung der physikalischen Prozesse die Gaußsche Normalverteilung in Frage, da diese den Einfluss mehrerer dominierender Parameter auf das Prüfergebnis berücksichtigt [159]. Im Vergleich dazu finden Extremwertverteilungen wie die Weibullverteilung dann Anwendung, wenn ein dominierender Parameter das Prüfergebnis bestimmt. Beispielsweise können Lebensdauerabschätzungen bei Durchschlagzeitprozessen fester Isolierstoffe mit der zweiparametrigen Weibull-Verteilung erfolgen. Formal kann die Anwendbarkeit der gewählten Verteilungsfunktion auf die ermittelte Messreihe mit Hilfe des Kolmogorov-Tests überprüft werden (**Anlage A5**). Bei geringen Stichprobenumfängen von weniger als 20 Messwerten pro Messreihe verläuft dieser Test jedoch stets positiv, sodass aus statistischer Sicht mehrere Verteilungsfunktionen Anwendung finden können (Anlage A5). Aus physikalischer Sicht spiegelt die Gaußsche Normalverteilung die stochastisch ablaufenden Prozesse am besten wider und wird somit angewendet.

Die Ergebnisse werden statistisch unter Annahme einer Irrtumswahrscheinlichkeit von 5 % ausgewertet und unter Angabe der Konfidenzintervalle (KI) bzw. Vertrauensbereiche nach der Maximum-Likelihood-Schätzung dargestellt. Für eine signifikante Unterscheidung zweier Messreihen wird ein U-Test nach [159] durchgeführt. Um die Stärke der Abhängigkeit zweier Parameter voneinander zu bestimmen, wird eine Korrelationsrechnung nach [159] herangezogen. Eine quantitative Aussage zur Messwertstreuung erfolgt mit Hilfe der Varianz, welche aus dem Quotienten der Standardabweichung und dem Mittelwert einer Verteilungsfunktion gebildet wird [159].

5 Phänomenstudien an Tropfen auf geneigter, hydrophober Isolierstoffoberfläche

In diesem Kapitel werden hydro- und elektrohydrodynamische Phänomene auf geneigten Isolierstoffoberflächen vorgestellt. Diese bauen auf den bisherigen Erkenntnissen auf horizontalen Isolierstoffoberflächen auf und sollen zum Verständnis der hydrophobieabbauenden Mechanismen im DTPV beitragen.

5.1 Hydrodynamik im DTPV

Der Begriff der Hydrodynamik beschreibt in dieser Arbeit das Tropfen- und Tropfenabgleitverhalten ohne Anlegen eines elektrischen Feldes.

Der Start einer Prüfung wird mit der Zuschaltung der Prüfspannung festgelegt. Die Elektrolytbelastung erfolgt bereits vor dem Start der Prüfung in der Einstellphase. Einheitliche Startbedingungen für eine Prüfung im DTPV sind erreicht, wenn der zugeführte Tropfen unabhängig vom Isolierstoff:

- eine konstante Tropfenfrequenz aufweist,
- stets entlang derselben Bahn auf der Isolierstoffoberfläche abgleitet,
- eine gleiche Tropfendehnung aufweist
- und während des Abgleitvorganges nicht spreitet.

Es soll nachfolgend der Frage nachgegangen werden, wie diese einheitlichen Startbedingungen erreicht werden können und welche Einflussgrößen dabei von Bedeutung sind.

Ausgangspunkt dieser Betrachtungen bilden Untersuchungen in [14]. Dabei hat sich für eine definierte Zuführung eines Tropfens unabhängig vom verwendeten Isolierstoff die Verwendung einer halbzylindrischen Metallelektrode als praktikabel erwiesen. Ein Spreiten des Tropfens während des Abgleitvorganges konnte mit einer Begrenzung der Tropfenabgleitbahn, d. h. des Elektrodenabstandes, auf 50 mm sowie einer Elektrolytbelastung von ca. 10 min vor dem Start der Prüfung erreicht werden.

5.1.1 Überblick

Die Elektrolytzuführung erfolgt an der oberen Elektrode (**Bild 5-1**). Bei stetiger Elektrolytzufuhr durch die Peristaltikpumpe wächst ein Tropfen an der Elektrode an. Übersteigt die auf den Tropfen wirkende Hangabtriebskraft die Adhäsion zwischen Tropfen - Elektrode - Isolierstoff und die Kohäsion des Tropfens, wird der Abgleitprozess eingeleitet. Der Tropfen gleitet zur Gegenelektrode ab und wird durch diese von der Isolierstoffoberfläche abgeführt.

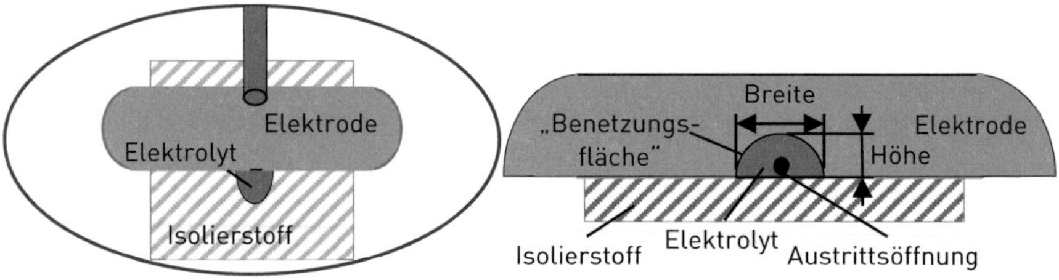

Bild 5-1: Elektrolytzuführung im DTPV, obere Elektrode in Draufsicht (links) und Frontansicht (rechts)

Während des Abgleitvorganges vollzieht der Tropfen eine beschleunigte Bewegung, wodurch eine zunehmende Dehnung beobachtet werden kann (**Bild 5-2**).

Je größer die Abgleitgeschwindigkeit wird, desto stärker dehnt sich der Tropfen. Dies kann bis zur Spreitung des Tropfens und der Bildung von Tropfenrückständen führen. Die Geschwindigkeit wird durch das Tropfenvolumen, den Neigungswinkel und den Elektrodenabstand sowie maßgeblich durch die Benetzungseigenschaften des Isolierstoffes (Oberflächenspannung, Struktur) bestimmt. Können das zugeführte Tropfenvolumen, der Neigungswinkel und auch der Elektrodenabstand im Dynamischen Tropfen-Prüfverfahren konstant eingestellt werden, wird der Tropfenabgleitvorgang ausschließlich durch den Isolierstoff bestimmt. Dieser kann als die „Reaktion" des Isolierstoffes auf die Elektrolytbelastung verstanden werden. Demzufolge kann bereits in der Einstellphase vor einer Prüfung im DTPV eine Aussage über den Hydrophobiezustand einer Probe getroffen werden.

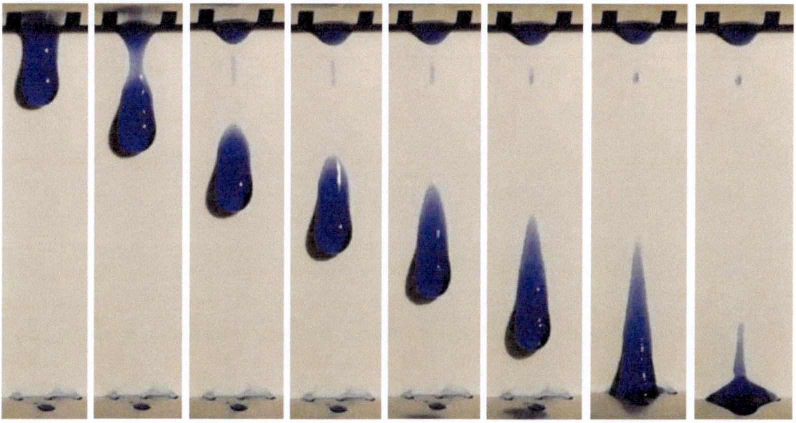

t = 0 12,5 ms 25,0 ms 37,5 ms 50,0 ms 62,5 ms 75,0 ms 87,5 ms

Bild 5-2: Frontansicht eines abgleitenden Tropfens auf HTV

Zusammenfassend ist festzustellen, dass das notwendige Tropfenvolumen, um sich von der Elektrode zu lösen, und der sich daran anschließende Abgleitvorgang abhängig sein können von:

- dem Elektrolyten (Zusammensetzung, Oberflächenspannung, spezifische Volumenleitfähigkeit, Durchflussrate),
- der Elektrode (Werkstoff, energetischer Oberflächenzustand),
- dem Isolierstoff (Zusammensetzung, Oberflächenspannung und Oberflächenstruktur) sowie
- dem Neigungswinkel der Grundanordnung,

worauf in den folgenden Abschnitten näher eingegangen wird.

5.1.2 Elektrolyt

5.1.2.1 Zusammensetzung und spezifische Volumenleitfähigkeit

Der Elektrolyt besteht aus einfach destilliertem bzw. entionisiertem Wasser unter Zugabe einer definierten Menge an Natriumchlorid.

Aus theoretischen Betrachtungen kann die spezifische Leitfähigkeit eine Beeinflussung weiterer Elektrolyteigenschaften verursachen:

- pH-Wert,
- Oberflächenspannung,
- Dielektrizitätszahl (relative Permittivität).

Ein Einfluss der spezifischen Volumenleitfähigkeit auf den pH-Wert der Prüflösung ist nicht zu erwarten, da NaCl als sogenanntes „neutrales Salz" mit einem pH-Wert von 7 gilt [160]. Dies kann tendenziell für den untersuchten Parameterbereich bestätigt werden (**Bild 5-3**).

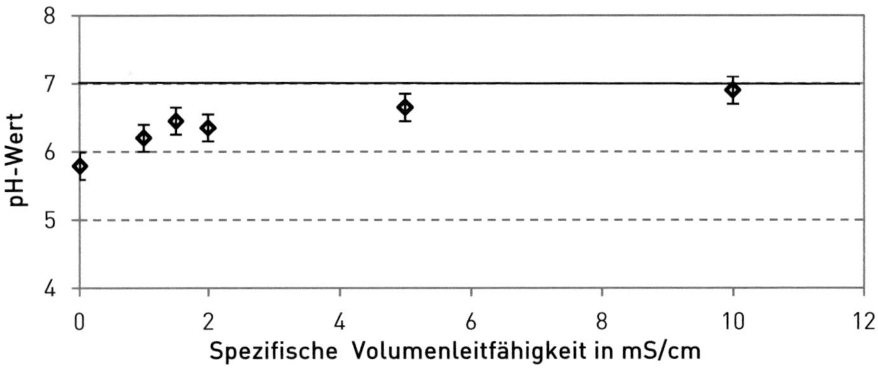

Bild 5-3: pH-Wert in Abhängigkeit von der spezifischen Volumenleitfähigkeit der Prüflösung

Eine leichte Verschiebung in den sauren Bereich mit abnehmender spezifischer Leitfähigkeit kann auf einen steigenden Anteil von gelöstem CO_2 als Kohlensäure H_2CO_3 in der Elektrolytlösung zurückgeführt werden [161].

Untersuchungen zum Einfluss der spezifischen Volumenleitfähigkeit auf das Benetzungs- und Abgleitverhalten zeigen, dass weder das Tropfenvolumen noch die Tropfenfrequenz im untersuchten Leitfähigkeitsbereich beeinflusst werden (**Bild 5-4**). Auch die „obere" und „untere" Tropfenlänge weisen ebenfalls keine signifikante Abhängigkeit von der spezifischen Volumenleitfähigkeit auf (vgl. Bild 4-20, **Bild 5-5**).

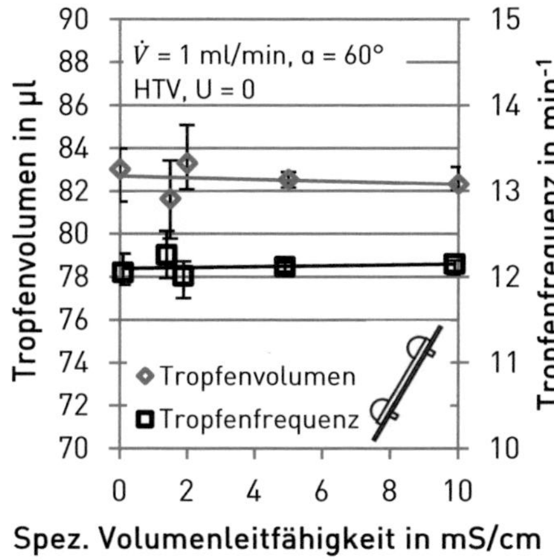

Bild 5-4: Tropfenvolumen und -frequenz auf HTV in Abhängigkeit von der spezifischen Volumenleitfähigkeit, (Mittelwerte und Spannweiten bei n = 5)

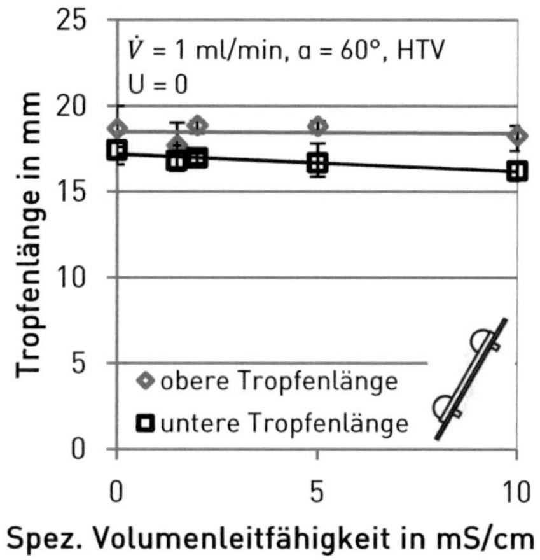

Bild 5-5: Obere und untere Tropfenlänge auf HTV in Abhängigkeit von der spezifischen Volumenleitfähigkeit, (Mittelwerte und Spannweiten bei n = 5)

Damit wird die Oberflächenspannung des Elektrolyten im untersuchten Bereich nicht durch die spezifische Volumenleitfähigkeit beeinflusst.

Durch die Zugabe von Natriumchlorid ist eine Verringerung der Dielektrizitätszahl zu erwarten, da mit zunehmendem Salzgehalt eine Abnahme der Polarisierbarkeit der Elektrolytbestandteile einhergehen kann [162]. Allerdings bleibt die Dielektrizitätszahl bis in den GHz-Bereich mit $\varepsilon_r \geqslant 70$ vergleichsweise hoch, sodass dieser Parameter als vernachlässigbar eingeschätzt wird. Dies wird auch durch Untersuchungen in [163] zum Einfluss der Dielektrizitätszahl auf Feldstärkeintensivierungen für hohe Gleichspannungsfelder gestützt.

Ein weiterer Parameter, der Einfluss auf die physikalischen Eigenschaften der Prüflösung nehmen kann, ist die Umgebungstemperatur. Mit steigender Temperatur ist eine Abnahme der Oberflächenspannung infolge zunehmender Brownscher Molekularbewegung zu beobachten (**Anlage A6** [164]). Da die Oberflächenspannung bis 95 °C nur bis auf ca. 60 mN/m absinkt, kann der Einfluss der Temperatur auf die Oberflächenspannung bzw. das Tropfenabgleitverhalten im DTPV als vernachlässigbar angesehen werden. Die gleiche Aussage gilt auch für die Abnahme der Dielektrizitätszahl mit steigender Temperatur [162].

Als bedeutender ist der Einfluss der Temperatur auf die spezifische Volumenleitfähigkeit der Prüflösung einzuschätzen (**Bild 5-6** nach IEC 60507 [165]).

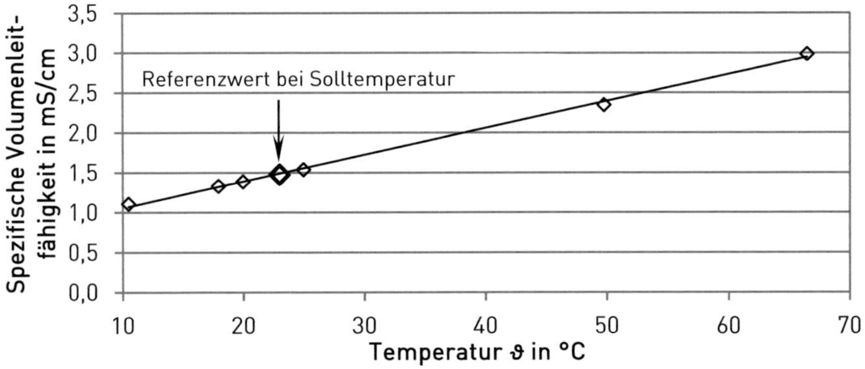

Bild 5-6: Abhängigkeit der spezifischen Volumenleitfähigkeit von der Temperatur nach [165]

Damit ist die spezifische Volumenleitfähigkeit erwartungsgemäß stark temperaturabhängig, was Anforderungen an einen zu definierenden Temperaturbereich stellt. Dies ist mit Untersuchungen zum Einfluss der spezifischen Volumenleitfähigkeit auf die Ausfallzeit im DTPV abzuklären.

5.1.2.2 Durchflussrate

Mit Hilfe der verwendeten Peristaltikpumpe wird eine definierte Durchflussrate eingestellt, welche Einfluss auf das Benetzungs- und Tropfenabgleitverhalten ausüben kann. Bei Benetzung des Elektrolyten mit der Elektrode stellt sich bei konstanter Durchflussrate im Bereich der Austrittsöffnung eine konstante „Benetzungsfläche" ein. Diese kann mit der Tropfenbreite und –höhe charakterisiert werden (vgl. Bild 5-1, rechts). Exemplarische Untersuchungen auf HTV zeigen, dass auch bei zunehmender Durchflussrate die Benetzungsfläche konstant bleibt (**Bild 5-7**). Damit verhalten sich das Tropfenvolumen und die Tropfenlängen beim Abgleiten eines Tropfens ebenfalls nahezu unabhängig von der Durchflussrate des Elektrolyten (**Bild 5-8**). Für die Tropfenfrequenz wird ein linearer Zusammenhang mit der Durchflussrate beobachtet (**Bild 5-9**).

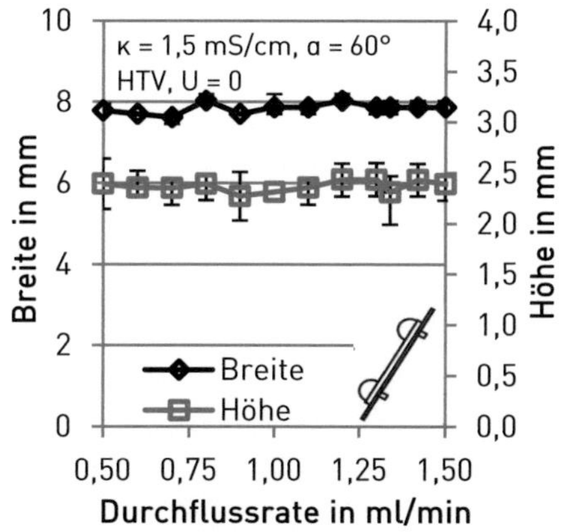

Bild 5-7: Tropfenhöhe und -breite auf HTV in Abhängigkeit von der Durchflussrate (vgl. Bild 5-1) (Mittelwerte und Spannweiten bei n = 5)

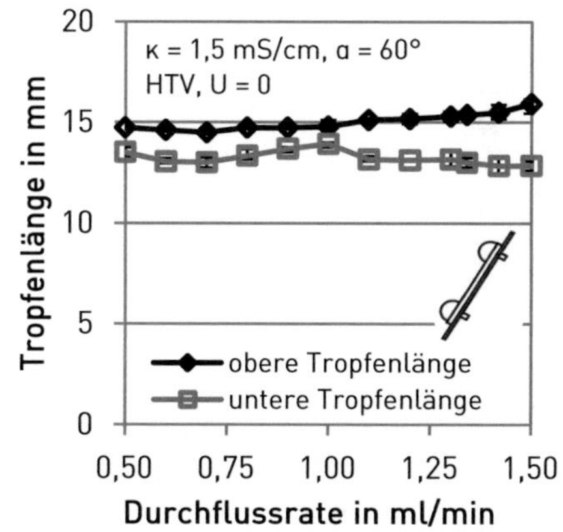

Bild 5-8: Obere und untere Tropfenlänge auf HTV in Abhängigkeit von der Durchflussrate (Mittelwerte und Spannweiten bei n = 5)

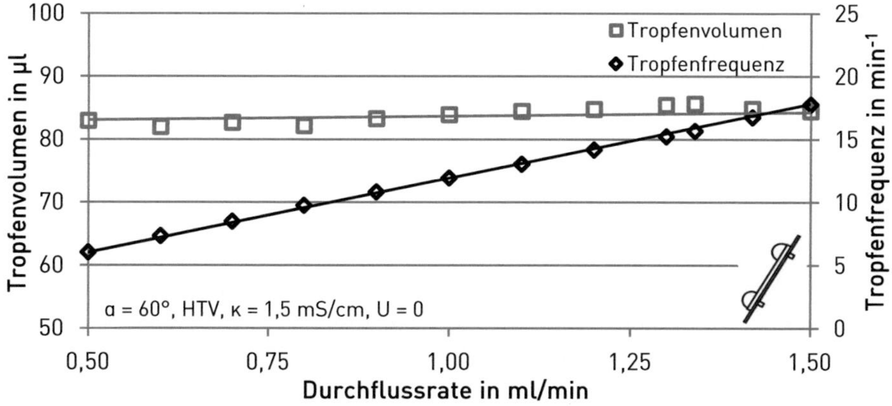

Bild 5-9: Tropfenvolumen und -frequenz auf HTV in Abhängigkeit von der Durchflussrate, n = 5, Mittelwerte

Demzufolge kann die Tropfenfrequenz als wichtiger Parameter für ein einheitliches Tropfenverhalten ohne signifikante Beeinflussung weiterer Tropfenparameter direkt über die Durchflussrate eingestellt werden.

5.1.3 Einfluss der Elektrode

Die Benetzungsfläche, welche der Elektrolyt mit der Elektrode im Bereich der Austrittsöffnung einnimmt, ist maßgeblich vom energetischen Oberflächenzustand der Elektrode abhängig. Untersuchungen in [16] haben gezeigt, dass die Elektrode im Bereich der Benetzungsfläche während einer Prüfung im DTPV korrodieren kann und damit ein verändertes Benetzungsverhalten einhergeht. Mit einer Passivierung der Elektroden sowie der in 4.2.2 beschriebenen Reinigungsprozedur kann dieser Effekt vermieden werden.

Die Messung der Oberflächenspannung für gereinigte Elektroden im Ausgangszustand vor der Prüfung ergibt entgegen den Erwartungen einen vergleichsweise geringen Wert von (34 ± 7) mN/m. Damit liegt die Oberflächenspannung um nur ca. 30 % oberhalb des Wertes der untersuchten Isolierstoffe (vgl. Bild 4-2). Als Ursache kann die Ausbildung einer Passivierungsschicht oder von Adsorptionsschichten durch eine Anlagerung von Wassermolekülen aus der umgebenden Gasphase angesehen werden.

Damit kann das Benetzungsverhalten an der Elektrode sowohl durch die Elektrode (erwünscht) als auch den Isolierstoff (unerwünscht) beeinflusst werden. Nachfolgend wird auf den Einfluss des Isolierstoffes auf das Benetzungs- und das Abgleitverhalten eingegangen.

5.1.4 Einfluss des Isolierstoffes

5.1.4.1 Isotrope Oberflächenstruktur

Zunächst wird der Einfluss des Isolierstoffes bei einheitlicher Rauheit und isotroper Strukturierung auf das Benetzungsverhalten der Kontaktpartner Elektrolyt - Elektrode - Isolierstoff untersucht. Um ausschließlich den Einfluss des Isolierstoffes zu untersuchen, wird für alle Proben dieselbe Elektrode verwendet (einheitlicher Benetzungszustand) und eine konstante

Durchflussrate von 1,0 ml/min eingestellt. Die Tropfenfrequenzen weisen näherungsweise einheitliche Werte (**Bild 5-10**) auf.

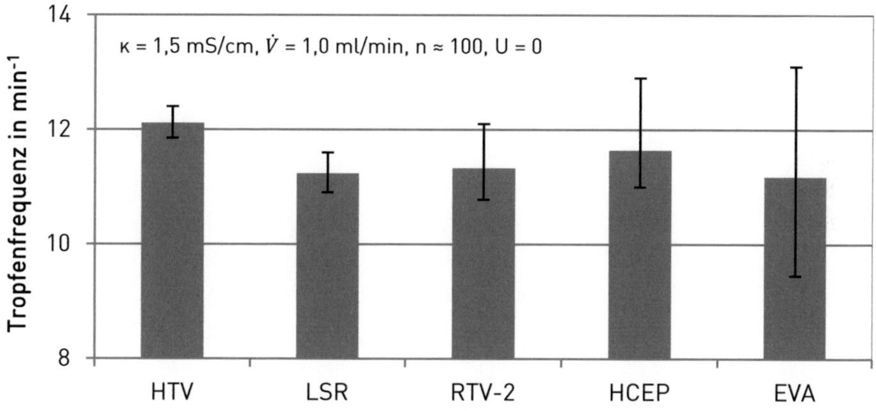

Bild 5-10: Tropfenfrequenz auf den untersuchten polymeren Isolierstoffen mit R_z = 5 µm, Mittelwerte und Spannweiten

Dadurch wird ein vom Isolierstoff nahezu unabhängiges Benetzungsverhalten bei einheitlicher Oberflächenstruktur beobachtet.

Das Abgleitverhalten der Tropfen wird mit Hilfe der Tropfenlängen charakterisiert (**Bild 5-11**). Diese weisen Werte zwischen 14 mm und 18 mm auf, was als gleiches Tropfenabgleitverhalten der untersuchten Isolierstoffe mit ihren einheitlichen Oberflächenstrukturen interpretiert wird.

Die erkennbaren Unterschiede zwischen den Isolierstoffen werden auf die teilweise voneinander abweichende Oberflächenspannung, speziell hinsichtlich der dispersen Anteile, zurückgeführt (vgl. Bild 4-2).

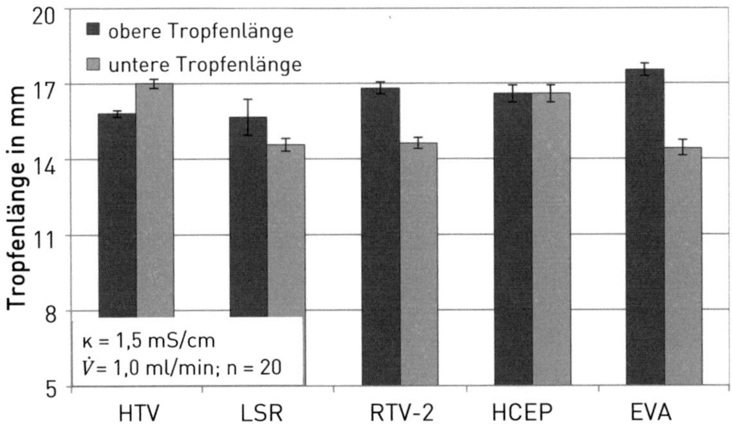

Bild 5-11: Obere und untere Tropfenlänge ausgewählter polymerer Isolierstoffe mit R_z = 5 µm auf je zwei Proben, Mittelwerte und Spannweiten

5.1.4.2 Einfluss der Rauheit

Für eine Aussage zum Hydrophobiezustand unterschiedlich rauer Isolierstoffoberflächen werden zunächst Kontaktwinkelmessungen durchgeführt (**Bild 5-12**).

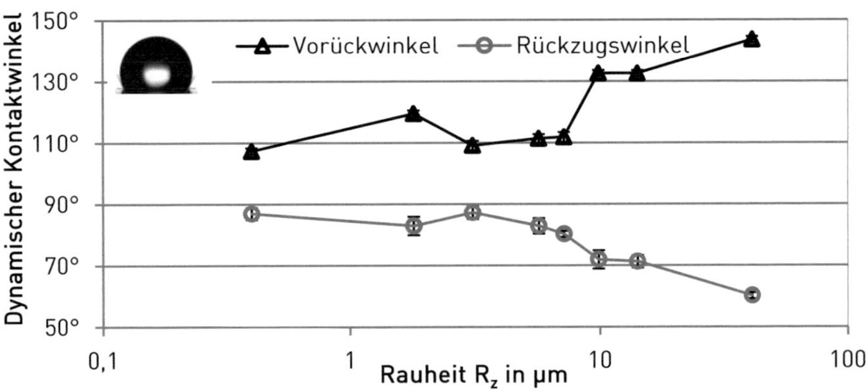

Bild 5-12: Dynamische Kontaktwinkel auf RTV-2 mit der Volumenänderungsmethode in Abhängigkeit von der Rauheit R_z, 2 Messungen an je 2 Proben, Mittelwerte und Spannweiten

Mit steigender Rauheit werden im Trend zunehmende Vorrückwinkel und abnehmende Rückzugswinkel ermittelt. Daraus ergibt sich eine zunehmend größere Kontaktwinkelhysterese, was nach [55] (vgl. 2.2.1.2) einer homogenen Benetzung entspricht. Neben dem Einfluss der Rauheit ist auch der Einfluss der unterschiedlichen Strukturen auf die dynamischen Benetzungswinkel der vorliegenden Proben erkennbar. Beispielsweise zeigen Proben, deren Gießformen aus lackiertem Blech bestehen (3,1 µm < R_z < 7,2 µm), signifikant kleinere Vorrückwinkel und größere Rückzugswinkel als die anderen Rauheiten.

Nachfolgend werden diese Proben hinsichtlich ihres Benetzungs- und Abgleitverhaltens im DTPV untersucht (**Bild 5-13**, **Bild 5-14**). Tendenziell werden mit zunehmender Rauheit kleinere Tropfenvolumina und dementsprechend steigende Tropfenfrequenzen beobachtet. Dies kann mit dem Anstieg des Vorrückwinkels begründet werden, da die zunehmende Rauheit bei homogener Benetzung eine größere Adhäsion zwischen der Isolierstoffoberfläche und dem Tropfen bedingt.

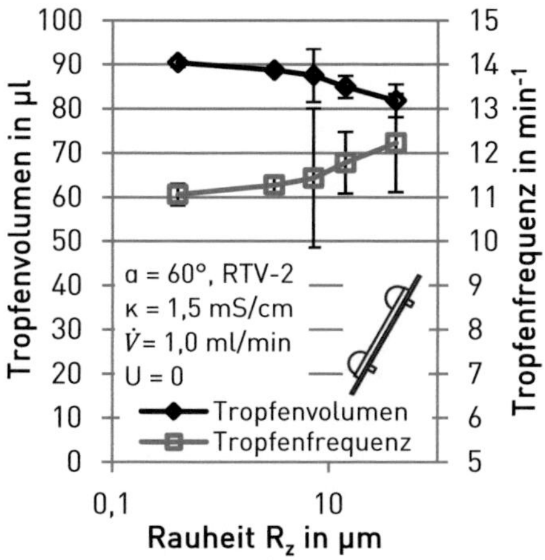

Bild 5-13: Tropfenvolumen und Tropfenfrequenz in Abhängigkeit von der Rauheit R_z von RTV-2-Proben

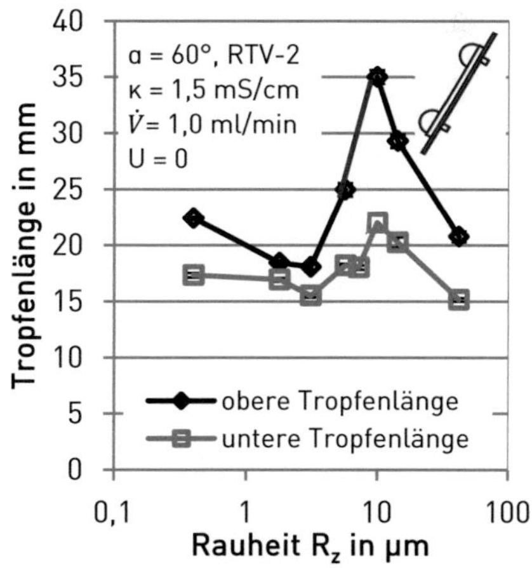

Bild 5-14: Obere und untere Tropfenlängen in Abhängigkeit von der Rauheit R_z von RTV-2-Proben

Damit wird die These bestätigt, dass der Isolierstoff Einfluss auf das Tropfenabgleitverhalten ausüben kann. Bemerkenswert ist dabei, dass für die untersuchten Isolierstoffe die Rauheit einen größeren Einfluss auf das Tropfenabgleitverhalten als die Isolierstoffzusammensetzung haben kann.

Hinsichtlich der Tropfenlängen wäre aus der Messung der dynamischen Kontaktwinkel mit steigender Rauheit eine stetige Zunahme dieser Größen zu erwarten. Allerdings wird bis zu einer Rauheit von $R_z = 3{,}1$ µm eine Abnahme der oberen und unteren Tropfenlänge beobachtet. Für größere Rauheiten bildet sich ein Maximum bei einer Rauheit von $R_z \approx 10$ µm aus. Demzufolge kann anhand punktueller Kontakt- und speziell mit Rückzugswinkelmessungen nur bedingt auf das Abgleitverhalten im DTPV geschlossen werden.

Abgleitende Tropfen bewegen sich im Vergleich zur dynamischen Kontaktwinkelmessung mit einer höheren Geschwindigkeit über die Isolierstoffoberfläche. Dadurch kann auch eine heterogene Benetzung auftreten, wenn der abgleitende Tropfen keine ausreichende Zeit zum vollständigen „Einsinken" in das Rauheitsprofil der Isolierstoffoberfläche hat. Es wird vermutet, dass für eine Rauheit von $R_z > 10$ µm die Benetzungsart im DTPV von homogen auf heterogen wechselt. Die bei heterogener Benetzung zwischen dem Tropfen und der Isolierstoffoberfläche befindlichen Lufteinschlüsse vermindern die Adhäsion zwischen dem Tropfen und dem Isolierstoff und resultieren in eine Verkürzung der Tropfenlängen mit zunehmender Rauheit.

5.1.4.3 Einfluss der Struktur

Für eine Klärung des Struktureinflusses werden orientierende Untersuchungen an definiert anisotrop mikrostrukturierten Oberflächen durchgeführt. Bei Untersuchung der Längsrichtung der Isolierstoffstruktur zeigt sich, dass ein abgleitender Tropfen infolge der Kapillarwirkung vollständig den Elektrodenabstand überbrücken kann (**Anlage A8**). Dies würde trotz hydrophober Isolierstoffoberfläche unmittelbar nach dem Start einer Prüfung im DTPV zu einem Verlust der Hydrophobie führen. Deshalb erfolgen die Betrachtungen ausschließlich in Querrichtung zur Struktur (s. Bild 4-4).

Eine Aussage zum Hydrophobieverhalten wird zunächst wieder anhand der Kontaktwinkelbestimmung im Vergleich zu Referenzproben (R_z = 5 µm, isotrope Struktur) gewonnen (**Bild 5-15**)[33].

Bereits aus den Tropfenkonturbildern ist für alle mikrostrukturierten Isolierstoffoberflächen eine heterogene Benetzung erkennbar. Allerdings ist diese für die Dreieckstruktur nicht stabil und geht nach wenigen Sekunden in den homogenen Benetzungszustand über.

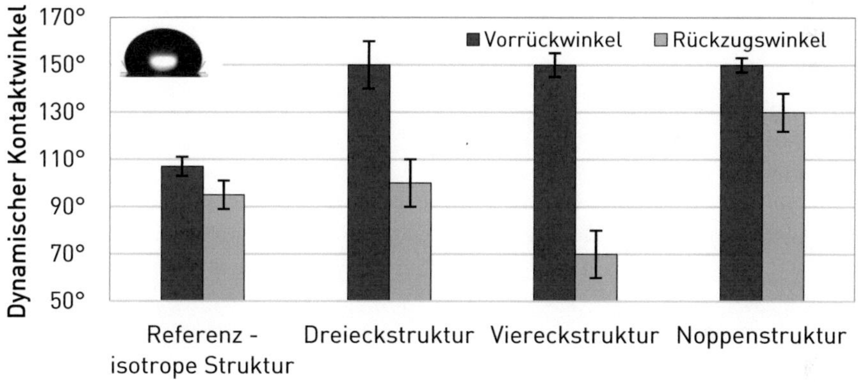

Bild 5-15: Mittelwerte und Spannweite der dynamischen Kontaktwinkel auf anisotrop strukturierten RTV-2-Proben (Querrichtung), 5 Messungen an je 2 Proben, Mittelwerte, Spannweiten

Im Vergleich zur Referenz werden für alle anisotropen Strukturen signifikant höhere Vorrückwinkel ermittelt. Bei den Rückzugswinkeln besteht kein eindeutiger Trend. Infolge dieses unterschiedlichen Benetzungsverhaltens werden auch unterschiedliche Tropfenvolumina und Tropfenlängen im DTPV beobachtet (**Bild 5-16, Bild 5-17**).

33 Für die Durchführung der Kontaktwinkeluntersuchungen sei an dieser Stelle herzlich Frau Dipl.-Ing. (FH) D. Hübner von der Hochschule Zittau/Görlitz gedankt.

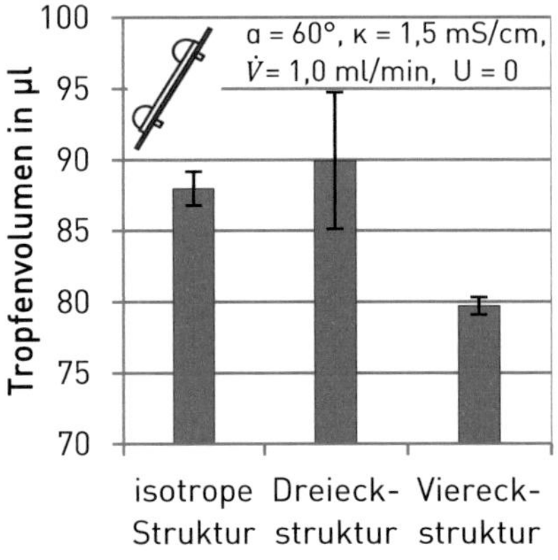

Bild 5-16: Tropfenvolumen auf RTV-2 in Abhängigkeit von der Oberflächenstruktur, n = 4, Mittelwerte und Spannweiten

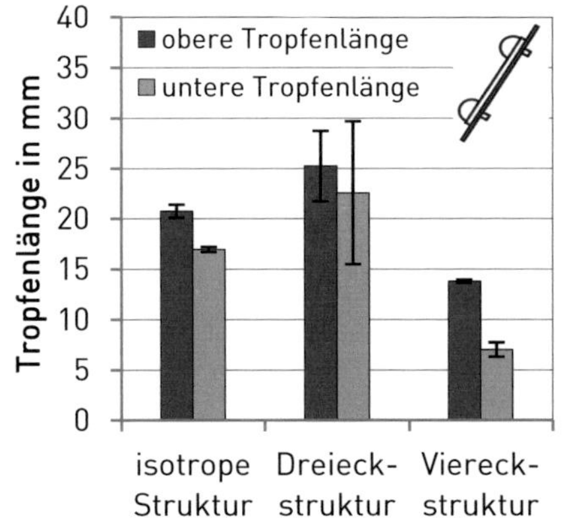

Bild 5-17: Tropfenlängen auf RTV-2 in Abhängigkeit von der Oberflächenstruktur, n = 4, Mittelwerte und Spannweiten

Bemerkenswert ist dazu der Vergleich des Abgleitverhaltens für die Dreieck- und die Viereckstruktur mit dem jeweiligen Rückzugswinkel (Anlage A7). Trotz des höheren Rückzugswinkels für die Dreieckstruktur werden größere Tropfenlängen und die Bildung von Tropfenrückständen beobachtet. Dies wird auf die instabile heterogene Benetzung zurückgeführt.

5.1.5 Neigungswinkel des Isolierstoffprüflings

Nachfolgend ist der Einfluss des Neigungswinkels des Isolierstoffprüflings auf die Tropfenfrequenz und das daraus resultierende Tropfenabgleitvolumen für ein ausgewähltes Silikonelastomer dargestellt (**Bild 5-18**). Mit wachsendem Neigungswinkel steigt die auf den Tropfen einwirkende Hangabtriebskraft, wodurch dieser bei einem zunehmend kleineren Volumen abgleiten kann. Dadurch steigt die Tropfenfrequenz an, was in eine häufigere Belastung der Isolierstoffoberfläche mit dem Elektrolyten resultiert. Der gleiche quantitative Zusammenhang gilt auch für die anderen untersuchten polymeren Isolierstoffe mit gleicher Rauheit R_z = 5 µm. In **Bild 5-19** sind die Tropfenlängen in Abhängigkeit des Neigungswinkels der untersuchten Isolierstoffprüflinge dargestellt.

Im Gegensatz zur Tropfenfrequenz sind die Tropfenlängen im untersuchten Parameterbereich nahezu konstant. Als mögliche Ursache für diesen Effekt kann die gegenläufige Tendenz zwischen zunehmender Hangabtriebskraft und dem abnehmenden Tropfenvolumen mit steigendem Neigungswinkel angesehen werden, da einer stärkeren Tropfenlängsdehnung eine geringere Elektrolytmenge gegenübersteht.

In Abhängigkeit von der Hangabtriebskraft kann erwartungsgemäß eine veränderte Tropfenkontur beobachtet werden. Während die Tropfenkontur bei einem Neigungswinkel von 30° vergleichsweise kompakt erscheint, werden abgleitende Tropfen ab ca. 80° stärker gedehnt und können spreiten (**Anlage A8**). Dadurch werden im spannungslosen Zustand undefinierte Tropfenrückstände auf der Isolierstoffoberfläche hinterlassen, die zu einem unerwünscht ungleichmäßigen Tropfenabgleitverhalten führen können.

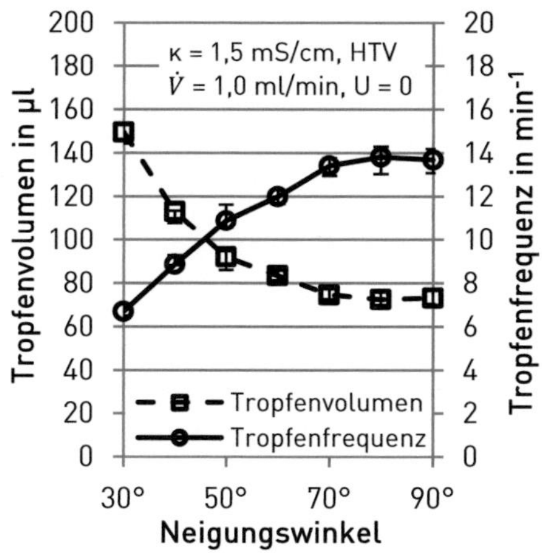

Bild 5-18: Tropfenvolumen und Tropfenfrequenz auf HTV ohne Feldbelastung in Abhängigkeit vom Neigungswinkel des Isolierstoffprüflings (Mittelwerte und Spannweiten bei n = 5)

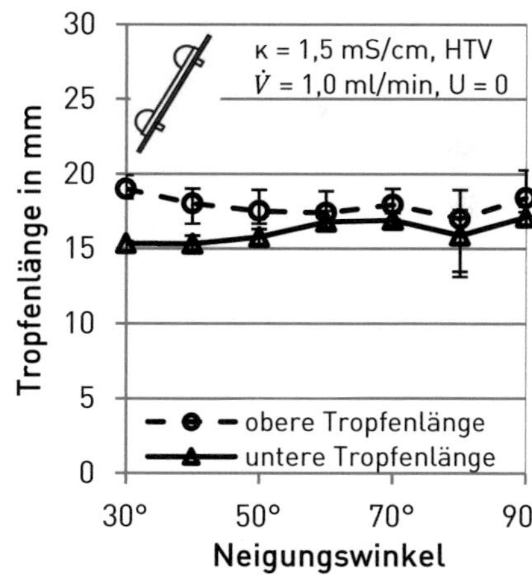

Bild 5-19: Obere und untere Tropfenlängen auf HTV ohne Feldbelastung in Abhängigkeit vom Neigungswinkel des Isolierstoffprüflings (Mittelwerte und Spannweiten bei n = 5)

Im Vergleich dazu können abgleitende Tropfen bei Neigungswinkeln kleiner als 30° auf der Isolierstoffoberfläche haftenbleiben und mit dem darauffolgenden abgleitenden Tropfen zu einer Überbrückung des gesamten Elektrodenabstandes führen.

Aus den vorgestellten Untersuchungen können für das Erreichen einheitlicher Startbedingungen für eine Prüfung im DTPV zusammenfassend folgende Aussagen abgeleitet werden:

1. Die Tropfenfrequenz wird maßgeblich durch den Benetzungszustand der Elektrode und die Isolierstoffstruktur beeinflusst. Um vor jeder Prüfung denselben Wert für die Tropfenfrequenz zu erreichen, ist eine Toleranz bei der Einstellung der Durchflussrate zu gewähren.
2. Unter Einhaltung der Einstellphase gleiten die Tropfen stets entlang derselben Bahn auf der Isolierstoffoberfläche ab.
3. Die Tropfendehnung ist vom verwendeten Isolierstoff und dessen Struktur abhängig. Nahezu gleiche Tropfenlängen können bei Verwendung identischer Oberflächenstrukturen der zu untersuchenden Isolierstoffe erreicht werden.
4. Die Bildung undefinierter Tropfenrückstände während des Tropfenabgleitvorganges kann vermieden werden, wenn der Neigungswinkel in einem Bereich von 30° bis 60° festgelegt wird.

Werden einheitliche Startbedingungen für verschiedene zu untersuchende Isolierstoffe erreicht, beeinflusst nahezu ausschließlich das elektrische Feld während einer Prüfung im DTPV, wie hydrophobe Isolierstoffoberflächen mit identischer Oberflächenstruktur unter Wirkung der Elektrolytbelastung im DTPV beansprucht werden.

5.2 Elektrohydrodynamik und Hydrophobieverlust unter AC-Beanspruchung

In diesem Kapitel werden Untersuchungen zum Tropfenabgleitverhalten unter elektrischer Feldbelastung vorgestellt, wie diese den Hydrophobieabbau bewirken und welche Phänomene bis hin zum Hydrophobieverlust beobachtet werden können. Der Umbildungsprozess der Fremdschicht von einem hydrophoben in einen hydrophilen Benetzungszustand wird nach [14] in die vier Phasen des Hydrophobieabbaus unterteilt (vgl. Bild 2-18). Für eine Zustandsbewertung der Isolierstoffoberfläche stehen optische, thermische und elektrische Messmethoden zur Verfügung. Dabei wird zunächst auf Untersuchungen unter AC-Beanspruchung eingegangen. Anschließend erfolgt eine vergleichende Bewertung unter DC-Beanspruchung.

5.2.1 Spannungssteigerung – Elektrohydrodynamik und Entladungserscheinungen

5.2.1.1 Elektrohydrodynamik

Für grundsätzliche Aussagen zum elektrohydrodynamischen Verhalten von Tropfen auf einer geneigten Ebene werden Spannungssteigerungsversuche durchgeführt. Dabei wird auch der Einfluss der Potentialzuordnung untersucht, da sich das elektrische Feld asymmetrisch entlang der Isolierstoffoberfläche verteilt (vgl. Bild 4-14).

Bei Aufsetzen eines Tropfens an der oberen Elektrode können Tropfenschwingungen beobachtet werden, deren Grundfrequenz gleich der des angelegten Wechselfeldes ist (**Bild 5-20**).

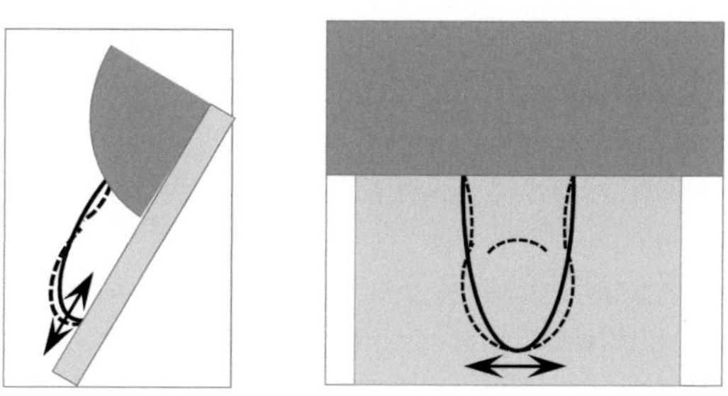

Bild 5-20: Qualitative Darstellung der 50-Hz-Tropfenschwingung bei 50-Hz-AC-Beanspruchung

Die Schwingungen erfolgen um die Gleichgewichtslage des Tropfens parallel zur Isolierstoffoberfläche. Dies wird durch Untersuchungen in [94] bestätigt. Die Intensität der Schwingungen nimmt dabei mit steigendem Tropfenvolumen und der Amplitude des AC-Feldes zu.

Dieses Phänomen wurde bereits eingehend an singulären Tropfen auf horizontaler Isolierstoffoberfläche untersucht [44], [70], [74], [75], [89], wobei in Abhängigkeit des Tropfenvolumens, der elektrischen Feldstärke und der Frequenz des angelegten Wechselfeldes unterschiedliche Schwingungsmodi beobachtet wurden (vgl. Bild 2-12). Ein direkter Vergleich der ermittelten Schwingungsmodi in [75] an singulären Tropfen auf horizontalen Isolierstoffoberflächen mit Ergebnissen dieser Arbeit an Tropfen auf geneigten Isolierstoffoberflächen ist jedoch nur eingeschränkt möglich. Einerseits bewirkt die im Vergleich zu [75] andere Richtung der Gravitationskraft eine Vorzugsrichtung für die Tropfenausdehnung an der geneigten Isolierstoffoberfläche. Andererseits werden die Tropfen direkt mit der Elektrode kontaktiert und sind dementsprechend als geladen zu betrachten. Nach [74] und [75] bestimmt der Ladungszustand des Tropfens dessen Deformationsverhalten, d. h. ob dieser mit der Frequenz des angelegten Wechselfeldes schwingt (geladener Tropfen) oder höherfrequente Schwingungsmodi (ungeladener Tropfen) aufzeigt. Inwiefern noch weitere Effekte zur Schwingung des Tropfens an der oberen Elektrode *mit* Frequenz des angelegten Wechselfeldes beitragen können, ist in weiterführenden Untersuchungen zu klären.

Wächst das Tropfenvolumen bei stetiger Elektrolytzufuhr an, übersteigt ab einem bestimmten Volumen die Gewichtskraft des Tropfens dessen Eigenkohäsion und die adhäsive Haftung mit der Elektrode und der Isolierstoffoberfläche. Der Tropfen reißt von der Elektrode ab und gleitet über die Prüflingsoberfläche ab. Für den Abgleitvorgang ist bereits aus [44] und [89] bekannt, dass die Anwesenheit eines Wechselfeldes das Abrollen eines Tropfens begünstigen kann. Im DTPV gleiten Tropfen unter steigender AC-Beanspruchung bei zunehmend kleinerem Volumen ab. Dadurch wird bei konstanter Durchflussrate die Tropfenfrequenz erhöht [14]. Die elektrische Feldkraft wirkt dabei der Adhäsion zwischen dem Tropfen und der Isolierstoffoberfläche entgegen.

In **Bild 5-21** und **Bild 5-22** ist der Einfluss der Potentialzuordnung auf die Tropfenfrequenz und die Tropfenlängen dargestellt.

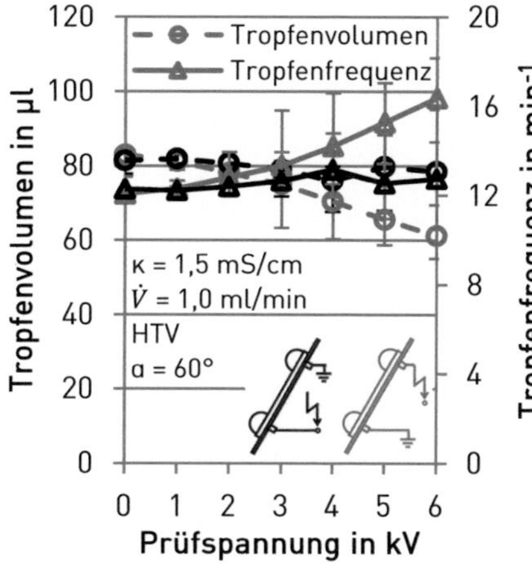

Bild 5-21: Tropfenvolumen und Tropfenfrequenz unter AC-Spannung (Mittelwerte und Spannweiten bei n = 10)

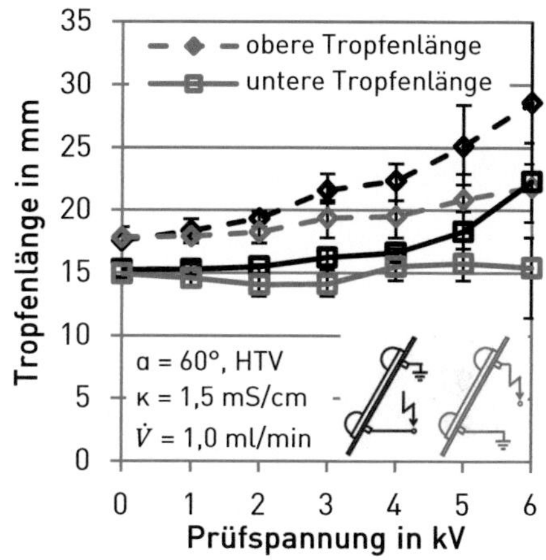

Bild 5-22: Tropfenlängen unter AC-Spannung (Mittelwerte und Spannweiten bei n = 10)

Dabei sind für AC-Potential an der oberen Elektrode mit zunehmender Prüfspannung deutlich stärker abnehmende Tropfenvolumina als bei gegensinniger Kontaktierung erkennbar. Die Asymmetrie des elektrischen Feldes resultiert in eine Feldintensivierung an der hochspannungführenden Elektrode, wodurch bei Kontaktierung der oberen Elektrode mit Hochspannungspotential in Summe von einer stärkeren Kraftwirkung auf den Tropfen auszugehen ist.

Die Tropfenlängen weisen tendenziell auf eine zunehmende Dehnung des Tropfens mit steigender Prüfspannung trotz sinkender Tropfenvolumina hin. Dabei werden bei Kontaktierung der Hochspannung an der unteren Elektrode die höheren Tropfenlängen im Vergleich zur entgegengesetzten Kontaktierung erreicht. Dies wird auf vergleichsweise höhere Tropfenvolumina zurückgeführt. Demzufolge werden durch eine Erhöhung des Überbrückungsgrades sowohl höhere mittlere Feldstärken als auch größere Höchstfeldstärken an den Tropfenpolen verursacht.

5.2.1.2 Entladungserscheinungen

Nachfolgend wird bei den auftretenden Entladungen, welche der Wassertropfenkorona zuzuordnen sind, allgemein von Mikroentladungen (µTE) gesprochen. Die Zündung der Mikroentladungen an Tropfen mit ca. 80 µl Volumen auf horizontalen Isolierstoffoberflächen erfolgt, sobald eine kritische Feldstärke von ca. 5 kV/cm im AC-Grundfeld (Effektivwert) bei tangentialer Feldausrichtung überschritten wird [70], [74], [81], [166].

In Abhängigkeit von der gewählten Potentialzuordnung können unterschiedliche Zündmechanismen der Mikroentladungen im DTPV durch UV-Messungen beobachtet werden. Eine exakte lokale Zuordnung der Mikroentladungen zur Tropfenkontur ist nicht möglich. Diese kann aber modellmäßig aufgrund der zeitlichen Abfolge der Entladungen erfolgen.

Allgemein zünden µTE vorwiegend im Bereich der hochspannungführenden Elektrode infolge der höheren Grundfeldstärke in diesem Bereich. Die beobachteten Teilentladungen unterliegen in ihrer Häufigkeit und Intensität starken Schwankungen und sind von der Erscheinungsform und Entladungsintensität nach [67] den Koronaentladungen zuzuordnen. Dadurch unterliegt der Prozess des Hydrophobieabbaus auch im DTPV trotz einheitlicher Tropfenabgleitbahn erheblichen stochastischen Schwankungen. Visuell treten Phasen mit erhöhter TE-Aktivität auf, welche von Phasen ohne erfassbare µTE begleitet werden. Möglicherweise ist dies auf Ladungsakkumulation abgleitender Tropfen und dem Verweilen von Elektrolytrückständen auf der Isolierstoffoberfläche zurückzuführen. Bei Überschreiten einer kritischen Ladungsmenge bzw. daraus resultierender Potentialdifferenz kann dann der TE-Einsatz erfolgen.

Bei Hochspannungspotential an der oberen Elektrode werden ab einer Prüfspannungshöhe von U_e = 4,5 kV auf HTV-Proben schwach leuchtende, „fadenförmige" Teilentladungen im Bereich der oberen Elektrode beobachtet.

Die µTE können sowohl zwischen dem anwachsenden Tropfen und dem Elektrolytrückstand vor der oberen Elektrode zünden als sich auch weiter in Richtung der Gegenelektrode ausbreiten (Kontaktentladung (**Bild 5-23**, (1))).

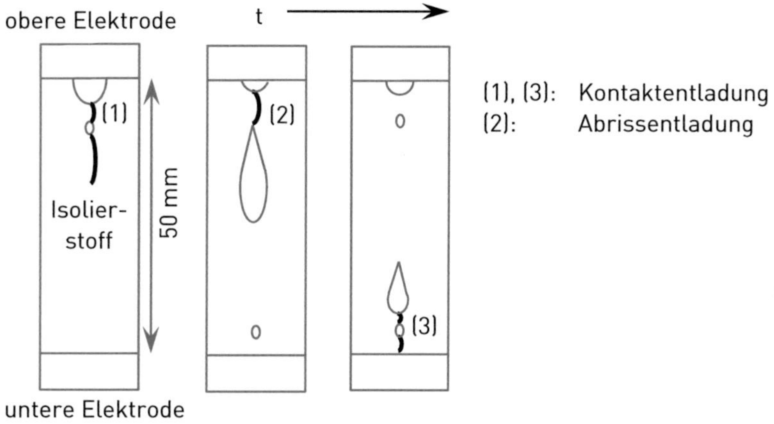

Bild 5-23: Schematische Darstellung von Entladungserscheinungen an abgleitenden Tropfen

Die Zündung dieser Mikroentladungen kann über mehrere 100 ms andauern, da sich der Tropfen im Vergleich zur Frequenz des Wechselfeldes langsam an den Tropfenrückstand annähert. Durch die vergleichsweise langsame Annäherung kann mehrfach die Zündfeldstärke für den TE-Einsatz über- und unterschritten werden. Bis zur Tropfenvereinigung wird der Rückstand mehrfach auf- und umgeladen. Nach vermutlich dem gleichen Mechanismus werden Entladungen bei Abriss des Tropfens von der oberen Elektrode beobachtet (Abrissentladung (Bild 5-23, (2))).

Beim Auftreffen des Tropfens auf die Gegenelektrode können Kontaktentladungen infolge von Ausgleichsentladungen beobachtet werden (Bild 5-23, (3)). Diese werden im Vergleich zu Entladungserscheinungen an der oberen Elektrode seltener beobachtet, weisen eine visuell geringere und stark schwankende Intensität auf. Dies wird auf unterschiedliche Ladungszustände des Tropfens sowie ein variierendes Potential der unteren Elektrode im Kontaktmoment zurückgeführt.

Bei oberer geerdeter Elektrode können ab einer Prüfspannung von U_e = 5,0 kV auf HTV überwiegend schwach leuchtende punktförmige Mikroentladungen beobachtet werden. Diese zünden bei Kontakt des abgleitenden Tropfens mit dem Tropfenrückstand an der oberen Elektrode sowie beim Auftreffen auf die Gegenelektrode (Kontaktentladungen (Bild 5-23, (1), (3))).

Visuell sind die µTE bei dieser Potentialzuordnung weniger häufig und intensiv.

Ein weiteres beobachtetes Phänomen ist die erhöhte TE-Aktivität und TE-Intensität bei einer Steigerung der Prüfspannung. Bei nahezu jeder Erhöhung der Prüfspannung ab $U_e = 4$ kV ist innerhalb der nachfolgend abgleitenden Tropfen von einem Teilentladungseinsatz auszugehen. Eine Änderung der Prüfspannungshöhe geht allgemein mit einer Änderung der Ladungsmenge einher und kann auch entlang der Isolierstoffoberfläche Umladungsprozesse initiieren. Dadurch wird o. g. Hypothese zur Initiierung von TE-Prozessen bestimmter Intensität bei Erreichen einer „kritischen" Ladungsmenge gestützt.

Damit gewinnt das Zuschalten der Prüfspannung besondere Bedeutung, da diese ein Auf- bzw. Umladen der Isolierstoffoberfläche bedeutet. Davon kann eine zusätzliche hydrophobiemindernde Wirkung auf die Isolierstoffoberfläche ausgehen und eine zusätzliche Beschleunigung des Prüfverfahrens bewirkt werden [67]. Von besonderer Bedeutung ist dieses Phänomen für die Intervallversuche zur Bewertung der Hydrophobiewiederkehr, wie in Kapitel 7.2.2 noch weiter diskutiert wird.

Bei weiterer Steigerung der Prüfspannung U_e über 7 kV hinaus können Tropfeninstabilitäten wie bei Tropfen auf horizontalen Isolierstoffoberflächen mit konischen Spitzen und auslaufenden Polen beobachtet werden (**Bild 5-24**). UV-Messungen deuten darauf hin, dass an diesen konischen Spitzen Teilentladungen zünden und sich in Richtung der Gegenelektrode ausbreiten.

Die Tropfen weisen ein sehr ungleichmäßiges Abgleitverhalten mit der Bildung zahlreicher kleiner Elektrolytrückstände auf. Infolge dieser zusätzlichen Phänomene kann der nachfolgend beschriebene Prozess des Hydrophobieabbaus beeinflusst werden. Um dies zu vermeiden, wird empfohlen, Prüfspannungen U_e bis 6 kV zu verwenden.

Zusammenfassend ist festzustellen, dass die hydrophobieabbauenden Mikroentladungen einer starken Streuung bzgl. Häufigkeit, Intensität und Lokalität unterliegen können. Neben der Exemplarstreuung der Prüflinge ist infolge dieser prozessbedingten Streuung trotz definierter, einheitlicher Prüfparameter von stochastischen Schwankungen des Prüfergebnisses im DTPV auszugehen.

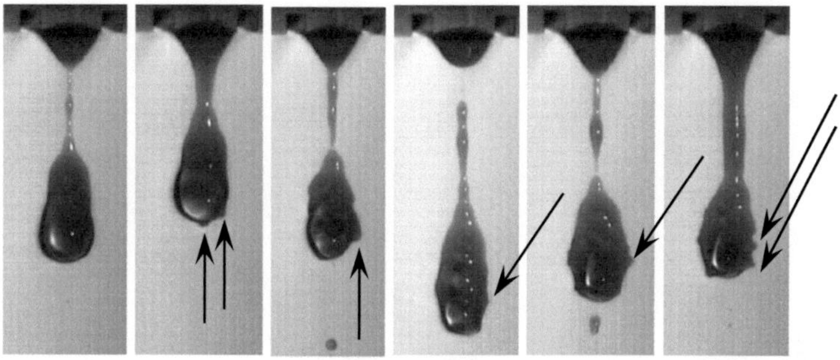

Bild 5-24: Tropfeninstabilität an abgleitenden Tropfen auf HTV in Abhängigkeit von der Prüfspannungshöhe (U_e), Pfeilspitzen markieren eine vermutete Tropfeninstabilität

5.2.2 Umbildungsprozess in einen hydrophilen Belag

Zu Beginn einer Prüfung in Phase 1 des Hydrophobieabbaus gleiten Tropfen unter simultaner Hochspannungsbeanspruchung nahezu rückstandslos tropfenförmig über die Isolierstoffoberfläche ab (**Bild 5-25**, links). Infolge der Kontakt- und Abrissentladungen findet eine lokale Schwächung der Hydrophobie des Isolierstoffes statt. Ursächlich sind Mechanismen wie in Kap. 2.4 beschrieben zu nennen. Dadurch finden eine Erhöhung der Oberflächenspannung des Isolierstoffes sowie eine zunehmende Adhäsion zwischen Tropfen und dem Isolierstoff statt. Dies wird durch Untersuchungen in [167] mit der Abnahme des statischen Kontaktwinkels nach 3 h Beanspruchung im DTPV ohne vollständigen Hydrophobieverlust bestätigt. Der Tropfen wird während des Abgleitvorganges stärker gedehnt und kann spreiten, wenn die von außen einwirkenden Kräfte (z. B. elektrische Feldkräfte, Gravitation, Adhäsion und Pinning-Effekte zum Isolierstoff) temporär und lokal die Kohäsion für die Eigenkontraktion übersteigen. Dies resultiert in die Bildung von Elektrolytrückständen und kennzeichnet das Erreichen der Phase 2 des Hydrophobieabbaus (**Bild 5-25**, rechts).

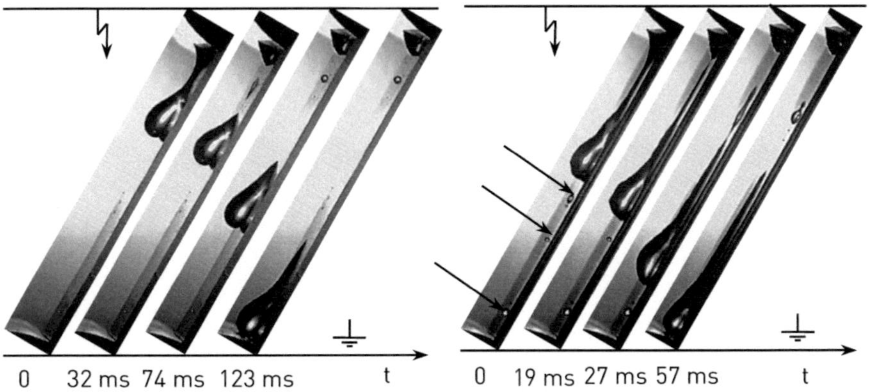

Bild 5-25: Tropfenabgleitvorgang auf LSR, 5 kV AC, Phase 1 (links) und Beginn der Phase 2 (rechts) mit der Bildung von Tropfenrückständen (Pfeilmarkierung)

Die Bildung von Elektrolytrückständen bedeutet nach dem Modell in [67] eine Erhöhung des Überbrückungsgrades. Dies geht mit zusätzlichen Feldstärkeerhöhungen (mittlere Feldstärke, Höchstfeldstärke an den Tropfenpolen) einher und kann zur Zündung intensiverer µTE führen. Dadurch findet ein beschleunigter Hydrophobieabbau statt, welcher durch die Zunahme der Elektrolytrückstände hinsichtlich der Anzahl, Größe und lokaler Ausbreitung entlang der Tropfenabgleitbahn detektiert werden kann. Der beschleunigte Hydrophobieabbau kann auch mit einer überproportionalen Erhöhung der Tropfenlängen während der Prüfung im DTPV belegt werden (**Bild 5-26**).

Die Ausbreitungsrichtung der Elektrolytrückstände ist analog zu den beobachteten µTE von der Potentialzuordnung abhängig (**Bild 5-27**). Eine Zunahme der Elektrolytrückstände geht infolge der versuchstechnisch verursachten Feldunsymmetrie maßgeblich von der hochspannungführenden Elektrode aus.

Elektrolytrückstände können möglicherweise auch durch eine Akkumulation von Flächenladungen „haften" bleiben und beim nächstfolgend abgleitenden Tropfen wieder gelöst werden.

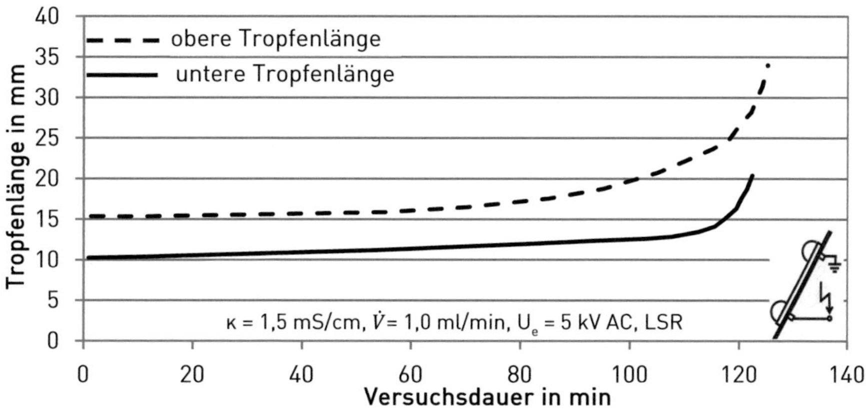

Bild 5-26: Obere und untere Tropfenlänge über der Prüfzeit auf einem LSR-Prüfling unter 5-kV-AC-Beanspruchung

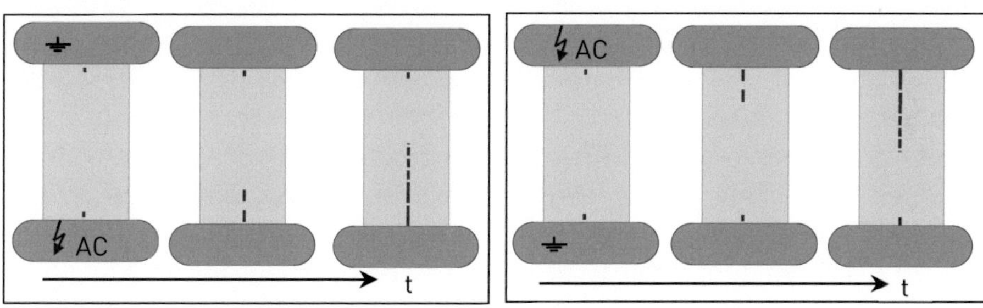

Bild 5-27: Schematische Darstellung des Hydrophobieabbaus entlang der Isolierstoffoberfläche für AC-Beanspruchung für die möglichen Potentialzuordnungen

Als zusätzlicher Zündmechanismus für µTE können im Verlauf der Prüfung in den Phasen 2 und 3 des Hydrophobieabbaus Wassertropfenkorona-Entladungen auftreten, die an Tropfenpolen zwischen dicht nebeneinander positionierten Tropfenrückständen sowie am „Schweif" des abgleitenden Tropfens zünden (**Bild 5-28**).

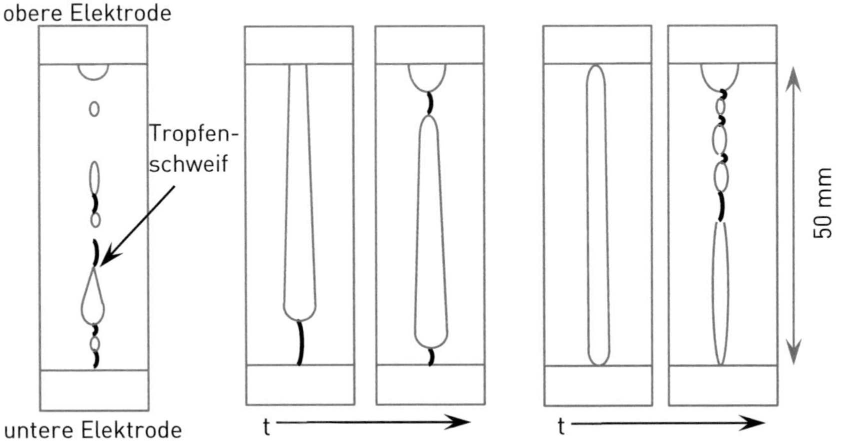

Bild 5-28: Schematische Darstellung zu Zündprozessen von µTE in den Phasen 2 und 3 des Hydrophobieabbaus

Die Phase 3 des Hydrophobieabbaus ist erreicht, sobald ein abgleitender Tropfen und auch die darauffolgend abgleitenden Tropfen die Isolierstrecke zwischen den Elektroden kurzzeitig vollständig überbrücken können. Dabei findet ein Übergang von Korona- zu den deutlich intensiveren Streamerentladungen statt. Diese können ohne spezielle Kameratechnik visuell erfasst werden (Beginn Phase 3, Bild 5-28, Mitte). Dieser Prozess intensiviert sich und kann zur Zündung thermisch initiierter Trockenbandentladungen führen (Bild 5-28, rechts). Bei Erreichen dieses Zustandes folgt in der Regel innerhalb weniger Minuten der vollständige Hydrophobieverlust entlang der Tropfenbahn (Phase 4 des Hydrophobieabbaus). Dadurch entsteht aus diskret abgleitenden Tropfen über die Bildung von Tropfenrückständen ein durchgehender Filmbelag (vgl. Bild 2-18).

Der Umbildungsprozess von einer hydrophoben in eine hydrophile Elektrolytspur verläuft nichtlinear über der Prüfzeit, was aus einer zunehmenden Beschleunigung zum Ende der Prüfung resultiert. Demzufolge ist bei Unterbrechung einer Prüfung in unterschiedlichen Stadien von einer unterschiedlichen Regeneration der Hydrophobie auszugehen, was für Untersuchungen zur Bewertung der Hydrophobiewiederkehr in Intervallversuchen von Relevanz ist (Kap. 7.2).

5.3 Vergleichende Untersuchungen zur Elektrohydrodynamik und zum Hydrophobieverlust unter Gleichspannung

5.3.1 Elektrohydrodynamik im Vergleich zur AC-Beanspruchung

Im Dynamischen Tropfen-Prüfverfahren können bei DC-Beanspruchung sowohl die Polarität als auch die Potentialzuordnung variiert werden. Diese haben unterschiedliche Richtungen der elektrischen Feldstärke zur Folge (parallel oder entgegen der Hangabtriebskraft gerichtet) (**Bild 5-29**).

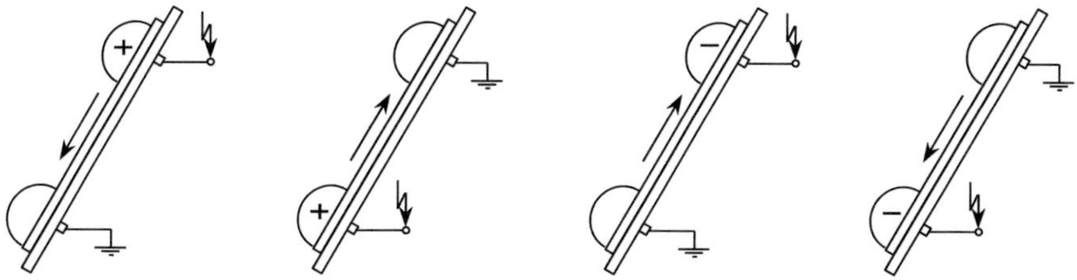

Bild 5-29: Potentialzuordnung bei Anlegen eines DC-Feldes im DTPV, der Pfeil entlang der Isolierstoffoberfläche markiert die Richtung der elektrischen Feldstärke

Nachfolgend wird der Einfluss der Potentialzuordnung und der Polarität auf das Tropfenabgleitverhalten näher untersucht. Im Vergleich zur 50-Hz-AC-Beanspruchung werden bei DC-Beanspruchung keine Schwingungen aufgesetzter Tropfen an der oberen Elektrode beobachtet. Das Tropfenabgleitverhalten wird maßgeblich durch die Prüfspannungshöhe sowie die Richtung der aufgeprägten Feldstärke bestimmt. Weist die Feldstärke in Richtung der Hangabtriebskraft, gleiten die Tropfen bei steigender Prüfspannung mit einem zunehmend kleineren Tropfenvolumen ab, was anhand einer signifikant steigenden Tropfenfrequenz detektiert werden kann (**Bild 5-30**).

Im Vergleich zur AC-Beanspruchung fällt dieser Anstieg infolge fehlender Tropfenschwingungen allerdings geringer aus (Bild 5-21), welche den Abgleitvorgang begünstigen. Sind die Hangabtriebskraft und die elektrische Feldstärke entgegengesetzt gerichtet, wird kein Einfluss des elektrischen Feldes auf die Tropfenfrequenz beobachtet.

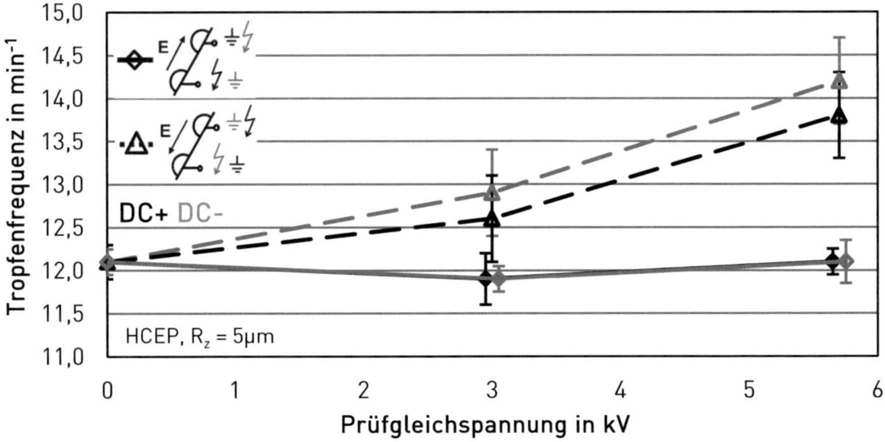

Bild 5-30: Tropfenfrequenz unter DC-Beanspruchung (Mittelwerte und Spannweiten bei n = 5)

Abgleitende Tropfen weisen ein von der Polarität abhängiges Verhalten auf. Während die Tropfen bei negativer Polarität stets dieselbe Abgleitbahn nutzen, können Tropfen bei positiver Polarität von der einheitlichen Bahn abgelenkt werden (**Bild 5-31** [126]).

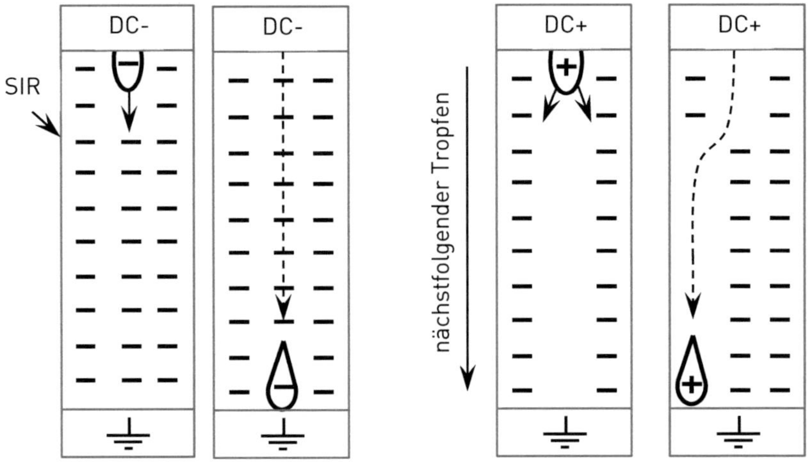

Bild 5-31: Abgleitverhalten des Tropfens bei positiver und negativer Gleichspannung an Silikonelastomeren nach [126]

Dieses Phänomen wurde ebenfalls in [126] an Silikonelastomeren beobachtet und wird auf die Aufladung der Isolierstoffoberfläche zurückgeführt. Untersuchungen in [101] an auf die Isolierstoffoberfläche aufgetropften Tropfen zeigt eine negative Aufladung der Isolierstoffoberfläche, obwohl die Tropfen alternierend positiv und negativ aufgeladen wurden. Dadurch können positiv geladene Tropfen im DTPV (positive Polarität an der oberen Elektrode) durch die Wirkung der Coulomb-Kraft während ihres Abgleitvorganges von der Abgleitbahn abgelenkt werden, wie schematisch in Bild 5-31 dargestellt.

Die negative Aufladung der Isolierstoffoberfläche kann zu einer asymmetrischen Feldverteilung führen. Bei z. B. oberer geerdeter Elektrode und unterer Elektrode auf Hochspannungspotential positiver Polarität wird das Feld an der unteren Elektrode intensiviert, an der oberen Elektrode allerdings geschwächt. Dieses Phänomen könnte eine Ursache für die Abhängigkeit der Tropfenfrequenz von der Potentialzuordnung sein. Die Klärung der negativen Aufladung der Isolierstoffoberfläche bedarf allerdings weiterer Untersuchungen.

Bei abgleitenden Tropfen werden unabhängig von der Richtung der Feldstärke oder der Polarität mit zunehmender Prüfspannung ansteigende obere und untere Tropfenlängen beobachtet (**Bild 5-32**, **Bild 5-33**). Sowohl die Potentialzuordnung als auch die Polarität können Einfluss auf die Tropfenlängen ausüben. Bemerkenswert ist dabei, dass tendenziell höhere Tropfenlängen bei elektrischer Feldstärke parallel zur Hangabtriebskraft trotz vermindertem Tropfenvolumen erreicht werden. Die positive Polarität verursacht bei gleicher Potentialzuordnung tendenziell höhere Tropfenlängen als die negative. Die obere Tropfenlänge weist im Vergleich zur unteren Tropfenlänge eine stärkere Abhängigkeit von der Potentialzuordnung auf (**Bild 5-34**).

Sowohl für die Tropfenfrequenz als auch die Tropfenlängen übt die Potentialzuordnung einen größeren Einfluss als die Polarität aus. Damit spielt die Polarität eine untergeordnete Rolle. Im Vergleich zur AC-Beanspruchung (Vergleichsbasis: Effektivwert AC) werden in Abhängigkeit von der Potentialzuordnung gleiche oder kleinere Tropfenlängen erreicht, letzteres geht mit kleineren Überbrückungsgraden einher.

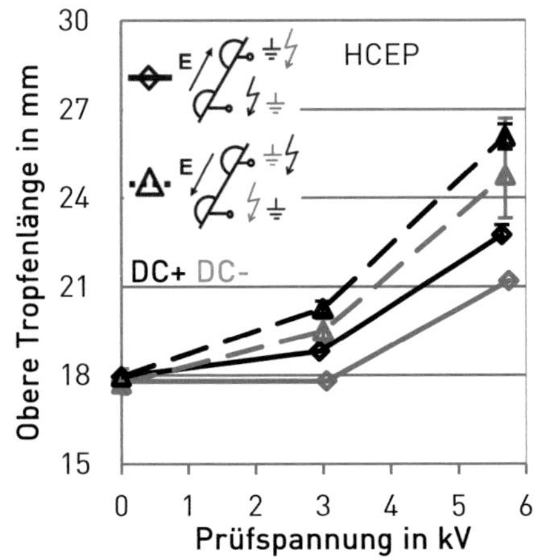

Bild 5-32: Obere Tropfenlänge unter DC-Beanspruchung (Mittelwerte und Spannweiten bei n = 5)

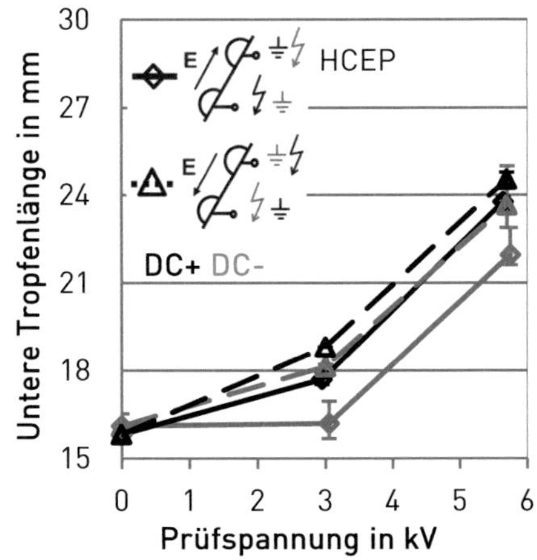

Bild 5-33: Untere Tropfenlänge unter DC-Beanspruchung (Mittelwerte und Spannweiten bei n = 5)

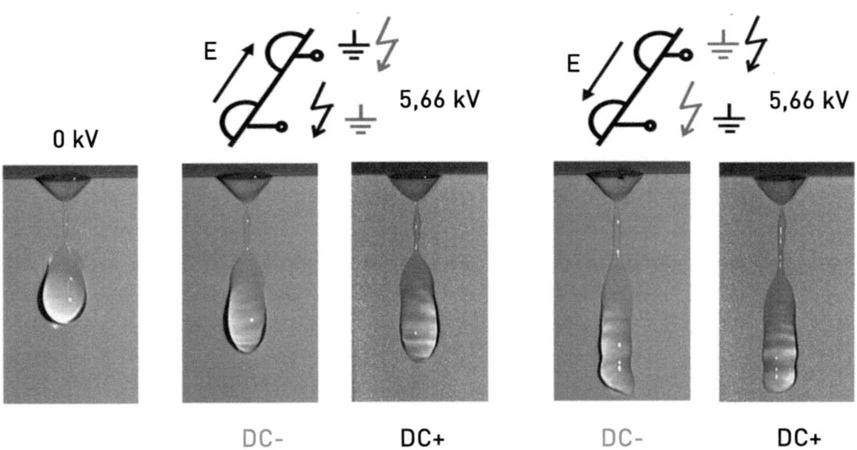

Bild 5-34: Obere Tropfenlänge auf HCEP-Proben in Abhängigkeit von der Potentialzuordnung und der Polarität des elektrischen Gleichfeldes

Die vorgestellten Untersuchungen zeigen ein unterschiedliches Tropfenverhalten in Abhängigkeit von der Prüfspannungsart auf. Damit können neben dem Feldeinfluss auch die elektrohydrodynamischen Phänomene den Ort, die Zündung und die Intensität hydrophobieabbauender Teilentladungen beeinflussen. Für eine vergleichende Bewertung der Hydrophobiebeständigkeit unter AC- und positiver DC-Beanspruchung werden der Effektivwert und der Gleichrichtwert herangezogen. Um ausschließlich den Feldeinfluss auf die Ausfallzeit zu bewerten, müssten die Tropfen bei entsprechender Prüfspannungshöhe ein gleiches Tropfenabgleitverhalten hinsichtlich Tropfenfrequenz und Tropfenlängen aufweisen. Dieser Idealvorstellung kann näherungsweise bei oberer geerdeter Elektrode und unterer Elektrode auf Hochspannungspotential entsprochen werden. Während sich die Tropfenfrequenzen nahezu identisch verhalten (s. Bild 5-21, Bild 5-30), können höhere obere Tropfenlängen unter Wechselspannungsbeanspruchung beobachtet werden (**Bild 5-35**).

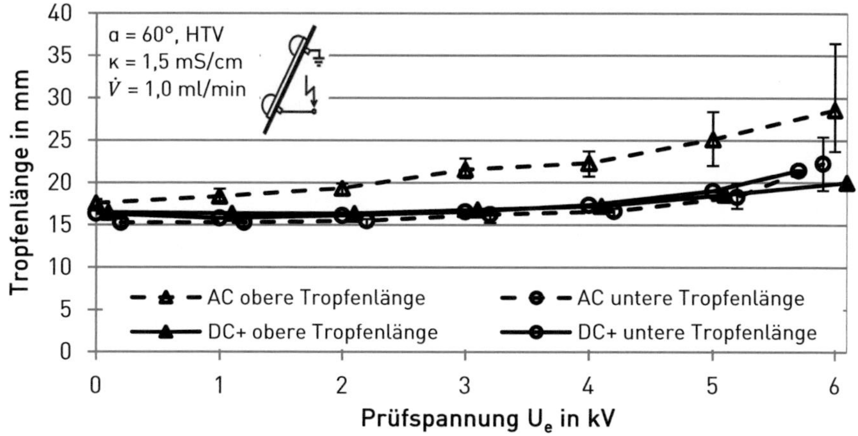

Bild 5-35: Obere und untere Tropfenlängen unter AC- und positiver DC-Beanspruchung auf HTV, Mittelwerte und Spannweiten bei n = 5

Diese Potentialzuordnung wird nachfolgend für alle in dieser Arbeit vorgestellten Untersuchungen zur Bewertung der Hydrophobiebeständigkeit und der Hydrophobiewiederkehr gewählt.

5.3.2 Entladungserscheinungen und Hydrophobieverlust im Vergleich zur AC-Beanspruchung

Unter DC-Beanspruchung erfolgt der TE-Einsatz für einen ca. 100 µl großen Tropfen auf einer horizontalen Isolierstoffoberfläche mit eingebetteten Elektroden ab einer Grundfeldstärke von 6 kV/cm bei tangentialer Feldbeanspruchung [81]. Mikroentladungen im DTPV werden anhand von UV-Messungen unabhängig von der Potentialzuordnung und der Polarität überwiegend im Bereich der unteren Elektrode detektiert. Dabei handelt es sich um Kontaktentladungen infolge des Ladungsaustausches des Tropfens mit der Gegenelektrode. Weitere µTE können im Bereich des Tropfenschweifes beobachtet werden. Diese zünden im Vergleich zum 50-Hz-Wechselfeld bei nahezu jedem abgleitenden Tropfen bei Kontakt mit der unteren Elektrode und weisen damit deutlich weniger Schwankungen in der Häufigkeit auf. Damit wird im Vergleich zur AC-Beanspruchung eine deutlich stärkere Abhängigkeit der Ausfallzeit von der Prüfspannungshöhe vermutet, da die Intensitätssteigerung der Mikroentladungen infolge der Prüfspannungssteigerung örtlich konzentrierter umgesetzt werden kann.

Die Einsatzspannungen für die µTE liegen bei HTV mit U = 4,0 kV für die negative Polarität und 4,5 kV für die positive Polarität trotz teilweise unterschiedlicher Zündorte in einem gleichen Bereich wie für AC-Beanspruchung (U_e = 4,5 kV bzw. $\hat{U}$ = 6,4 kV). Der tendenziell geringere detektierte TE-Einsatz für die negative Polarität wird als vernachlässigbar angesehen.

Auch für die DC-Beanspruchung gilt eine erhöhte und intensivere Teilentladungsaktivität unmittelbar nach einer Steigerung der Prüfspannung infolge von Umlade- und Ausgleichsprozessen. Die für AC-Beanspruchung beschriebenen anziehenden bzw. abstoßenden elektrohydrodynamischen Phänomene zwischen Tropfen durch Ladungsakkumulation bzw. Lagungsaustausch können unter DC-Beanspruchung ebenfalls mit Hilfe der verwendeten Hochgeschwindigkeitskamera beobachtet werden. Diese erfolgen, wie bereits in [44] und [70] beschrieben, deutlich ruckartiger und zufälliger als unter AC-Beanspruchung.

Dem Phänomen der Raum- und Flächenladungsakkumulation kommt im DC-Feld im Vergleich zum Wechselfeld eine größere Bedeutung zu. Dabei sind aus vorangegangenen Untersuchungen Wechselwirkungen (Kraftwirkungen, Ladungsaustausch) zwischen dem geladenen Tropfen und den akkumulierten Flächenladungen auf der horizontalen Isolierstoffoberfläche bekannt [44], [70], [72]. Weitere Wechselwirkungen sind durch elektrostatische Reibung des abgleitenden Tropfens auf der Isolierstoffoberfläche denkbar [100]. Zur Klärung dieser Phänomene sind weitere Untersuchungen erforderlich.

Der Abbau der Hydrophobie kann auch bei DC-Beanspruchung an der Bildung von Elektrolytrückständen und einer Zunahme der Tropfenlängen beobachtet werden. Da Teilentladungen maßgeblich im Bereich der unteren Elektrode unabhängig von der Polarität und der Potentialzuordnung auftreten, beginnt der Hydrophobieabbau erwartungsgemäß in diesem Bereich und kann maßgeblich durch eine Zunahme der unteren Tropfenlängen belegt werden (**Bild 5-36**).

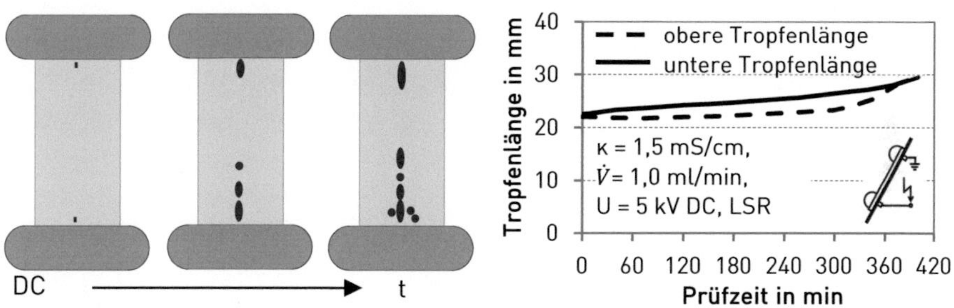

Bild 5-36: Schematische Darstellung des Hydrophobieabbaus entlang der Isolierstoffoberfläche (links) und Entwicklung der Tropfenlängen über der Prüfzeit (rechts) für positive DC-Beanspruchung an einem LSR-Prüfling

Auch für DC-Beanspruchung tritt der vollständige Hydrophobieverlust entlang der Elektrolytbahn innerhalb weniger Sekunden bis Minuten ein, sobald mehrere nachfolgend abgleitende Tropfen die Isolierstrecke kurzzeitig überbrücken können. Ein detaillierter Vergleich erfolgt im nachfolgenden Kapitel zur Ableitstromanalyse.

Zusammenfassend kann festgestellt werden, dass die Zünd- und Brennbedingungen der hydrophobieabbauenden Mikroentladungen sowie deren Intensität von folgenden Faktoren beeinflusst werden können:

- Feldverteilung (resistiv, kapazitiv),
- Momentanwert der Prüfspannung,
- Tropfenverhalten (Frequenz, Tropfenlängen).

Damit kann für einen Vergleich der Hydrophobiebeständigkeit unter AC- und DC-Beanspruchung aus Sicht des physikalisch-chemischen Schädigungsprozesses im DTPV kein äquivalenter Spannungswert für beide Prüfspannungsarten gefunden werden, wie beispielsweise Prozessstudien im Schiefe-Ebene-Prüfverfahren eine mögliche Vergleichsbasis anhand der physikalisch ablaufenden Prozesse des Szintillationseinsatzes [168] oder der tatsächlich umgesetzten Ladungsmenge [169] aufzeigen. Bei einem Vergleich des Effektivwertes mit dem Gleichrichtwert ist die AC-Beanspruchung als die kritischere Prüfspannungsart einzuschätzen. Diese weist höhere Tropfenfrequenzen, eine höhere Mobilität und größere Häufigkeit der µTE im Vergleich zur DC-Beanspruchung auf. Diese These wird in Kap. 6.1.1 näher untersucht.

5.4 Ableitstrom und Analyse thermischer Prozesse für AC- und DC-Beanspruchung

Wie bereits aus zahlreichen vorangegangenen Untersuchungen bekannt ist, kann anhand der Ableitstromcharakteristik eine qualitative Aussage über den Benetzungszustand einer Isolierstoffoberfläche gewonnen und diese physikalische Größe als Abschaltkriterium bei Erreichen eines elektrodenverbindenden Filmbelages herangezogen werden [8], [9], [10], [12]. Damit ist eine Trennung zwischen der Alterungsfrüh- (AFP) und Alterungsspätphase (ASP) möglich.

Dieser Abschnitt stellt Untersuchungen vor, bei denen während einer Prüfung im DTPV simultan der Ableitstrom, das Abgleitverhalten des Tropfens und die Oberflächentemperatur der Isolierstoffoberfläche aufgezeichnet werden. Das Ziel ist die Ableitung eines physikalisch präzisierten Abschaltkriteriums, bei dem der Hydrophobieverlust eindeutig detektiert (Ende der Alterungsfrühphase) und thermische Prozesse (Beginn der Alterungsspätphase) weitestgehend vermieden werden können.

5.4.1 Ableitstrom unter AC-Beanspruchung

Der erfassbare Ableitstrom im Dynamischen Tropfen-Prüfverfahren bewegt sich in den Phasen 1 und 2 des Hydrophobieabbaus im µA-Bereich und stellt unter AC-Beanspruchung einen nahezu rein kapazitiven Verschiebungsstrom dar. Aus Untersuchungen in Spannungssteigerungsversuchen an „trockenen" Proben und Prüflingen mit kontinuierlich abgleitenden Tropfen in Phase 1 des Hydrophobieabbaus kann die Änderung der Gesamtkapazität der Prüfanordnung durch den Tropfenbelag abgeschätzt werden (**Bild 5-37**).

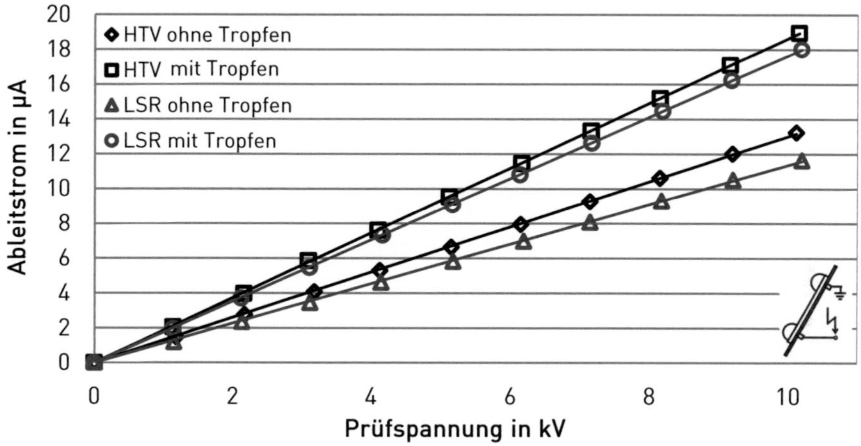

Bild 5-37: Strom-Spannungs-Kennlinie im DTPV auf HTV und LSR mit und ohne Elektrolytbelastung; Mittelwert des Effektivstromes über 60 s

Aus der Modellvorstellung nach [67] und [71] wird der gemessene kapazitive Ableitstrom i_0 an der Isolierstoffoberfläche ohne Tropfen maßgeblich aus der Prüflingskapazität C_p sowie der Oberflächenkapazität C_0 gespeist (**Bild 5-38a**). Unter Elektrolytbelastung wird bei einer Mittelwertbildung des Effektivstromes i über einer Dauer von 60 s maßgeblich die auf der Isolierstoffoberfläche und der oberen Elektrode anhaftende Elektrolytmenge bewertet (**Bild 5-38b**). Deshalb wird bei der Modellbetrachtung kein Elektrolyttropfen ohne Kontakt zur Elektrode betrachtet.

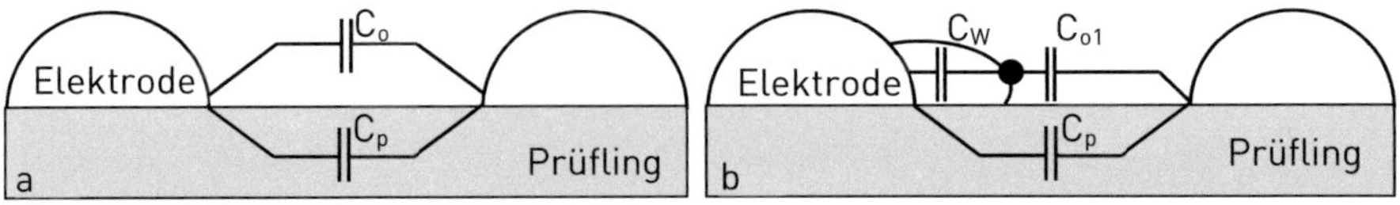

Bild 5-38: Stark vereinfachtes Ersatzschaltbild der Prüfanordnung mit konzentrierten Stromkreiselementen

Der Elektrolyt wirkt wie eine „vorgeschobene" Elektrode, verkürzt die Isolierstrecke und erhöht die Oberflächenkapazität entlang der Isolierstoffoberfläche unter Wirkung der Teilkapazitäten C_{o1} und C_W. Unter Vernachlässigung der resistiven Komponenten des Prüflings und der Umgebung kann die Kapazitätsänderung ΔC folgendermaßen abgeschätzt werden (**Formel 5-1, Formel 5-2**):

$$\underline{i_0} = U \cdot j\omega(C_p + C_0);\ \underline{i_1} = U \cdot j\omega\left(C_p + \frac{C_{01} \cdot C_W}{C_{01} + C_W}\right)$$

Formel 5-1

$$\underline{i_1} - \underline{i_0} = U \cdot j\omega\left(\frac{C_{01} \cdot C_W}{C_{01} + C_W} - C_0\right) \text{mit } \Delta C = \left(\frac{C_{01} \cdot C_W}{C_{01} + C_W} - C_0\right)$$

Formel 5-2

Dadurch werden die Gesamtkapazität und demzufolge der kapazitive Verschiebungsstrom erhöht. Bei einer Messung des kapazitiven Ableitstromes ohne und mit Tropfen an oberer Elektrode kann eine Kapazitätsänderung von ca. ΔC = 2 pF ermittelt werden (**Tabelle 5-1**).

Tabelle 5-1: Aus der Ableitstrommessung ermittelte Prüflingskapazitäten an HTV- und LSR-Prüflingen mit und ohne Elektrolytbelastung

Material	Gesamtkapazität (trocken) in pF	Gesamtkapazität (Elektrolyt) in pF	Kapazitätsänderung ΔC in pF
HTV	4,1	5,9	1,8
LSR	3,6	5,6	2,0

Der Abgleitvorgang eines Tropfens wird bei dieser Betrachtung infolge der kurzen Dauer von ca. 100 ms nicht berücksichtigt. Dieser würde in einer kurzzeitig weiteren Erhöhung des kapazitiven Ableitstromes aufgrund einer Erhöhung des Überbrückungsgrades resultieren, wie in [67] modellhaft diskutiert.

Der Umbildungsprozess von einer hydrophoben in eine hydrophile Isolierstoffoberfläche im DTPV geht mit der Zunahme des Überbrückungsgrades einher und müsste ebenfalls mit einem Anstieg des kapazitiven Grundstromes detektierbar sein. Allerdings liegt diese Kapazitätsänderung im fF-Bereich und ist mit der verfügbaren Messtechnik nicht erfassbar.

Kann ein abgleitender Tropfen kurzzeitig die Isolierstrecke zwischen den Elektroden überbrücken, wird ein sprunghafter Anstieg des Ableitstromes in den mA-Bereich beobachtet. Für diesen Fall werden bei einer modellhaften Betrachtung in Anlehnung an [8] der ohmsche Widerstand des Elektrolyten R_w mit definierter spezifischer Volumenleitfähigkeit sowie der Widerstand der durchschlagenen Luftstrecke R_L wirksam (**Bild 5-39**).

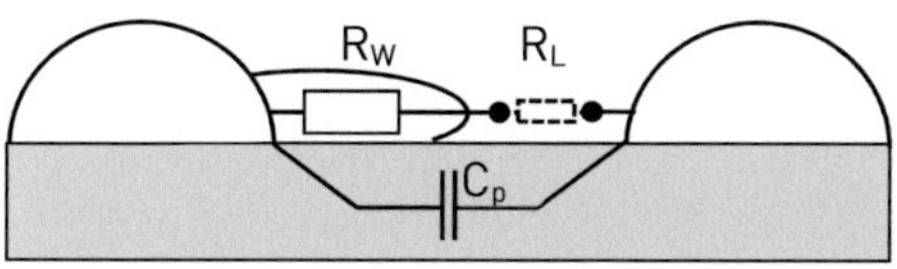

Bild 5-39: Stark vereinfachtes Ersatzschaltbild der Prüfanordnung mit konzentrierten Stromkreiselementen bei Zündung von Vorlichtbögen

Wiederholt sich der Vorgang einer kurzzeitig geschlossenen Strombahn auch für nachfolgend abgleitende Tropfen, ist die Phase 3 des Hydrophobieabbaus, d. h. die Alterungsübergangsphase (AÜP) erreicht. Der prinzipielle Verlauf des Ableitstromes bis zum Hydrophobieverlust ist beispielhaft in **Bild 5-40** dargestellt.

Eine Analyse der Stromimpulse hinsichtlich Form, Phasenverschiebung zur Prüfspannung, Dauer und Scheitelwert gibt Aufschluss über das Tropfenabgleitverhalten und damit den Hydrophobiezustand der Isolierstoffoberfläche.

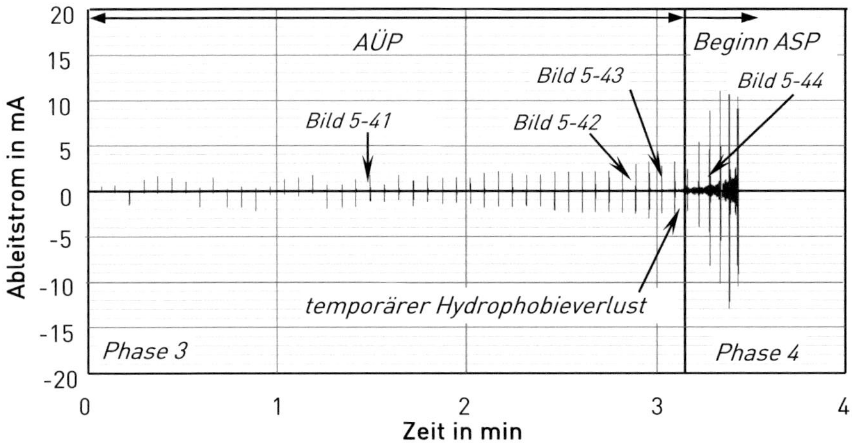

Bild 5-40: Ableitstromverlauf in der AÜP auf einem HTV-Prüfling, 5 kV AC

Der prinzipielle Zusammenhang zwischen Tropfenverhalten, Entladungsaktivität und Ableitstrom kann folgendermaßen systematisiert werden (**Tabelle 5-2**):

Tabelle 5-2: Übersicht zum Zusammenhang von Tropfenverhalten – Entladungsaktivität - Ableitstrom

	Beschreibung	Tropfenbild	Beispiel Ableitstrom
Zustand 1	• rein kapazitiver Strom, Phasenverschiebung $\varphi = \varphi_u - \varphi_i \approx 90°$; • keine durchgehende Tropfenbahn; • Zündung von µTE, nicht im Ableitstrom detektierbar[34]	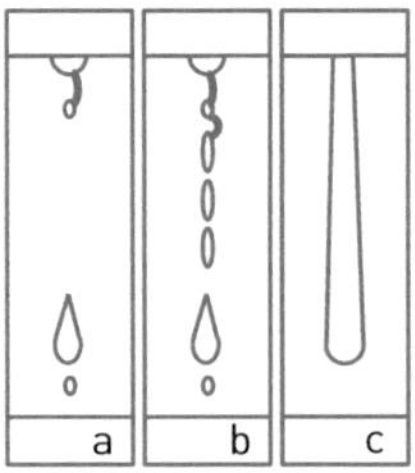	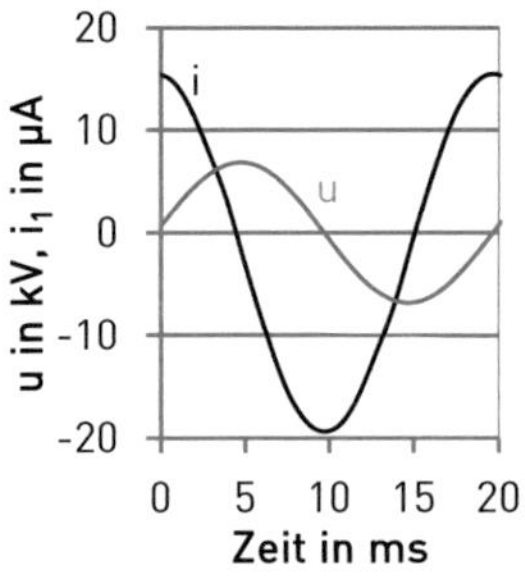

34 Mit der verwendeten Messtechnik können Messsignale mit Frequenzen bis ca. 80 kHz erfasst werden. TE-Signale werden in der Regel deutlich oberhalb 100 kHz detektiert.

	Beschreibung	Tropfenbild	Beispiel Ableitstrom
Zustand 2	• ohmsch-kapazitiver Strom, Phasenverschiebung 0°< φ < 90°; • keine durchgehende Tropfenbahn; • Kontakt- und Trockenbandentladungen	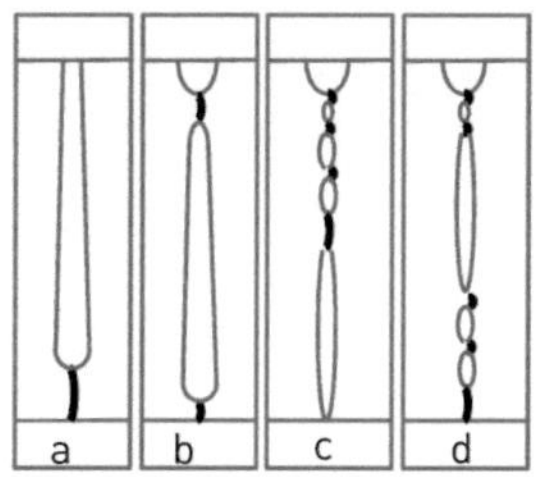	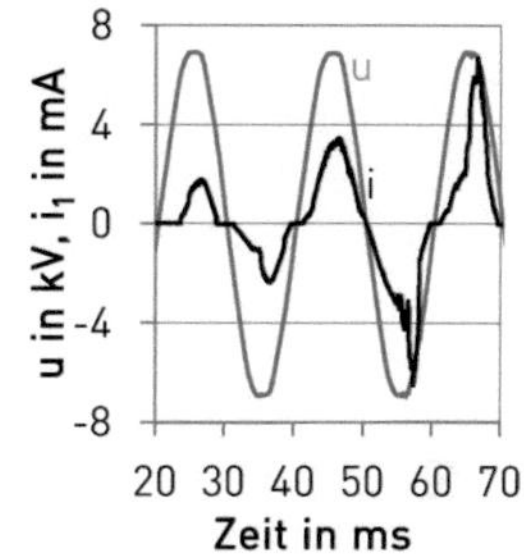
Zustand 3	• ohmscher Strom, Phasenverschiebung φ ≈ 0°; • durchgehende Tropfenbahn; • keine Entladungsaktivität	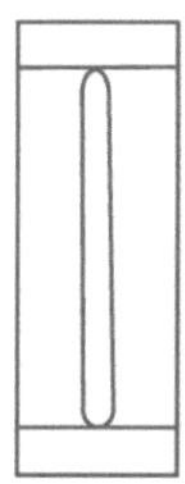	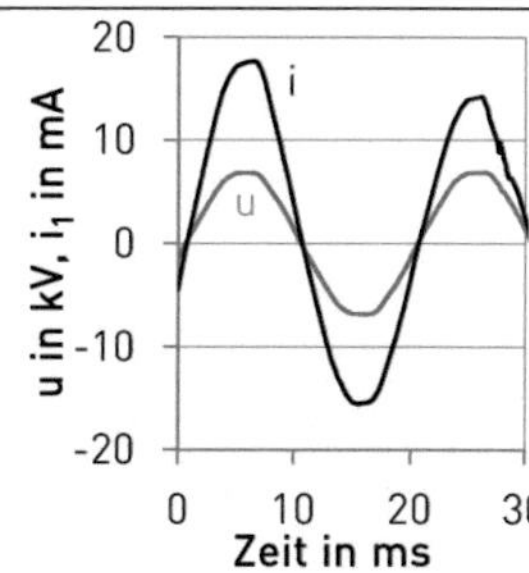

Mit Zustand 1 werden schematisch Phänomene in der Alterungsfrühphase eines Prüflings dargestellt. Die Phase 1 des Hydrophobieabbaus wird symbolisch durch Zustand 1a charakterisiert und die Phase 2 des Hydrophobieabbaus kann durch Zustand 1b und 1c beschrieben werden.

Zustand 2 beschreibt Phänomene in der AÜP sowie der ASP bzw. den Phasen 3 und 4 des Hydrophobieabbaus. Teilentladungen treten unmittelbar vor dem Kontakt des Tropfens mit der unteren Elektrode (Zustand 2 a) sowie beim Abfließen am Tropfenschweif auf (Zustand 2 b-c). Die dazugehörigen Ableitstromimpulse sind durch einen steilen Anstieg, einen kapazitiven Anteil im µA-Bereich im Spannungsnulldurchgang und ein flaches Abklingen gekennzeichnet (ohmsch-kapazitive Charakteristik) (**Bild 5-41**). Infolge des weiteren Hydrophobieabbaus nehmen:

- die Tropfenrückstände in der Abgleitbahn und damit der Leitwert der Elektrolytspur bei vollständiger Überbrückung,
- die Intensität der Kontakt- und Abrissentladungen,
- sowie der Scheitelwert und die Dauer der Ableitstromimpulse zu.

Damit werden Untersuchungen in [170] bestätigt.

Bei Fortschreiten der AÜP wird ein zunehmend flacherer Anstieg der Ableitstromimpulse beobachtet (1. Stromhalbwelle, **Bild 5-42**), welche bereits bevor der Tropfen die untere Elektrode erreicht, einen Stromfluss mit überwiegend ohmschem Charakter ermöglichen (Zustand 2 d). Über mehrere Spannungshalbwellen hinweg wird ein rein ohmscher Stromverlauf aufgrund einer geschlossenen Elektrolytbahn detektiert (Zustand 3).

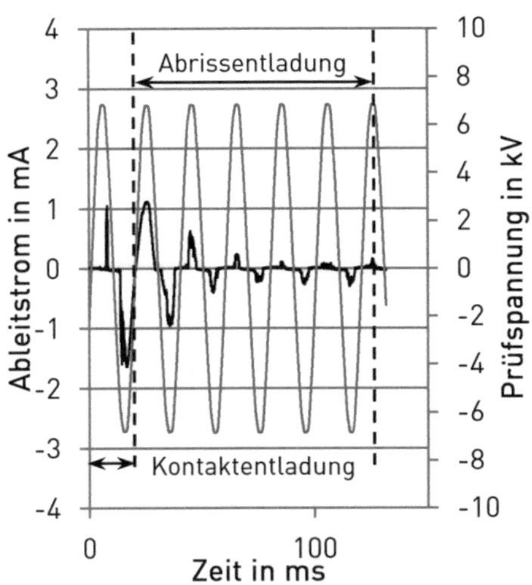

Bild 5-41: Ableitstromimpuls zu Beginn der Phase 3 auf HTV bei 5 kV AC

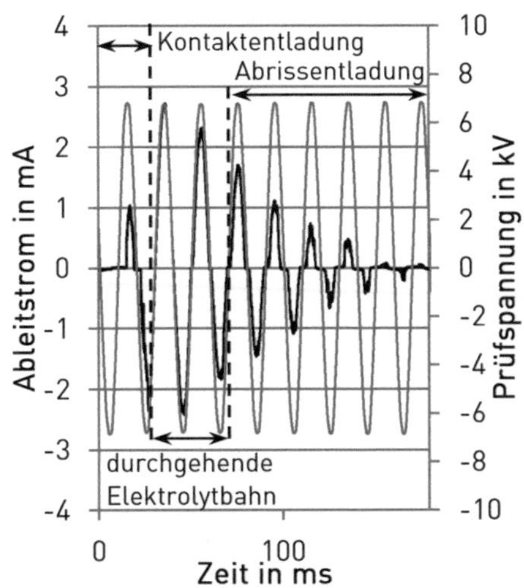

Bild 5-42: Ableitstromimpuls am Ende der Phase 3 auf HTV bei 5 kV AC

Der vollständige Hydrophobieverlust entlang der Tropfenabgleitbahn (Beginn der Phase 4 des Hydrophobieabbaus) ist dann erreicht, wenn auch unabhängig von abgleitenden Tropfen eine nahezu durchgehende Elektrolytbahn verbleibt, welche einen Ableitstrom mit überwiegend ohmscher Komponente tragen kann (**Bild 5-43**). Dabei kann eine Begrenzung des Ableitstromes durch die im Vergleich zu einem abgleitenden Tropfen geringere verbleibende Elektrolytmenge auf der Tropfenabgleitbahn beobachtet werden. Im weiteren Verlauf der Phase 4 des Hydrophobieabbaus stellt sich ein kontinuierlicher Elektrolytfluss ein und es dominieren thermische Prozesse.

Diese gehen mit dem Verdampfen von Elektrolyten sowie der Zündung thermisch initiierter Trockenbandentladungen einher und können anhand eines charakteristischen „Verlöschen" des Stromes erfasst werden (**Bild 5-44**).

Das Zünden von Trockenbandentladungen soll im DTPV möglichst vermieden werden, wodurch sich die Forderung nach einer Eingrenzung des Abschaltkriteriums ergibt. Bei diesem soll eine Prüfung unmittelbar nach Erreichen des Hydrophobieverlustes beendet werden. Diesem Aspekt wird in den nachfolgenden Kapiteln 5.4.3 und 5.4.4 nachgegangen.

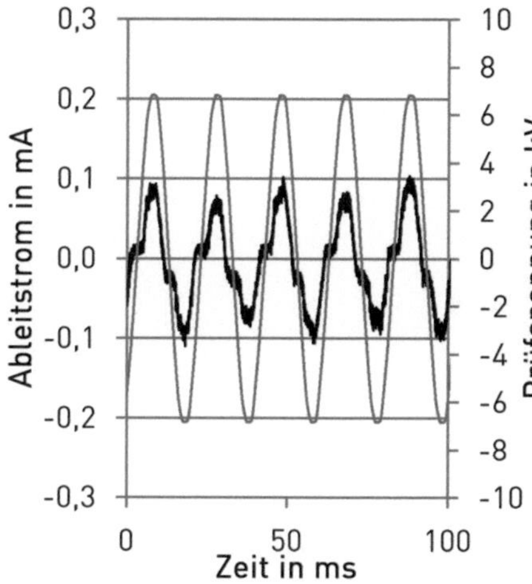

Bild 5-43: Ableitstromverlauf zu Beginn der Phase 4 auf HTV bei 5 kV AC

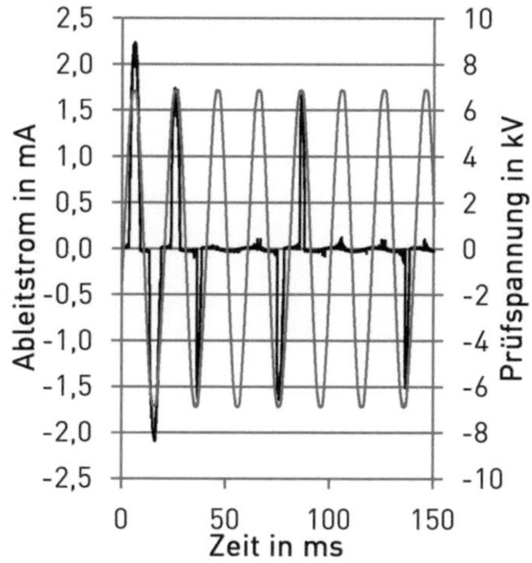

Bild 5-44: Ableitstromverlauf in Phase 4 auf HTV bei 5 kV AC

Die Dauer der AÜP und der Scheitelwert der Stromimpulse hängen maßgeblich von der Prüfspannungshöhe ab, wie exemplarisch für LSR-Prüflinge dargestellt wird (**Bild 5-45**).

Aus Untersuchungen mit dem Rad-Tauch-Prüfverfahren ist bekannt, dass mit steigender Prüfspannung eine Reduzierung der Übergangsphase einhergeht [9]. Dieser Zusammenhang kann auch für das Dynamische Tropfen-Prüfverfahren bestätigt werden. Dabei findet ein höherer elektrischer Leistungsumsatz $p_{Ü}$ auf der Isolierstoffoberfläche in der AÜP statt, wodurch der Hydrophobieabbau beschleunigt wird (**Formel 5-3, Bild 5-46**).

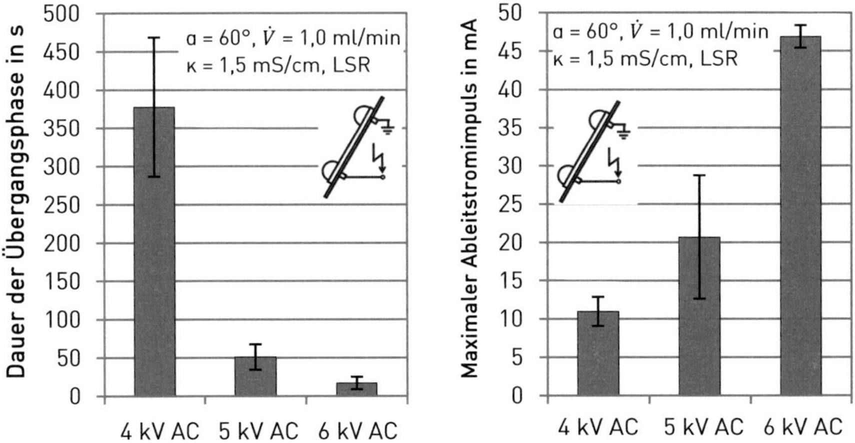

Bild 5-45: Dauer der Übergangsphase $t_Ü$ (links) und maximale Ableitstromimpulse (rechts) in der AÜP auf LSR in Abhängigkeit von der Prüfspannungshöhe (n > 10)

$$p_{ü} = \frac{1}{t_{ü}} \cdot \int_{t=0}^{t_{ü}} \big(i(t) \cdot u(t)\big)dt, \quad W_{el} = \int_{t=0}^{t_{ü}} \big(i(t) \cdot u(t)\big)dt,$$

Formel 5-3

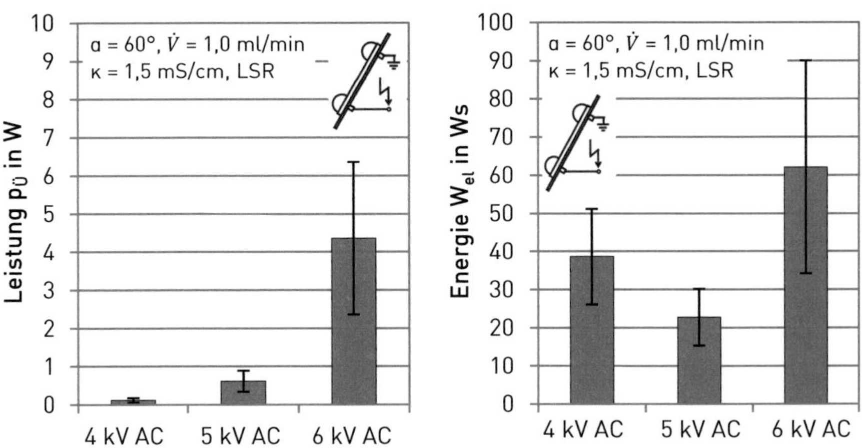

Bild 5-46: Ermittelte Leistung $p_Ü$ (links) und Energie W_{el} (rechts) in der AÜP auf LSR in Abhängigkeit von der Prüfspannungshöhe (n > 10)

Der Energieeintrag W_{el} in der AÜP weist in Abhängigkeit von der Prüfspannungshöhe im Vergleich zur Leistung keinen signifikanten Trend auf, da mit der abnehmenden Dauer der Übergangsphase aber steigendem Leistungsumsatz zwei gegenläufige Tendenzen gemeinsam bewertet werden. Dementsprechend ist der Leistungsumsatz die aussagekräftigere Größe.

Des Weiteren wird untersucht, welchen Einfluss der Isolierstoff auf die Dauer der Übergangsphase und die umgesetzte Leistung im DTPV ausübt (**Bild 5-47**).

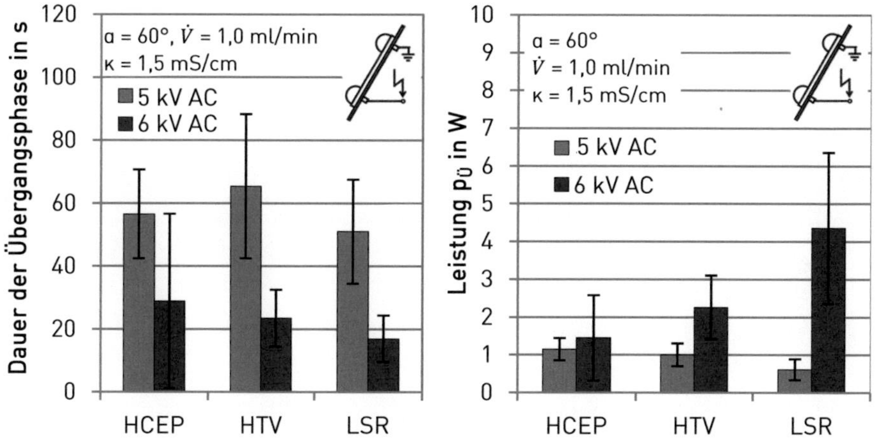

Bild 5-47: Dauer der Übergangsphase $t_Ü$ (links) und zugeführte Leistung $p_Ü$ (rechts) auf HCEP, HTV und LSR für 5 kV und 6 kV AC (n > 10)

Dabei verhalten sich die Dauer der Übergangsphase und die maximalen Ableitstromimpulse (nicht dargestellt) im Vergleich zur Leistung nahezu unabhängig vom verwendeten Isolierstoff. Dadurch wird die Alterungsübergangsphase stärker von der Prüfspannungshöhe als vom untersuchten Isolierstoff beeinflusst. Der Hydrophobieabbau in der AÜP hängt damit maßgeblich von auftretenden elektrohydrodynamischen Phänomenen, der Prüfspannungshöhe sowie der Teilentladungsaktivität ab. Demzufolge ist davon auszugehen, dass für alle untersuchten Isolierstoffe ein einheitliches Abschaltkriterium Anwendung finden kann.

5.4.2 Ableitstrom unter DC-Beanspruchung

Unter DC-Beanspruchung können in Anlehnung an Tabelle 5-2 prinzipiell die gleichen Phänomene hinsichtlich Tropfenabgleitverhalten, Stromfluss und Entladungsaktivität beobachtet werden (**Bild 5-48**).

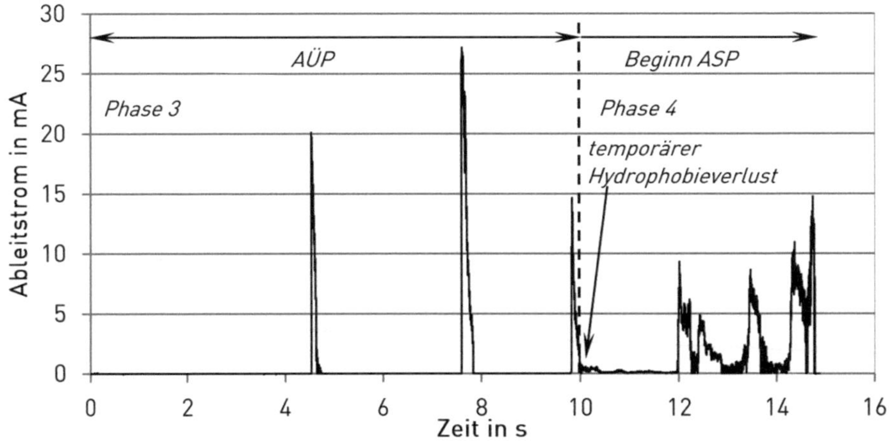

Bild 5-48: Ableitstromverlauf in der AÜP auf einem HTV-Prüfling bei 5,66 kV DC+

In den Phasen 1 und 2 des Hydrophobieabbaus fließt ein sehr geringer Strom (<1 μA), der durch das verwendete Messsystem nicht erfassbar ist. Kann ein abgleitender Tropfen kurzzeitig die Isolierstrecke überbrücken, werden zu Beginn der Phase 3 des Hydrophobieabbaus wie bei AC-Beanspruchung ein steiler Anstieg des Stromes und ein im Vergleich dazu flaches Abklingen des Stromes infolge der gleichen elektrohydrodynamischen Phänomene beobachtet (**Bild 5-49**).

Infolge des fehlenden Spannungsnulldurchgangs ist eine Detektion von Entladungen in dieser Phase mittels Ableitstromanalyse jedoch nicht eindeutig möglich. Bei DC-Beanspruchung kann der Stromfluss bei Entladungsaktivität nicht durch das dafür typische „Stromlücken" beim Spannungsnulldurchgang von einem Stromfluss durch eine geschlossene Elektrolytbahn unterschieden werden. Die Detektion der Entladungen erfolgt deshalb durch eine simultane Aufzeichnung des Ableitstromes und des Tropfenabgleitverhaltens.

Mit voranschreitender Prüfzeit erfolgen ebenfalls ein zunehmend flacherer Anstieg, eine Zunahme des Scheitelwertes sowie der Dauer der Ableitstromimpulse (**Bild 5-50**) bis hin zum Hydrophobieverlust mit Beginn der Phase 4 des Hydrophobieabbaus. Diese kann ebenso anhand eines Stromflusses zwischen zwei abgleitenden Tropfen bzw. Ableitstromimpulsen detektiert werden (**Bild 5-51**).

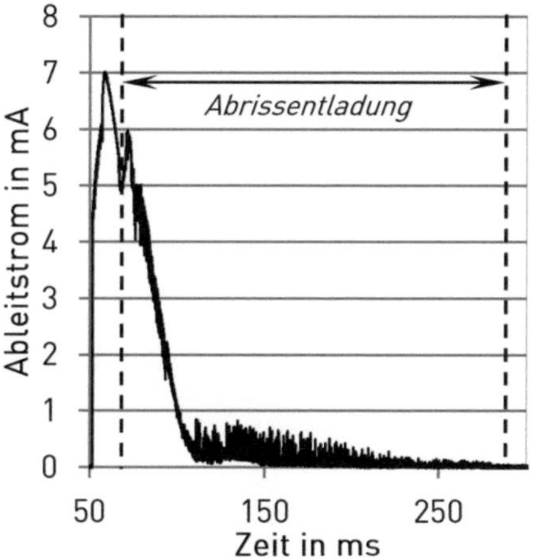

Bild 5-49: Ableitstromimpuls zu Beginn Phase 3 auf HTV bei 5,66 kV DC+

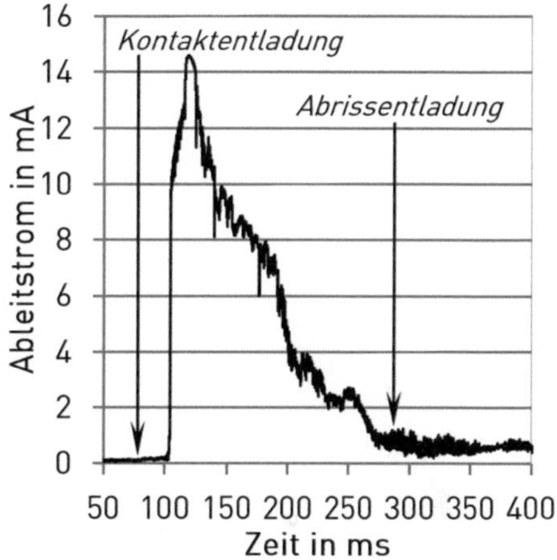

Bild 5-50: Ableitstromimpuls zum Ende Phase 3, HTV bei 5,66 kV DC+

Die sich anschließenden Stromimpulse in Phase 4 des Hydrophobieabbaus sind von ihrer Charakteristik her ebenfalls den Trockenbandentladungen zuzuordnen. Auch für Gleichspannungsbeanspruchung können hinsichtlich der Dauer der Übergangsphase und des Leistungsumsatzes in Abhängigkeit von der Prüfspannungsart sowie des Isolierstoffeinflusses die gleichen Aussagen wie für Wechselspannungsbeanspruchung getroffen werden.

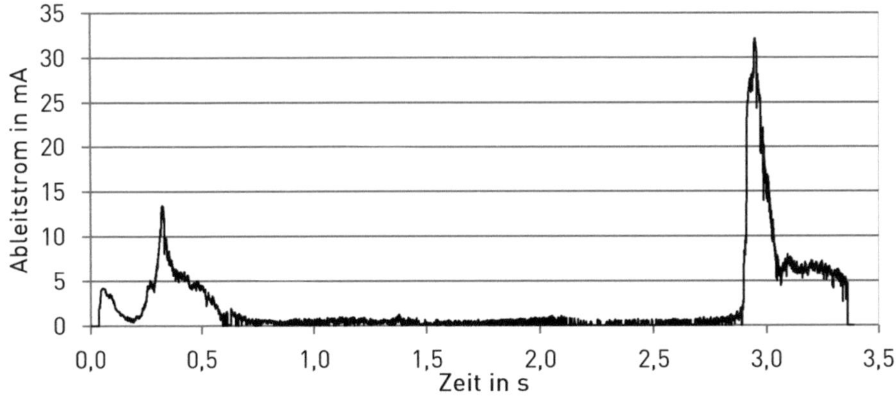

Bild 5-51: Ableitstromverlauf in Phase 4 auf HTV bei 5,66 kV DC+

Ein Vergleich der Prüfspannungsarten zeigt, dass die Dauer der Übergangsphase und die Stromscheitelwerte sowie die Leistung unter DC-Beanspruchung in einem ähnlichen Bereich wie unter AC-Beanspruchung (Vergleichsbasis: Effektivwert) liegen (**Bild 5-52**).

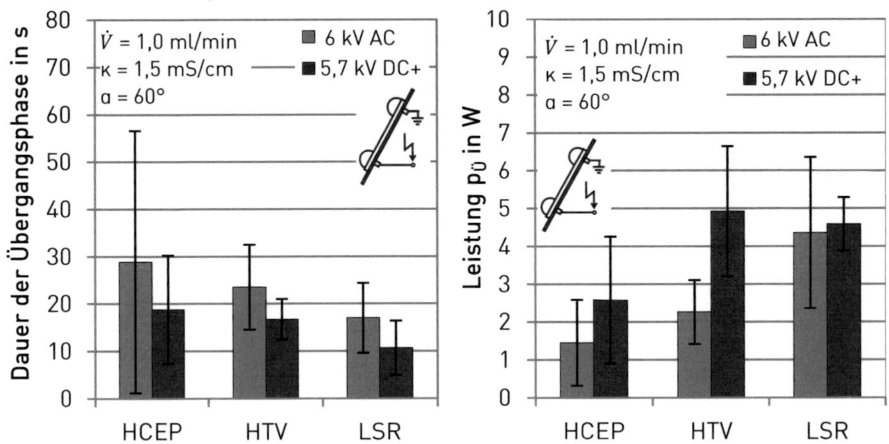

Bild 5-52: Dauer der Übergangsphase $t_Ü$ (links) und zugeführte Leistung $p_Ü$ (rechts) auf HCEP, HTV und LSR für 5,7 kV DC+ (n > 10)

Zusammenfassend ist festzustellen, dass anhand des Ableitstromverlaufes eine exakte Detektion des Hydrophobieverlustes entlang der Tropfenabgleitbahn sowohl für Wechsel- als auch Gleichspannungsanwendung erfolgen kann. Dieser ist erreicht, sobald auch zwischen den durch ablaufende Tropfen getriggerten Stromimpulsen Ströme mit überwiegend ohmschen Charakter (AC) fließen bzw. der Scheitelwert in den mA-Bereich (AC, DC) ansteigt.

Mit zunehmender Prüfspannung wird erwartungsgemäß ein Anstieg des Stromscheitelwertes unter Verringerung der Dauer der Übergangsphase ermittelt. Dabei kann kein signifikanter Einfluss der untersuchten Isolierstoffe beobachtet werden.

5.4.3 Oberflächentemperaturen unter AC- und DC-Beanspruchung

Bereits die visuellen Beobachtungen mittels Hochgeschwindigkeitskamera geben durch die beobachtete Verdampfung und Trockenzonenbildung erste Anhaltspunkte für thermische Prozesse auf der Isolierstoffoberfläche in der Alterungsübergangsphase. Weitere Aussagen können aus einer Analyse des Ableitstromverlaufes unter simultaner Aufzeichnung der Temperatur auf der Isolierstoffoberfläche gewonnen werden. Als Bewertungsgröße wird die Maximaltemperatur der Isolierstoffoberfläche herangezogen.

Während einer Prüfung im DTPV zeigt sich, dass bei jedem messbaren Ableitstromimpuls ein thermischer Energieeintrag in die Isolierstoffoberfläche, unabhängig von der Prüfspannungsart, erfolgt (**Bild 5-53**). Dieser kann bei Einzelimpulsen und zu Beginn der AÜP im Bereich der Kontakt- und Abrissentladungen beobachtet werden (**Bild 5-54**).

Infolge des weiteren Hydrophobieabbaus in Phase 3 bewirken die auftretenden Entladungen eine weitere Aufheizung der gesamten Tropfenbahn, bei welcher partiell die Siedetemperatur des Elektrolyten überschritten wird. Der Einfluss des Luftdrucks und des NaCl-Gehaltes (Erhöhung der Siedetemperatur mit ansteigendem Salzgehalt) auf die Siedetemperatur werden als vernachlässigbar angenommen und die Siedetemperatur des Elektrolyten auf 100 °C festgelegt ($\Delta\vartheta$ = 80 K bei mind. 20 °C Raumtemperatur). Entsprechende Temperaturdifferenzen werden etwa in der Mitte der AÜP erreicht, was sich mit der visuell beobachteten Verdampfung des Elektrolyten deckt. Zwischen den Stromimpulsen kommt es zur Abkühlung, wobei mit Fortschreiten der AÜP der Ausgangswert nicht mehr erreicht wird.

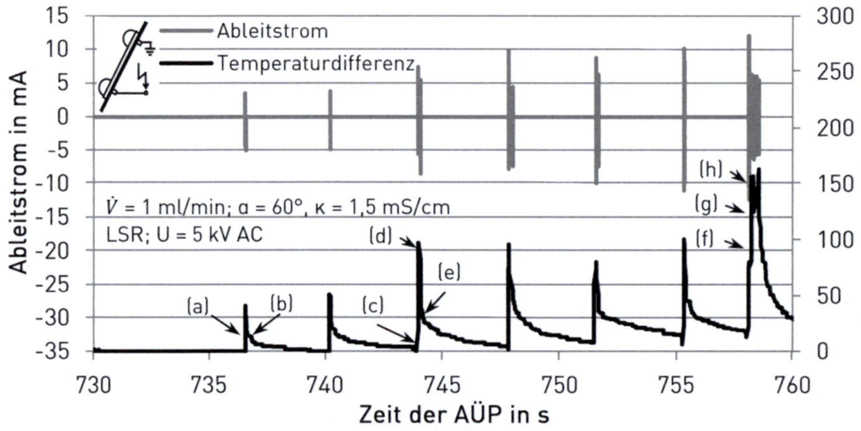

Bild 5-53: Ableitstrom- und Temperaturverlauf (auf die Umgebungstemperatur bezogene Maximaltemperatur der Tropfenabgleitbahn) auf LSR unter 5 kV AC

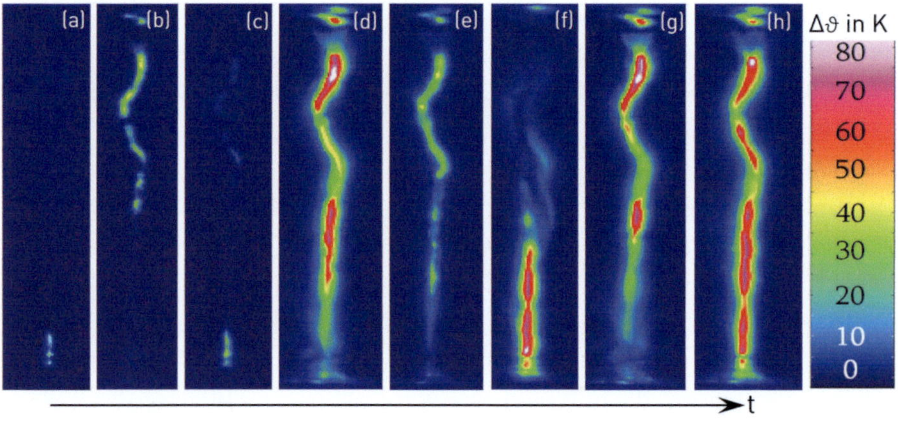

Bild 5-54: Temperaturverteilung entlang der Tropfenabgleitbahn zu Bild 5-53

Ein qualitativer Vergleich von 6-kV-AC- (nicht dargestellt) mit 5,66-kV-DC-Beanspruchung (**Bild 5-55**) zeigt visuell intensivere thermische Prozesse unter Gleichspannungsbeanspruchung. Der Bereich der Siedetemperatur des Elektrolyten wird deutlich früher in der AÜP erreicht und die maximal auftretende Temperaturdifferenz ist mit bis zu $\Delta\vartheta \approx 180$ K (nicht dargestellt) höher als bei 6-kV-AC-Beanspruchung.

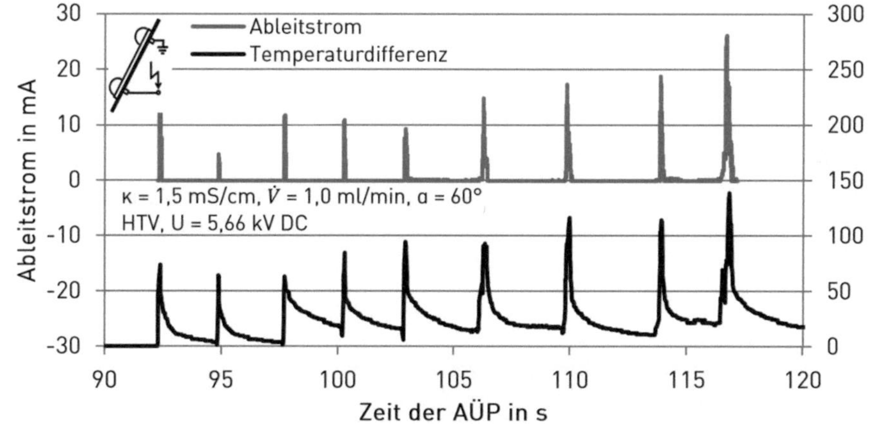

Bild 5-55: Ableitstrom- und Temperaturverlauf (auf die Umgebungstemperatur bezogene Maximaltemperatur der Tropfenabgleitbahn) auf HTV unter 5,66-kV-DC-Beanspruchung

Die dargestellten Temperatur- und Ableitstromverläufe zeigen, dass thermische Prozesse bereits vor dem vollständigen Hydrophobieverlust der Elektrolytbahn auftreten, wodurch sich zwei Forderungen an das Abschaltkriterium ergeben:

- Erkennen des vollständigen Hydrophobieverlustes der Elektrolytbahn und
- Vermeidung thermisch initiierter Trockenbandentladungen.

Um die Zündung thermisch initiierter Trockenbandentladungen zu reduzieren, ist das Abschaltkriterium anzupassen.

5.4.4 Festlegung eines Abschaltkriteriums zur präzisen Detektion des Hydrophobieverlustes

Für die Detektion des Hydrophobieverlustes wird in verschiedenen Prüfverfahren der Ableitstrom als praktikable Messgröße herangezogen [9], [10], [12], [13], [16] und weiteren. Neben dem Scheitelwert geben die Phasenlage und die Häufigkeit der Impulse Aufschluss über den Hydrophobiezustand. Bei der Festlegung sinnvoller Grenzwerte sind neben der jeweiligen Prüfanordnung mit entsprechendem Kriechweg auch der Elektrolyt mit seiner spezifischen Volumenleitfähigkeit und die Elektrohydrodynamik in Wechselwirkung mit dem Isolierstoff zu berücksichtigen. Dabei können wie gezeigt auch thermische Prozesse eine Rolle spielen. In [12] wird für das Rad-Tauch-Prüfverfahren der Scheitelwert eines Ableitstromimpulses berechnet und als Referenzgröße herangezogen. Dabei wird von einer die Elektroden verbindenden hydrophilen Spur definierter Geometrie und entsprechender spezifischer Volumenleitfähigkeit ausgegangen. Diese Annahme berücksichtigt jedoch nicht die lokale Aufheizung der Elektrolytspur durch den Stromfluss, die damit einhergehende Zunahme der spezifischen Volumenleitfähigkeit und den daraus resultierenden Stromanstieg. Demensprechend kann mit diesem Ansatz der Hydrophobieverlust detektiert aber der Einsatz von Trockenbandentladungen nicht vermieden werden.

Dieser Aspekt kann unter Beachtung thermischer Prozesse Berücksichtigung finden. Da allerdings, wie im vorangegangenen Abschnitt dargestellt, ein kontinuierliches Nachfließen des Elektrolyten und eine lokal stark begrenzte Aufheizung des Elektrolyten stattfinden, kann keine hinreichend genaue Berechnung eines maximal zulässigen Grenzstromes bis zur Bildung von Trockenbandentladungen erfolgen. Daher werden nachfolgend die experimentell ermittelten Stromimpulse in Verbindung mit den Thermovisionsmessungen für eine Abschätzung des Stromwertes herangezogen.

Eine häufig verwendete Bewertungsmethode stellt die Erfassung und Auswertung eines Stromimpulseffektivwertes und dessen Dauer mit Hilfe eines Grenzwertrelais dar. Diese wird als ein praktikables Bewertungskriterium für ein mögliches Norm-Prüfverfahren angesehen und soll nachfolgend näher diskutiert werden.

Für die vorgestellten Prozess- und Parameterstudien wird ein Abschaltkriterium mit dem *Stromeffektivwert* von I_a = 2 mA über eine Dauer von t = 0,5 s verwendet. Unter Anwendung dieses Kriteriums wird der Verlust der Hydrophobie sicher diagnostiziert, reicht allerdings bis in die Alterungsspätphase hinein. Zur Reduzierung der Trockenbandentladungen wird im Folgenden eine „Verschärfung" der Grenzwerte des Strom-Zeit-Abschaltkriteriums diskutiert. Dazu wird bei den Stromimpulsen analysiert, über welche Stromflussdauer ein festgelegter *Effektivwert* überschritten wird (**Anlage A9**).

Aus den Ableitstromverläufen werden dazu die Impulse betrachtet, bei denen eine Abschaltung angestrebt wird (vgl. Bild 5-40, Bild 5-48, „Hydrophobieverlust"). Zur Abgrenzung werden diese mit Impulsen vom Beginn der AÜP gegenübergestellt, bei welchen noch keine Abschaltung erfolgen soll. In **Bild 5-56** sind die Stromimpulsanalysen exemplarisch für LSR unter AC-Beanspruchung zu Beginn der AÜP und zu Beginn der ASP für verschiedene Prüfspannungshöhen dargestellt. Dabei ist eine klare Zuordnung der Impulse zur AÜP bzw. ASP für die untersuchten Spannungshöhen möglich. Dies kann für die Ableitung eines präzisierten Abschaltkriteriums Anwendung finden.

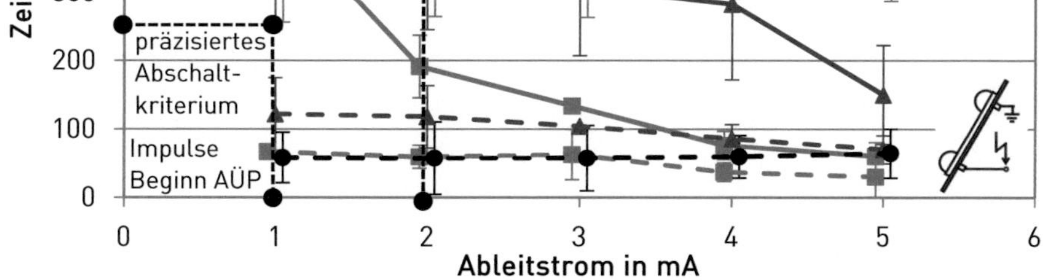

Bild 5-56: Impulsdauer beim Überschreiten diskreter Stromeffektivwerte zu Beginn der AÜP und bei Einsatz von Trockenbandentladungen auf LSR in Abhängigkeit von der Prüfspannungshöhe

Auch für verschiedene Prüfspannungsarten ist eine eindeutige Trennung von AÜP und ASP möglich, wie am Beispiel von HTV für AC- und DC-Beanspruchung beider Polaritäten gezeigt wird (**Bild 5-57**).

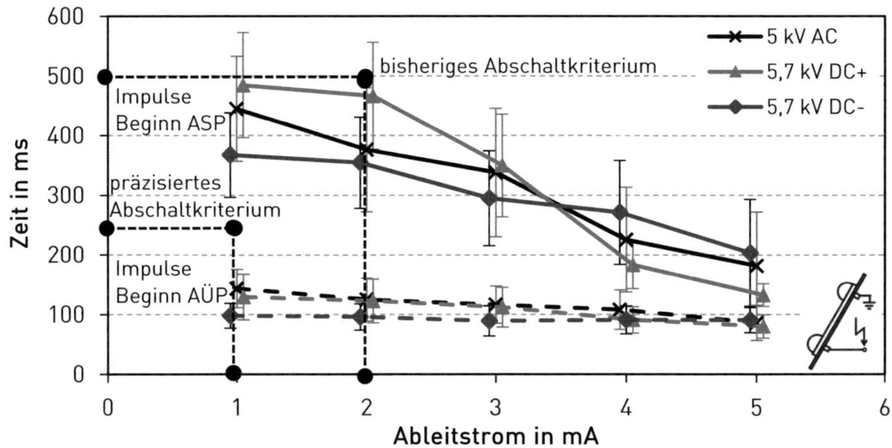

Bild 5-57: Impulsdauer beim Überschreiten diskreter Stromeffektivwerte zu Beginn der AÜP und bei Einsatz von Trockenbandentladungen auf HTV in Abhängigkeit von der Prüfspannungsart

Im Vergleich zum bisherigen Kriterium kann mit einer Anpassung durch eine Reduktion des Strom- und Zeitgrenzwertes der Einsatz von Trockenbandentladungen weitestgehend vermieden werden. Auf dieser Basis wird als Abschaltkriterium ein Ableitstrom mit einem Effektivwert von I_a = 1 mA über eine Dauer von t = 250 ms vorgeschlagen. Wie im vorangegangenen Kapitel bereits erläutert wurde, hat der Isolierstoff keinen maßgeblichen Einfluss auf den Verlauf der AÜP, womit das vorgeschlagene Kriterium auf die untersuchten Isolierstoffe übertragen werden kann (**Tabelle 5-3**).

Ein resultierender Ableitstrom- und Temperaturverlauf in der AÜP unter Anwendung des präzisierten Abschaltkriteriums ist in **Anlage A10a** dargestellt. Dabei ist die Verkürzung der Übergangsphase um einige 10 s und die Vermeidung der Zündung thermisch initiierter Trockenbandentladungen erkennbar. Ein Einfluss des präzisierten Abschaltkriteriums auf die Ausfallzeit ist im Vergleich zu den bisher verwendeten Kriterien in [13], [14], [16], [22] und [23] nicht zu erwarten, wenn die Ausfallzeiten der Proben einige 100 Minuten betragen.

Tabelle 5-3: Impulsdauern zu Beginn der AÜP und ASP für HTV, LSR, HCEP und EVA bei einem Stromeffektivwert von 1 mA, n > 10, Normalverteilung, 50-%-Wert, 95 % KI

Isolierstoff	Impulsdauer Beginn AÜP, 5 kV AC	Impulsdauer Beginn ASP, 5 kV AC	Impulsdauer Beginn AÜP, 5,66 kV DC+	Impulsdauer Beginn ASP, 5,66 kV DC+
HTV	(143 ± 32) ms	(445 ± 88) ms	(129 ± 38) ms	(485 ± 88) ms
LSR	(122 ± 37) ms	(327 ± 82) ms	(131 ± 48) ms	(435 ± 98) ms
HCEP	(93 ± 25) ms	(488 ± 120) ms	(123 ± 35) ms	(470 ± 183) ms
EVA	(121 ± 25) ms (4 kV)	(341 ± 120) ms (4 kV)	-	-

In der vorliegenden Arbeit finden beide Abschaltkriterien (bisher: 2 mA über 0,5 s; präzisiert: 1 mA über 0,25 s) Anwendung. Ein signifikanter Einfluss auf die Ausfallzeit wird nicht festgestellt (**Anlage A10b**). Von besonderer Bedeutung sind allerdings die AÜP und damit das Abschaltkriterium bei Wiederholversuchen zur Bewertung der Hydrophobiewiederkehr. Bei dieser Prüfmethode kann die AÜP des Erstversuches die Ausgangsbedingungen für den Wiederholversuch bestimmen. Darauf wird in 7.2.1 näher eingegangen.

5.5 Vergleichende Untersuchungen an Tropfenbelägen auf verschiedenen geneigten Isolierstoffoberflächen

5.5.1 Elektrohydrodynamische Phänomene von Tropfenketten und Tropfenbelägen

Während einer Prüfung im DTPV werden mit fortschreitendem zeitlichen Verlauf des Hydrophobieabbaus Elektrolytrückstände gebildet. Zwischen diesen können, wie in Kap. 5.2 erläutert, Mikroentladungen zünden und zu einem Hydrophobieabbau beitragen. Diese Mikroentladungen können mit der zur Verfügung stehenden Kameratechnik aufgrund der zeitlich schnellen Abfolge eines Tropfenabgleitvorganges innerhalb weniger 10 ms nicht beobachtet werden. Deshalb werden ergänzende Untersuchungen an „ruhenden" Tropfenketten und -belägen in einer Modellanordnung mit horizontal angeordneten Elektroden (s. Kap. 4.2.3) unter AC- und DC-Beanspruchung durchgeführt.

An diskret aufgesetzten Tropfen auf geneigter Isolierstoffoberfläche können die gleichen elektrohydrodynamischen Effekte wie in vorangegangenen Untersuchungen auf horizontalen Isolierstoffoberflächen beobachtet werden (vgl. Kap. 2.3.1). Nachfolgend soll qualitativ auf zusätzlich beobachtete Phänomene eingegangen werden.

Unter AC-Beanspruchung können Schwingungen der Tropfen mit der Frequenz des aufgeprägten elektrischen Feldes beobachtet werden. Die Tropfen sind damit als geladen zu betrachten [71], [76]. Die Einsatzspannung für die Tropfenschwingungen und die Deformation sind erwartungsgemäß analog zur beobachteten TE-Einsatzspannung [67] desto kleiner, je dichter sich der Tropfen an der Elektrode befindet (**Bild 5-58**).

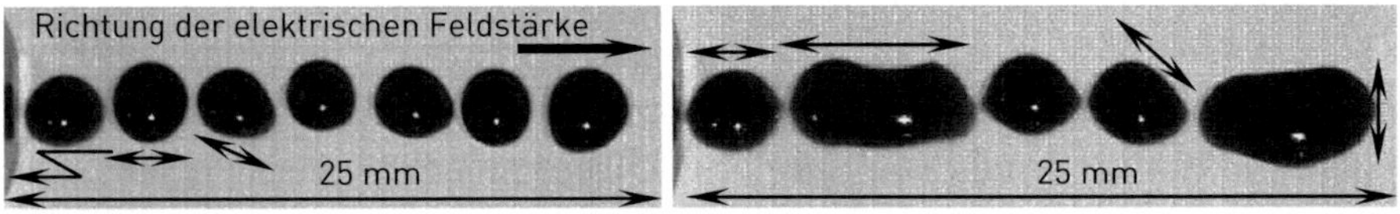

Bild 5-58: Tropfenkette unter U_e = 5,3 kV (links) und U_e = 8 kV AC-Beanspruchung (rechts) auf geneigtem HTV-Prüfling (45° zur Horizontale); die Pfeile geben die Richtung der Tropfenschwingungen an

Die Beobachtungen zeigen, dass Tropfen Schwingungen um ihre Gleichgewichtslage nicht nur parallel, sondern auch senkrecht zur Richtung der elektrischen Feldstärke aufzeigen können. Dies wird auf die vektorielle Überlagerung der elektrischen Feldstärke und der Gravitationskraft zurückgeführt. Dabei ist der Vektor der Hangabtriebskraft senkrecht zur elektrischen Feldstärke gerichtet. Die Deformation eines Tropfens kann wie auf horizontalen Isolierstoffoberflächen zum Kontakt und dem Zusammenfließen benachbarter Tropfen führen. Übersteigt die Masse und die daraus resultierende Hangabtriebskraft des neu gebildeten Tropfens die Adhäsion zur Isolierstoffoberfläche, wird der Abgleitvorgang des Tropfens eingeleitet (**Anlage A11**). Daraus resultiert eine Änderung der Feldverteilung. Aus Sicht der Feldbeanspruchung wird die Isolierstoffoberfläche „entlastet“. Unter AC-Beanspruchung werden bei der gewählten Versuchsanordnung keine Tropfeninstabilitäten beobachtet. Mutmaßlich sind die Tropfenabstände von maximal 4 mm zu klein und es kommt vor einer Tropfeninstabilität zum Zusammenfließen und Abgleiten der Tropfen.

Unter DC-Beanspruchung treten Tropfendeformationen und Tropfenvereinigungen bevorzugt bei Spannungssteigerung auf, welche Einsatzspannungen bis zum dreifachen Wert der AC-Beanspruchung aufweisen. Die Tropfenkontur kann sich übereinstimmend mit bisherigen Erfahrungen [44] unregelmäßig ausbilden und ruckartig deformieren (**Bild 5-59**).

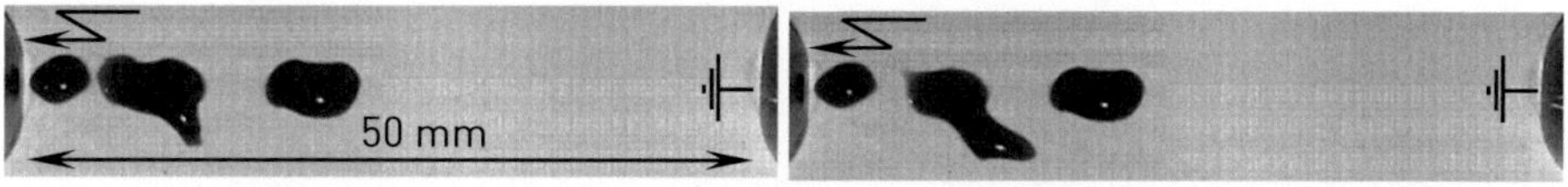

Bild 5-59: Tropfendeformation unter 12 kV positiver DC-Beanspruchung mit Tropfeninstabilität (links) und abgleitenden Tropfen (rechts) auf geneigtem HTV-Prüfling (45° zur Horizontale)

An Tropfenbelägen unter DC-Beanspruchung können prinzipiell ebenfalls Tropfenvereinigungen und der daraus eingeleitete Abgleitvorgang beobachtet werden. Allerdings sind dazu für die verwendete Prüfanordnung Spannungsdifferenzen von bis zu 40 kV erforderlich (**Anlage A12**).

5.5.2 Entladungserscheinungen an Tropfenketten und -belägen

Sowohl unter AC- als auch DC-Beanspruchung starten Teilentladungen bei der gewählten Anordnung von der hochspannungführenden Elektrode ausgehend. Teilentladungen können zwischen benachbarten Tropfen aber auch vom Tropfen in Richtung der Gegenelektrode zünden. Dabei kann ein „Durchzünden“ der Luftstrecken zwischen benachbarten Tropfen beobachtet werden (**Bild 5-60, Anlage A13**).

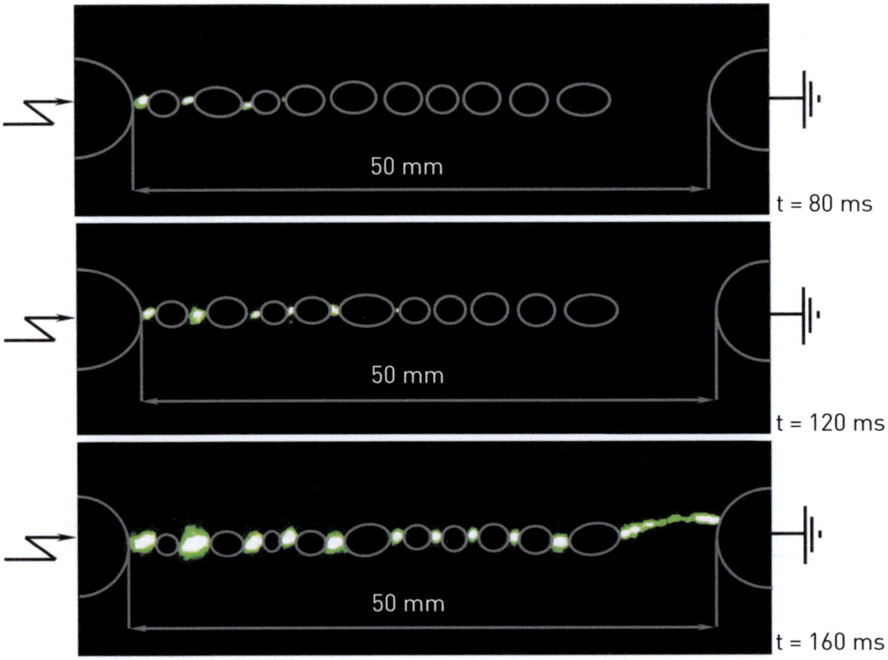

Bild 5-60: Entladungserscheinungen (helle Bereiche) mittels Nachtsicht-UV-Kamera an einer Tropfenkette (schematisch dargestellt) bei einem Umpolvorgang (t = 0) von +20 kV zu -20 kV DC

Bei einem Vergleich der Anlage A11 und Anlage A13 kann geschlussfolgert werden, dass Entladungen zwischen benachbarten Tropfen auftreten, wenn eine kritische Distanz durch Tropfendeformationen oder einen Abgleitvorgang unterschritten wird.

Bei Wechselspannungsbeanspruchung können diese Entladungserscheinungen wie im DTPV über mehrere hundert Millisekunden beobachtet werden. Unter DC-Beanspruchung ist dies in der Regel ein einmaliger Vorgang. In Übereinstimmung mit den elektrohydrodynamischen Effekten werden Teilentladungen unter DC-Beanspruchung erst bei deutlich höheren Prüfspannungen beobachtet. Diese treten deutlich seltener als bei AC-Beanspruchung und in der Regel nach Steigerung der Prüfspannung auf.

Die vorgestellten elektrohydrodynamischen Phänomene mit dieser Modellanordnung zeigen unterschiedliche Zünd- und Brennbedingungen von Mikroentladungen zwischen Tropfen für AC- und DC-Beanspruchung. Bei einer Übertragung der Ergebnisse auf die ablaufenden Prozesse im Dynamischen Tropfen-Prüfverfahren kann von einer häufigeren Zündung und höheren Brenndauer von Mikroentladungen unter AC-Beanspruchung ausgegangen werden. Damit ist die AC-Beanspruchung im Vergleich zur DC-Beanspruchung im DTPV als die kritischere Prüfspannungsart einzustufen, wenn als Vergleichsbasis der Effektivwert der AC-Spannung mit dem DC-Spannungswert zugrunde gelegt wird.

5.5.3 Zustandsbewertung an Tropfenbelägen bei Benebelung

Der Hydrophobieabbau bei horizontal angeordneten Elektroden auf einer geneigten Isolierstoffoberfläche unter Benebelung (s. Kap. 4.2.3) erfolgt durch die Zündung von Mikroentladungen zwischen Tropfen und Elektrode sowie zwischen benachbarten Tropfen. Infolge der Neigung der Isolierstoffplatte um 45° zur Horizontale können Tropfen bei Erreichen einer bestimmten Größe abgleiten. Dabei wird eine Entlastung der Feldbeanspruchung bewirkt. Durch die kontinuierliche Benebelung werden neue Tropfen durch Kollision von Nebeltropfen mit der geneigten Isolierstoffoberfläche gebildet (**Bild 5-61**).

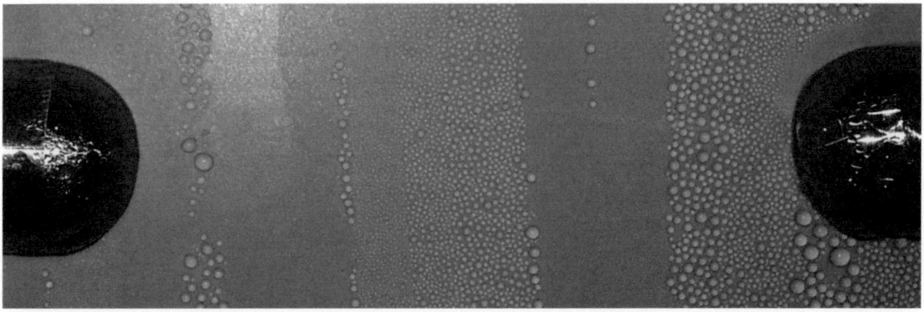

Bild 5-61: Tropfenbelag auf geneigtem HTV-Prüfling (45° zur Horizontale) durch Benebelung im Neuzustand der Probe unmittelbar nach Anlegen der Prüfspannung $U_e = 5$ kV

Eine direkte Beobachtung der ablaufenden Prozesse wird durch die Benebelung erschwert. Deshalb werden die Proben in regelmäßigen Zeitabständen von ca. 100 h einer visuellen Bewertung unterzogen. Bei AC-Beanspruchung beginnt der Hydrophobieabbau in guter Übereinstimmung mit den elektrohydrodynamischen Phänomenen und den Entladungserscheinungen an der hochspannungführenden Elektrode im Bereich der höchsten Feldstärke. Dies kann anhand eines veränderten Benetzungsbildes sowie an oberflächlicher Erosion der Isolierstoffoberfläche mit der Bildung fein verästelter „Bäumchen" detektiert werden (**Bild 5-62**).

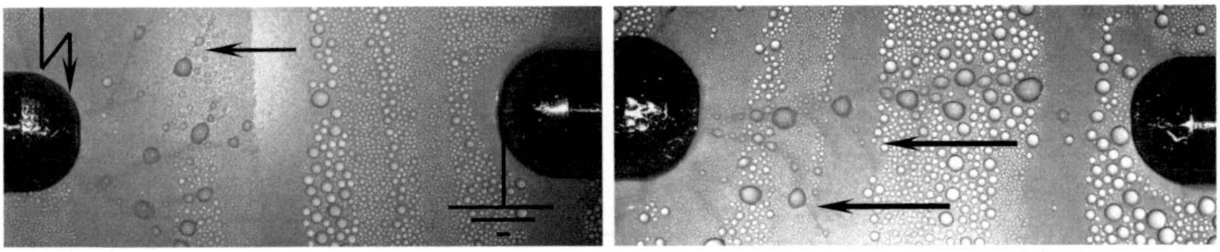

Bild 5-62: Schädigungsbild auf HTV bei $U_e = 5$ kV AC-Beanspruchung nach 100 h (links) und 250 h Belastung (rechts) an unterschiedlichen Proben mit Bildung von „Bäumchen" (Pfeilmarkierung)

Dieser Prozess der Oberflächendegradation wird nach [104] der elektrolytischen TE-Erosion zugeordnet. Mit voranschreitendem Verlauf einer Prüfung können auch im Bereich der geerdeten Elektrode die Wirkungen der Mikroentladungen beobachtet werden. Dadurch bildet sich eine elliptische Form des Schädigungsgebietes aus, die „Bäumchen" wachsen einander entgegen (**Bild 5-63**).

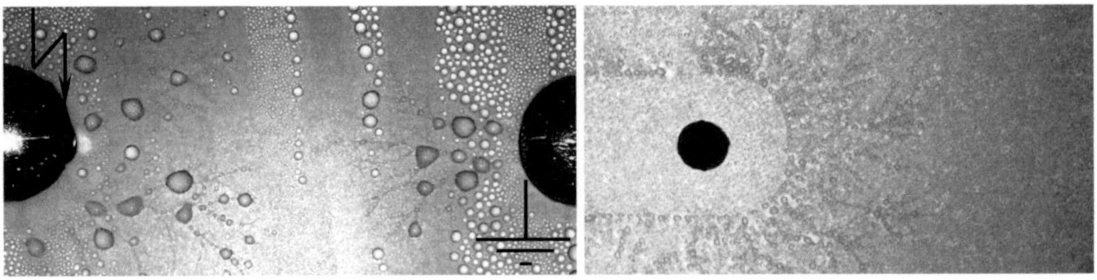

Bild 5-63: Schädigungsbild auf HTV bei $U_e = 5$ kV AC-Beanspruchung nach ca. 300 h (links) und nach Entnahme aus der Nebelkammer nach 350 h Belastung ohne Hydrophobieverlust (rechts)

Bei einer geschlossenen Elektrolytbahn können diese einen Ableitstrom im mA-Bereich tragen. Dieser kann wie im DTPV für eine Detektion des vollständigen Hydrophobieverlustes einer elektrodenverbindenden Spur genutzt werden.

Der Hydrophobieabbau in dieser Versuchsanordnung kann infolge des stochastischen Anlagerungsprozesses von Tropfen unterschiedlicher Größe und „Verweildauer“ auf der Isolierstoffoberfläche bis zum Abgleiten infolge der Feldkraft und der Gravitation auf verschiedenen Pfaden erfolgen. Dadurch unterliegt der Schädigungsprozess im Vergleich zum Dynamischen Tropfen-Prüfverfahren einer höheren prozessbedingten Streuung. Deshalb ist bei dieser Prüfanordnung eine größere Messwertstreuung der Ausfallzeiten zu erwarten. Auf die Ergebnisse zur Hydrophobiebeständigkeit unter Nebelkammerbedingungen wird in 7.1.5 eingegangen.

6 Parametrisierung des DTPV

In diesem Kapitel erfolgt eine Betrachtung relevanter Prüfparameter und Prüfbedingungen, die Einfluss auf die Hydrophobiebeständigkeit im DTPV ausüben können. Diese gilt es nachfolgend zu quantifizieren und Festlegungen zu geeigneten Werten und entsprechenden Toleranzen zu treffen. Das Ziel ist die Senkung der Messwertstreuung und Erhöhung der Reproduzierbarkeit. Aus den Ergebnissen wird eine präzisierte Prüfvorschrift zur Bewertung der Hydrophobiebeständigkeit mit dem Dynamischen Tropfen-Prüfverfahren abgeleitet.

Die nachfolgend vorgestellten Untersuchungen werden, soweit nicht anders angegeben, unter Gleich- und 50-Hz-Wechselspannungsbeanspruchung bei *oberer geerdeter Elektrode* durchgeführt. Soweit nicht anders deklariert, kommt das bisher festgelegte Abschaltkriterium mit I_a = 2 mA über 0,5 s zur Anwendung.

6.1 Prüfparameter

6.1.1 Prüfspannungshöhe und Prüfspannungsart

Unter AC-Beanspruchung werden erwartungsgemäß in Übereinstimmung mit den Beobachtungen elektrohydrodynamischer Phänomene mit zunehmender Prüfspannung geringere Ausfallzeiten ermittelt (**Bild 6-1**).

Nach [14] kann unter Nutzung des Lageparameters k und des Lebensdauerexponenten z für die Dauer der Alterungsfrühphase der Zusammenhang zwischen der mittleren Feldbeanspruchung U_e/$ü_k$ und der Ausfallzeit t_A hergestellt und eine „Hydrophobie-Lebensdauerkennlinie" abgeleitet werden (**Formel 6-1**).

$$\frac{U_e}{ü_k} = k \cdot t_A^{-1/z}$$

Formel 6-1

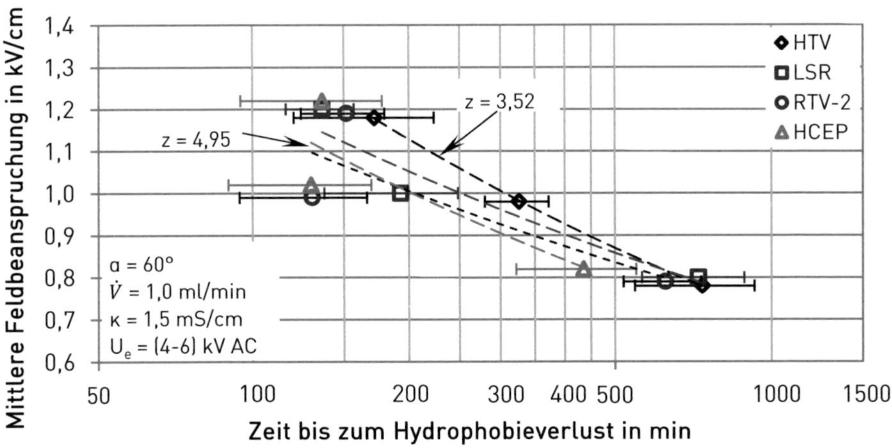

Bild 6-1: Einfluss der Prüfspannungshöhe auf den temporären Hydrophobieverlust von HTV, LSR, RTV-2 und HCEP unter AC-Beanspruchung (NV, n = 12)

Der Lebensdauerexponent kann als Maß für die Abhängigkeit der Ausfallzeit (Hydrophobieverlust) von der mittleren Feldbeanspruchung angesehen werden. Je kleiner der Lebensdauerexponent ausfällt, umso steiler verläuft die Lebensdauerkennlinie und desto weniger ist die Ausfallzeit von der mittleren Feldbeanspruchung abhängig. Für die untersuchten Isolierstoffe können Werte zwischen 3,5 und 5,0 ermittelt werden. Dies liegt in guter Übereinstimmung mit vorangegangenen Untersuchungen an Silikonelastomeren in [16] und [120].

Bei DC-Beanspruchung wird zunächst der Polaritätseinfluss auf die Hydrophobiebeständigkeit an zwei ausgewählten polymeren Isolierstoffen untersucht (obere Elektrode geerdet). Dabei überschneiden sich die Konfidenzintervalle der Ausfallzeiten, sodass kein signifikanter Einfluss der Polarität auf die Ausfallzeit festgestellt werden kann (**Tabelle 6-1**). Dies bestätigt Ergebnisse aus Untersuchungen in [126], für welche der auch hier verwendete Prüfaufbau Anwendung fand. Die Konfidenzintervalle überschneiden sich für einen weiteren Isolierstoff (LSR) ebenfalls und mit dem Trend, dass die negative Polarität leicht höhere Ausfallzeiten zur Folge hat. In der Literatur [101], [120] wird dieser Trend für den hier untersuchten Bereich der Prüfspannung bestätigt. Aus diesem Grund sowie unter Beachtung versuchstechnischer Aspekte werden alle nachfolgenden Untersuchungen ausschließlich bei einer Polarität (positive Gleichspannung DC+) durchgeführt.

Tabelle 6-1: Einfluss der Polarität auf die Hydrophobiebeständigkeit von HTV und HCEP bei 5,66 kV DC; Reinigung mit destilliertem Wasser, n = 12, Normalverteilung, 50-%-Wert, 95 % KI

Ausfallzeit in min	DC+	DC-
HTV	217 ± 52	179 ± 41
HCEP	103 ± 52	96 ± 50

Mit zunehmender mittlerer Feldbeanspruchung werden erwartungsgemäß sinkende Ausfallzeiten ermittelt (**Bild 6-2**). Im Vergleich zur AC-Beanspruchung werden deutlich höhere Lebensdauerexponenten von 5 bis 15 ermittelt. Damit besteht für DC-Beanspruchung eine deutlich stärkere Abhängigkeit der Ausfallzeit von der Prüfspannungshöhe, was aus den in Kap. 5.3 beschriebenen elektrohydrodynamischen Phänomenen und Entladungserscheinungen zu erwarten war.

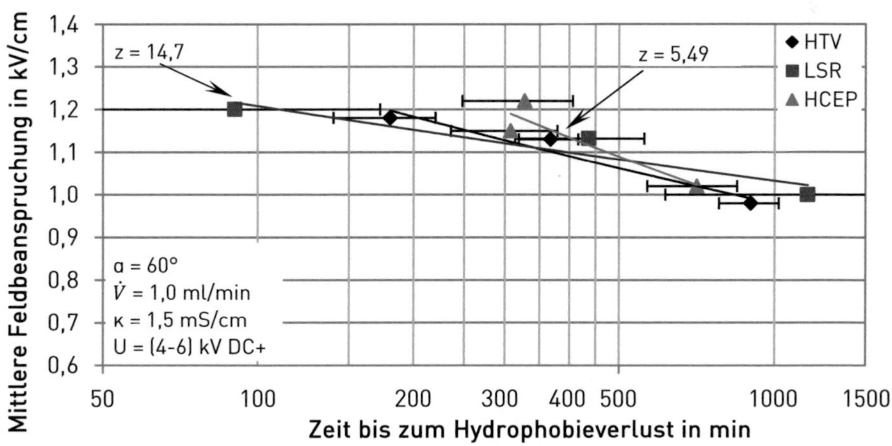

Bild 6-2: Einfluss der Prüfspannungshöhe auf den temporären Hydrophobieverlust von HTV, LSR und HCEP unter positiver DC-Beanspruchung, n = 12, Normalverteilung, 50-%-Wert, 95 % KI

Die Prüfspannung kann als Parameter für die Beschleunigung des Prüfverfahrens Anwendung finden. Dabei sollten Prüfspannungen von $U_e = 6$ kV nicht überschritten werden, um Prozessänderungen zu vermeiden (vgl. Kap. 5.2.1.2). Aus den unterschiedlich starken Abhängigkeiten der Ausfallzeiten von der Prüfspannungshöhe werden auch unterschiedliche Toleranzen dieses Parameters von 0,05 kV (AC) und 0,02 kV (DC) empfohlen, um eine Abweichung der Ausfallzeit von 5 % nicht zu überschreiten.

Um die Hydrophobiebeständigkeit bei AC- und DC-Beanspruchung miteinander vergleichen zu können, ist der Frage nachzugehen, welche Prüfspannungspegel als Vergleichsbasis herangezogen werden können. Dabei ist von Interesse, welcher Kennwert der AC-Spannung dem Gleichrichtwert der DC-Spannung zugeordnet werden kann.

Da wie in Kap. 5.2 dargestellt, aus dem physikalisch-chemischen Schädigungsprozess der Isolierstoffoberfläche keine Vergleichsbasis abgeleitet werden kann, erfolgt eine Orientierung an der Dimensionierung von Isolatoren für den Hochspannungs-Freilufteinsatz. Nach IEC 60815-3 [17] wird für die Kriechstreckendimensionierung der Effektivwert der Wechselspannung herangezogen. Ein Vergleich von Bild 6-1 und Bild 6-2 zeigt für alle untersuchten Isolierstoffe geringere Hydrophobiebeständigkeiten unter AC-Beanspruchung. Dies stimmt mit bisherigen Untersuchungen in [15], [101] und [120] überein.

In bisherigen Untersuchungen wird auch der Scheitelwert der AC-Spannung mit dem Gleichrichtwert für einen Vergleich herangezogen, wobei sich teilweise unterschiedliche Tendenzen für verschiedene Isolierstoffe und unterschiedliche Oberflächenstrukturen ergeben. In einigen Studien werden gleiche oder höhere Ausfallzeiten für DC-Beanspruchung ermittelt [124], [171], [172], [173], wohingegen in anderen Untersuchungen auch höhere Hydrophobiebeständigkeiten unter AC-Beanspruchung ermittelt werden [123]. Die Ursachen dieser scheinbar widersprüchlichen Ergebnisse liegen vermutlich an den unterschiedlichen Oberflächenstrukturen. Dadurch werden das Tropfenabgleitverhalten und die Zündbedingungen für μTE beeinflusst. Dementsprechend können die in Bild 6-1 und Bild 6-2 dargestellten Zusammenhänge für andere Isolierstoffe und Oberflächenstrukturen unterschiedliche Lageparameter und Lebensdauerexponenten aufweisen und zu den beobachteten Unterschieden führen. Beispielsweise können in [174] bei einem Vergleich verschiedener Rauheiten unterschiedliche Tendenzen zum Einfluss der Prüfspannungsart auf den Hydrophobieverlust bei dem Vergleich Scheitelwert-Gleichrichtwert beobachtet werden. Für eine Klärung dieser Beobachtungen bedarf es weiterer Untersuchungen.

Sind die im DTPV geprüften Belastungen auf den Betriebseinsatz übertragbar, ist die AC-Beanspruchung aus Sicht der Hydrophobiebeständigkeit als die kritischere Prüfspannungsart anzusehen.

6.1.2 Neigungswinkel der Grundanordnung

Bei Anlegen eines 50-Hz-Wechselfeldes kann in Abhängigkeit des Neigungswinkels in Vergleich zu Bild 5-18 eine zusätzliche Steigerung der Tropfenfrequenz (**Bild 6-3**) bzw. Minderung des Tropfenvolumens beobachtet werden. Dabei verursachen die bereits oben beschriebenen einsetzenden Tropfenschwingungen mit ansteigender Prüfspannung ein zunehmend geringeres Tropfenabgleitvolumen. Da sich im zeitlichen Mittel die Feldkräfte auf den Tropfen zu Null ergeben, bleiben die oberen und unteren Tropfenlängen l_o und l_u unter AC-Beanspruchung annähernd konstant (**Bild 6-4**).

Unter DC-Beanspruchung wird im Vergleich zur AC-Beanspruchung ein anderes Verhalten beobachtet. Hier werden bei einer entgegengesetzt zur Hangabtriebskraft gerichteten elektrischen Feldstärke konstante Tropfenabgleitvolumina bzw. -frequenzen aber höhere Tropfenlängen bei Anlegen der Prüfgleichspannung ermittelt (**Bild 6-5, Bild 6-6**).

Bemerkenswert ist eine Annäherung der Tropfenlängen bei 0 kV und 5,66 kV DC mit steigendem Neigungswinkel. Dies wird auf die mit dem Neigungswinkel zunehmende Hangabtriebskraft zurückgeführt, wodurch die elektrische Feldkraft einen zunehmend geringeren Anteil zur Dehnung des Tropfens beiträgt.

Anhand des aufgezeigten Abgleitverhaltens werden eine Abnahme der Hydrophobiebeständigkeit und eine zunehmende Zeitraffung des Prüfverfahrens mit steigendem Neigungswinkel erwartet. Dies wird auf die mit dem Neigungswinkel ansteigende Tropfenfrequenz und damit verbundene häufigere Beanspruchung mit µTE zurückgeführt.

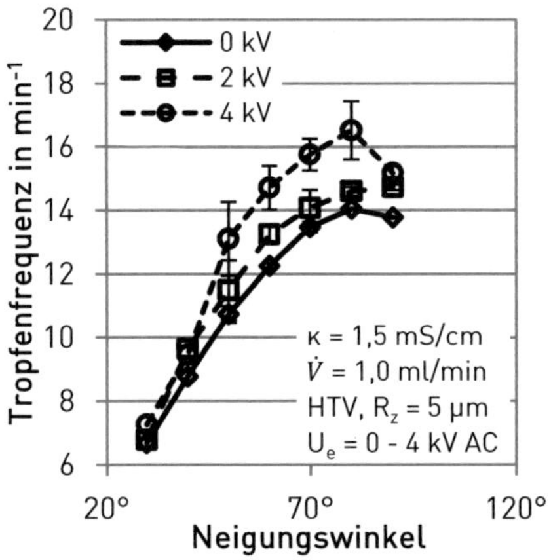

Bild 6-3: Tropfenfrequenz auf HTV bei 50-Hz-Wechselspannung (Mittelwerte und Spannweiten bei n = 5)

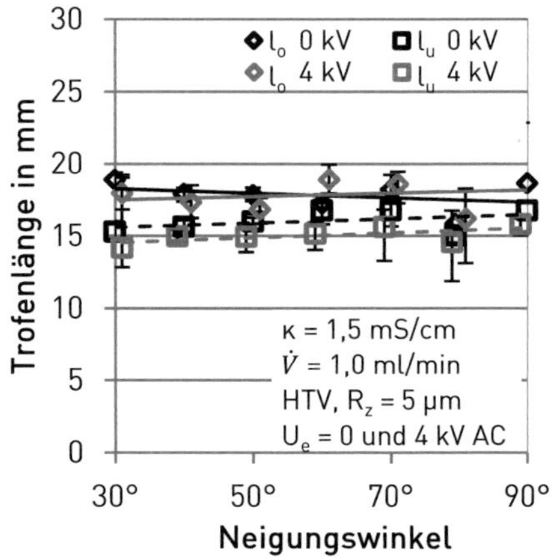

Bild 6-4: Obere und untere Tropfenlänge auf HTV bei 50-Hz-Wechselspannung (Mittelwerte und Spannweiten bei n = 5)

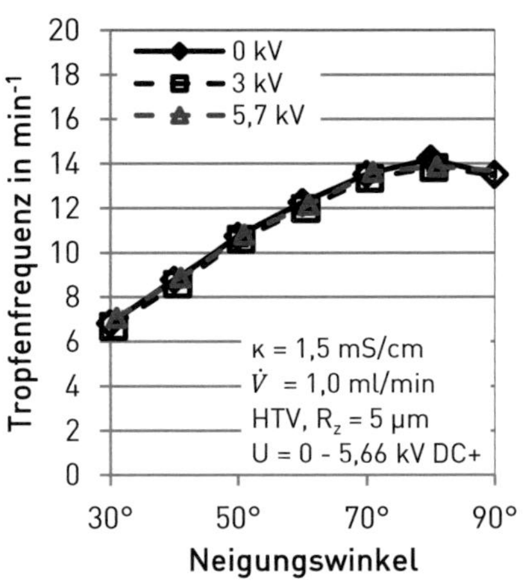

Bild 6-5: Tropfenfrequenz auf HTV bei positiver Gleichspannung (Mittelwerte und Spannweiten bei n = 5)

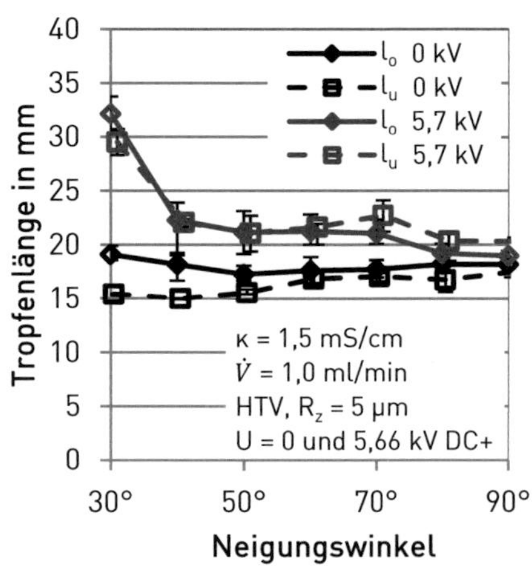

Bild 6-6: Obere und untere Tropfenlänge auf HTV bei positiver Gleichspannung (Mittelwerte und Spannweiten bei n = 5)

Dieser Zusammenhang kann für ein ausgewähltes Silikonelastomer (HTV) sowohl für AC- als auch DC-Beanspruchung in dem untersuchten Parameterbereich bestätigt werden (**Bild 6-7, Bild 6-8**). Bei einer Verdopplung des Neigungswinkels wird eine Zeitraffung des Prüfverfahrens für AC-Beanspruchung um den Faktor zwei bis vier und für DC-Beanspruchung ca. um den Faktor fünf erreicht.

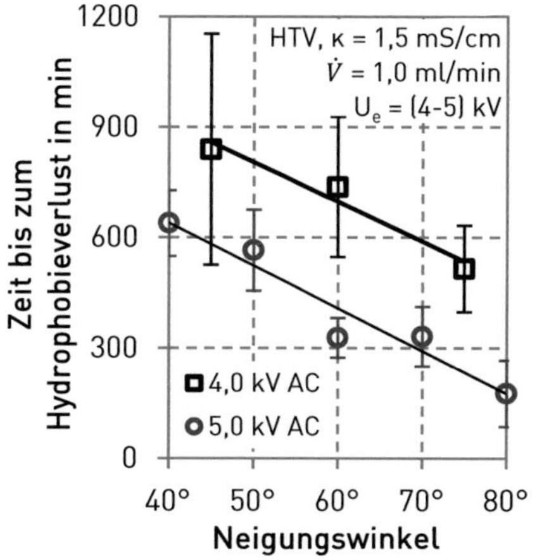

Bild 6-7: Hydrophobieverlust von HTV in Abhängigkeit vom Neigungswinkel der Grundanordnung unter AC-Beanspruchung, n = 12, Normalverteilung, 50-%-Wert, 95 % KI

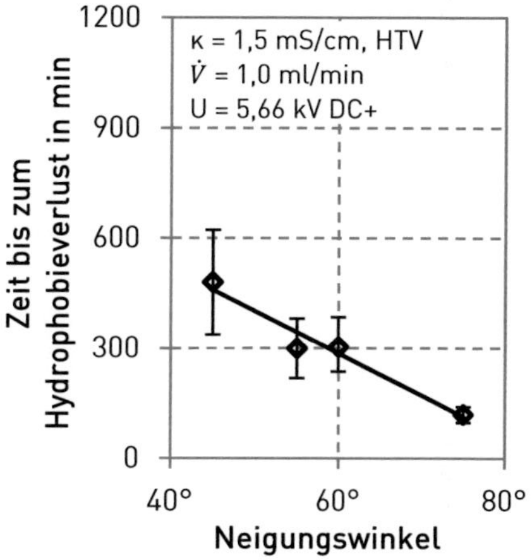

Bild 6-8: Hydrophobieverlust von HTV in Abhängigkeit vom Neigungswinkel der Grundanordnung unter positiver DC-Beanspruchung, n = 12, Normalverteilung, 50-%-Wert, 95 % KI

Zusammenfassend ist festzustellen, dass der Neigungswinkel maßgeblich die Tropfenfrequenz bzw. das Tropfenvolumen beeinflusst und dieser Effekt bei Anlegen eines elektrischen Feldes verstärkt werden kann. Dabei ist die Forderung nach einem Parameterwert aufzustellen, bei dem die Tropfenfrequenz über einen möglichst weiten Bereich nahezu unverändert bleibt. Dies ist für Neigungswinkel von 70° bis 90° gegeben. Allerdings wird in diesem Parameterbereich kein einheitliches Tropfenabgleitverhalten beobachtet, welches Vorrang für ein reproduzierbares Prüfverfahren haben soll. Mit zunehmendem Neigungswinkel können abgleitende Tropfen auf der Isolierstoffoberfläche spreiten und undefinierte Rückstände bereits im spannungslosen Zustand hinterlassen (vgl. Anlage A8). Daher wird der bisher verwendete Neigungswinkel von 60° mit einer Toleranz von ± 3° empfohlen, da bei diesem Wert auf allen hier untersuchten Isolierstoffoberflächen ein einheitliches Tropfenabgleitverhalten erreicht werden kann.

6.1.3 Elektrolyt

6.1.3.1 Durchflussrate

Wie in Kap. 5.1.2 dargestellt, stehen die Durchflussrate und die Tropfenfrequenz in direktem Zusammenhang zueinander. Aus Sicht der Bewertung der Hydrophobiebeständigkeit polymerer Isolierstoffe kann damit bei zunehmender Durchflussrate eine Reduktion der Ausfallzeiten im DTPV erwartet werden. Dies wird für die geprüften Isolierstoffe sowohl unter AC- als auch positiver DC-Beanspruchung bestätigt (**Bild 6-9**, **Bild 6-10**).

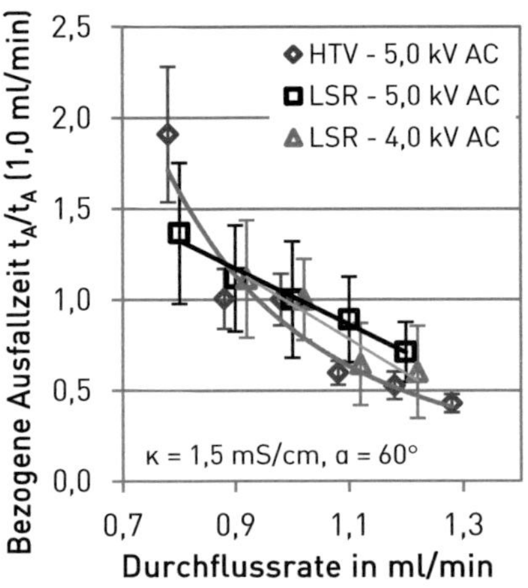

Bild 6-9: Hydrophobieverlust von HTV und LSR in Abhängigkeit von der Durchflussrate unter AC-Beanspruchung, n = 12, Normalverteilung, 50-%-Wert, 95 % KI

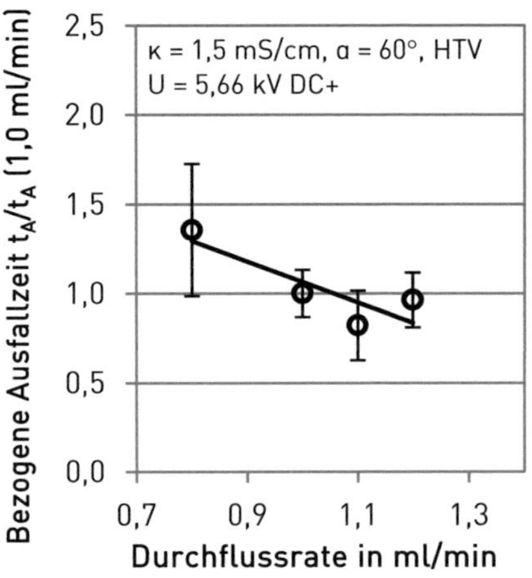

Bild 6-10: Hydrophobieverlust von HTV in Abhängigkeit von der Durchflussrate unter positiver DC-Beanspruchung, n = 12, Normalverteilung, 50-%-Wert, 95 % KI

Eine Reduktion der Durchflussrate um 20 % bedeutet für die dargestellten Messreihen näherungsweise eine Erhöhung der mittleren Ausfallzeiten um 50 %. Damit ist die Durchflussrate als ein weiterer möglicher Parameter für die Zeitraffung des Dynamischen Tropfen-Prüfverfahrens geeignet. Anhand der vorgestellten Untersuchungen wird eine Durchflussrate, wie bisher verwendet, von 1,0 ml/min vorgeschlagen, da für diesen Parameter ein Ranking der verwendeten Isolierstoffe bei einer praktikablen Prüfdauer möglich ist. Dabei wird eine Toleranz von ± 0,15 ml/min empfohlen, welche ein Optimum aus der Forderung nach einer Nichtbeeinflussung des Prüfergebnisses (bei ± 0,2 ml/min, wie bisher festgelegt, kann eine signifikante Beeinflussung auftreten) sowie einer erforderlichen Toleranz für die Einstellung der Tropfenfrequenz von 12,0 min^{-1} darstellt.

6.1.3.2 Tropfenfrequenz und Tropfenvolumen

Sowohl die Tropfenfrequenz als auch das Tropfenvolumen sind keine direkt einstellbaren Parameter wie z. B. die spezifische Volumenleitfähigkeit der Prüflösung. Um eine Aussage über den Einfluss dieser Parameter auf die Hydrophobieverlust zu gewinnen, wird eine indirekte Einstellung über die Variation des Neigungswinkels und der Durchflussrate gewählt. Den jeweiligen Parameterwerten können die dazugehörige Tropfenfrequenz und das Tropfenvolumen zugeordnet werden (vgl. Bild 5-9, Bild 5-18). Mit den in den vorangegangenen Kapiteln ermittelten Ausfallzeiten in Abhängigkeit des Neigungswinkels bzw. der Durchflussrate kann ein Zusammenhang zur Tropfenfrequenz bzw. zum Tropfenvolumen (Einstellung bei U = 0) hergestellt werden und ermöglicht damit eine Aussage über zulässige Toleranzen dieser Parameter in der Einstellphase.

Die Abhängigkeit der Ausfallzeit von der Tropfenfrequenz mittels Neigungswinkel und Durchflussrate ist in **Bild 6-11** dargestellt. Dabei ergeben sich mit zunehmender Tropfenfrequenz erwartungsgemäß sinkende Ausfallzeiten. Die Anwendung des bisherigen Toleranzbereiches der Tropfenfrequenz von ± 1 min^{-1} kann in Abweichungen bei der mittleren Ausfallzeit von über 50 % resultieren. Daher wird eine Eingrenzung des Toleranzbereiches der Tropfenfrequenz ohne Feldbelastung auf ± 0,2 min^{-1} empfohlen.

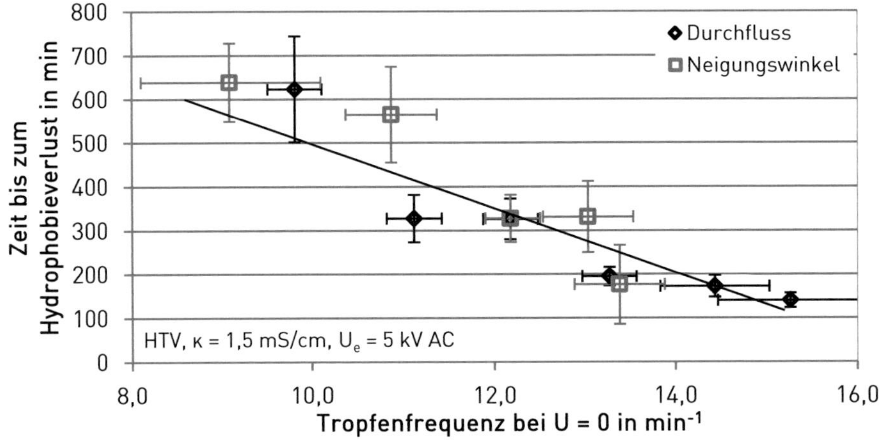

Bild 6-11: Hydrophobieverlust von HTV in Abhängigkeit von der Tropfenfrequenz bei U = 0, gemessen bei nachfolgender AC-Beanspruchung, n = 12, Normalverteilung, 50-%-Wert, 95 % KI

Das Tropfenvolumen weist bei zunehmendem Neigungswinkel bzw. steigender Durchflussrate ein im Vergleich zur Tropfenfrequenz abweichendes Verhalten auf. Die Darstellung der Hydrophobiebeständigkeit über dem Tropfenvolumen weist keinen einheitlichen Trend auf. Daraus ist zu schlussfolgern, dass das Volumen im untersuchten Wertebereich keinen maßgeblichen Einfluss auf den Hydrophobieverlust ausübt (**Bild 6-12**). In vorangegangenen Untersuchungen [16] wurden hingegen signifikant kleinere Ausfallzeiten für Tropfenvolumina größer als 95 µl beobachtet. Dieser Unterschied ist auf die in [16] ebenfalls zunehmende Dehnung des Tropfens mit zunehmendem Tropfenvolumen und damit einer Erhöhung des Überbrückungsgrades zurückzuführen. In dieser Arbeit bleiben die Tropfenlängen unabhängig vom Tropfenvolumen allerdings nahezu konstant (vgl. Bild 5-8, Bild 5-19), wodurch die Ergebnisse nicht direkt miteinander vergleichbar sind.

Demnach kann der Einfluss des Neigungswinkels und der Durchflussrate auf die Hydrophobiebeständigkeit maßgeblich auf eine Änderung der Tropfenfrequenz zurückgeführt werden, obwohl sich für beide Prüfparameter unterschiedliche Tropfenvolumina (vgl. Bild 5-9 und Bild 5-18) ergeben.

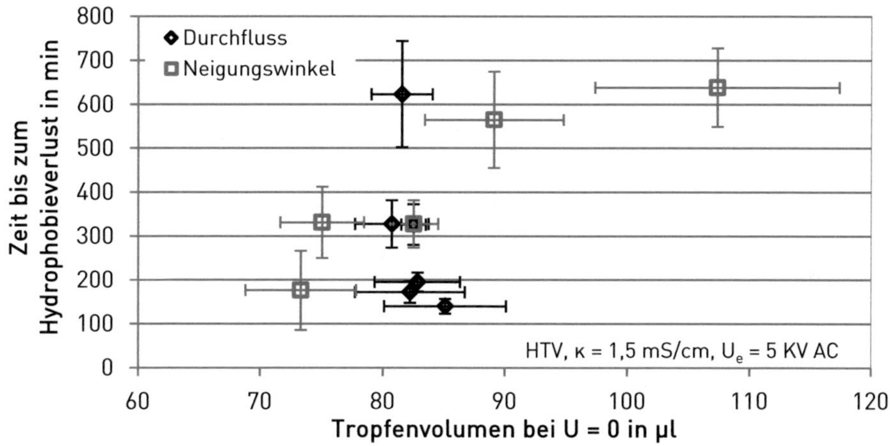

Bild 6-12: Hydrophobieverlust von HTV in Abhängigkeit des Tropfenvolumens bei U = 0, gemessen bei nachfolgender AC-Beanspruchung, n = 12, Normalverteilung, 50-%-Wert, 95 % KI

Daraus ist die Schlussfolgerung zu ziehen, dass der Tropfenfrequenz als Parameter „schärfere" zulässige Toleranzbereiche als der Durchflussrate und dem Tropfenvolumen zuzuordnen sind. Unter Beachtung der oben empfohlenen Parameterwerte und zulässigen Toleranzen für die Durchflussrate und die Tropfenfrequenz ergibt sich aus Formel 4-1 ein Tropfenvolumen mit entsprechender Toleranz von (83,3 ± 14,2) µl.

6.1.3.3 Spezifische Volumenleitfähigkeit der Prüflösung

In den in Kap. 5.1.2.1 vorgestellten Untersuchungen kann kein Einfluss der spezifischen Volumenleitfähigkeit auf hydro- und elektrohydrodynamische Phänomene abgleitender Tropfen im DTPV beobachtet werden. Dadurch wird auch kein Einfluss auf die Zündbedingungen für Mikroentladungen erwartet, was auch vorangegangene Untersuchungen in [75] an Tropfen auf horizontaler Isolierstoffoberfläche zeigen.

Untersuchungen zum TE-Einsatz zeigen eine tendenzielle Abnahme der sichtbaren TE-Einsatzspannung mit zunehmender spezifischer Volumenleitfähigkeit bei AC- und DC-Beanspruchung (**Bild 6-13**). Dieser Zusammenhang wird durch Untersuchungen in [86] bestätigt, für welche ebenfalls eine Prüfanordnung mit aufgelegten Elektroden herangezogen wurde. Die sinkende TE-Einsatzspannung kann auch als eine Zunahme der Intensität der µTE mit steigender spezifischer Leitfähigkeit interpretiert werden, da bereits bei kleineren Spannungen die Erfassungsgrenze der UV-Kamera erreicht wird.

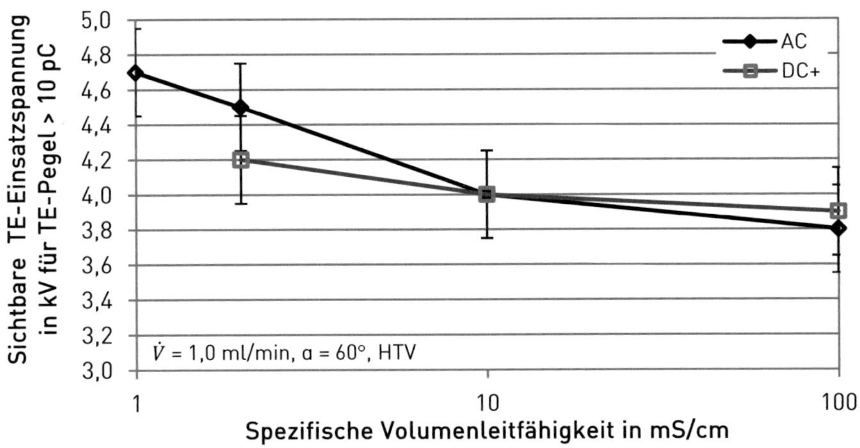

Bild 6-13: Sichtbare TE-Einsatzspannung in Abhängigkeit von der spezifischen Volumenleitfähigkeit für AC- (Effektivwert) und positive DC-Beanspruchung auf HTV, n = 5, Mittelwerte und Spannweiten

Mit zunehmender spezifischer Volumenleitfähigkeit der Prüflösung wird deshalb eine Verringerung der Hydrophobiebeständigkeit erwartet. Dies kann sowohl für AC- als auch für DC-Beanspruchung beobachtet werden (**Bild 6-14**, **Bild 6-15**). Infolge der fehlenden Beeinflussung des Tropfenabgleitverhaltens ist der Einfluss der spezifischen Volumenleitfähigkeit allerdings weniger stark als der Einfluss des Neigungswinkels oder der Durchflussrate auf die Ausfallzeit ausgeprägt.

Eine Verdopplung der spezifischen Leitfähigkeit bewirkt im untersuchten Wertebereich unter AC-Beanspruchung eine Reduktion der mittleren Ausfallzeit um bis zu 50 %. Dieser Zusammenhang stimmt gut mit Untersuchungen in [14] und [118] im DTPV sowie mit [12] im Rad-Tauch-Prüfverfahren für einen gleichen Bereich der spezifischen Volumenleitfähigkeit von (1,5 - 5,0) mS/cm überein (**Anlage A14**). Ein direkter Vergleich ist allerdings infolge unterschiedlicher Prüfparameter (Neigungswinkel, Potentialzuordnung im DTPV) sowie anderer Versuchsanordnung (Rad-Tauch-Prüfverfahren) eingeschränkt.

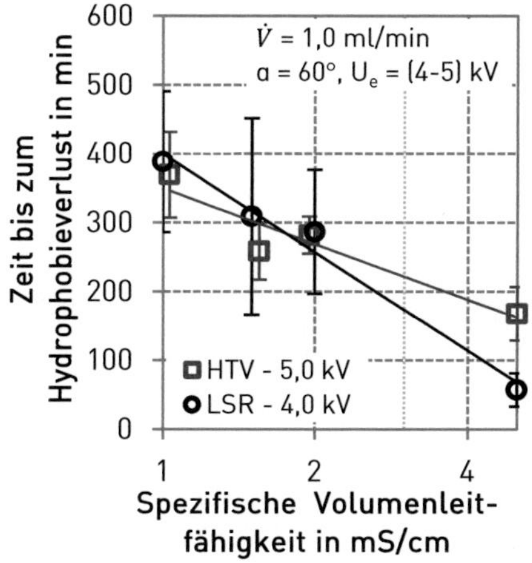

Bild 6-14: Hydrophobieverlust von HTV und LSR in Abhängigkeit von der spezifischen Volumenleitfähigkeit unter AC-Beanspruchung, n = 12, Normalverteilung, 50-%-Wert, 95 % KI

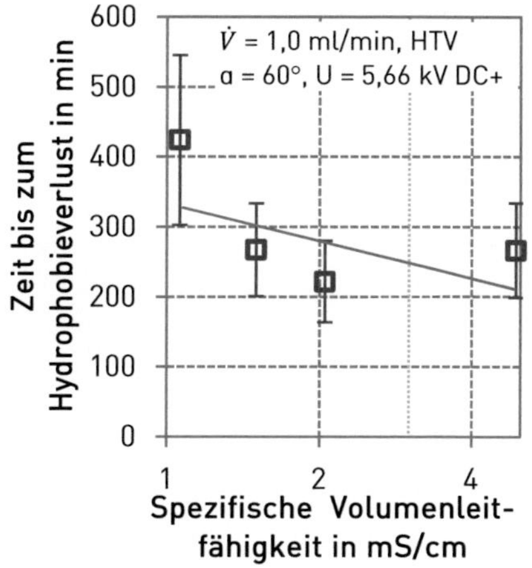

Bild 6-15: Hydrophobieverlust von HTV in Abhängigkeit von der spezifischen Volumenleitfähigkeit unter DC-Beanspruchung, n = 12, Normalverteilung, 50-%-Wert, 95 % KI

Für DC-Beanspruchung wird ebenfalls mit steigender spezifischer Leitfähigkeit ein Trend zu geringeren Ausfallzeiten ermittelt. Dieser ist allerdings schwächer als bei AC-Beanspruchung ausgeprägt. Eine Klärung dieses Phänomens bedarf weiterer Untersuchungen.

In [118] wird der Ladungszustand der Tropfen als eine mögliche Ursache für den Einfluss der spezifischen Volumenleitfähigkeit auf die Hydrophobiebeständigkeit diskutiert. Mit zunehmender spezifischer Volumenleitfähigkeit erhöht sich nach [118] die Ladungsmenge des Tropfens und kann zu geringeren messbaren TE-Einsatzfeldstärken führen, da nach [44] die kritische

Feldstärke bis zum TE-Einsatz mit zunehmender Ladungsmenge herabgesetzt wird.

Eine weitere Ursache für sinkende TE-Einsatzspannungen und Ausfallzeiten mit steigender spezifischer Volumenleitfähigkeit könnte auch durch die Bildung von Adsorbatschichten (Wassermoleküle aus der umgebenden Gasphase sowie dem Elektrolyten) auf der Isolierstoffoberfläche entlang der Tropfenabgleitbahn gegeben sein. Dadurch wird der Oberflächenwiderstand entlang der Tropfenabgleitbahn herabgesetzt und durch die spezifische Volumenleitfähigkeit beeinflusst. Die Bildung von Adsorbatschichten könnte auch als Erklärung dienen, warum sich die spezifische Volumenleitfähigkeit bei verschiedenen Elektrodenanordnungen (eingebettete Elektroden [85], [89], aufgelegte Elektroden [86]) unterschiedlich auf die TE-Einsatzfeldstärke auswirkt und sich umso stärker ausprägt, je geringer der Hydrophobiezustand der Isolierstoffoberfläche ausgebildet ist [72]. Für eine Klärung dieser möglichen Ursachen sind weiterführende Untersuchungen erforderlich.

Für die spezifische Volumenleitfähigkeit wird der bisher verwendete Wert von 1,5 mS/cm mit einer Toleranz von ± 0,1 mS/cm bei einer Temperatur von 23 °C empfohlen. Damit wird ein für Freiluftanwendung typischer Prüfwert vorgeschlagen, der sich klar von den Werten zu Prüfverfahren für die Innenraumanwendung mit spezifischen Volumenleitfähigkeiten $\kappa \ll 0{,}5$ mS/cm [104], [111], [116] abgrenzt. Das Auftreten unerwünscht stromstarker Teilentladungen bei durchgehender Tropfenbahn von über 60 mA wie beispielsweise im Schiefe-Ebene-Prüfverfahren nach [175] wird dennoch vermieden.

6.2 Prüfbedingungen

6.2.1 Feldverteilung

Für die Entwicklung eines Prüfverfahrens ist interessant, wie empfindlich die Feldverteilung gegenüber "Störeinflüssen" aus der Umgebung reagiert. Es wird angenommen, dass sich ein stärker inhomogenes Feld unempfindlicher als ein schwächer inhomogenes Feld verhält, da ein bereits stark inhomogenes Feld durch äußere Einflüsse weniger „verzerrt" werden sollte. Die nachfolgenden Betrachtungen werden ausschließlich für das 50-Hz-

Wechselfeld durchgeführt. Eine Beeinflussung des DC-Feldes z. B. durch umgebende geerdete Bauelemente wird als vernachlässigbar eingestuft, was durch orientierende Untersuchungen[35] bestätigt wurde.

Das die Elektroden umgebende Feld kann durch:

- benachbarte, geerdete Bauelemente oder Gehäuse,
- die Führung der Zuleitungen und
- die Gestaltung der Kontaktelemente auf der Rückseite der Elektrodenanordnung

beeinflusst werden.

Diese möglichen Einflussfaktoren sollen nachfolgend qualitativ mit Hilfe der Feldberechnung analytisch sowie punktuell experimentell anhand der Bestimmung des Hydrophobieverlustes betrachtet und diskutiert werden.

6.2.1.1 Gehäuseabstand

Der Einfluss des Gehäuseabstandes d wird für fünf technisch relevante Abstände eines die Prüfanordnung umgebenden geerdeten Metallgehäuses ohne Anwesenheit eines Tropfens berechnet (Simulationsmodell s. Kap. 4.2.2.2), wobei jeweils gleiche Abstände zu allen vier Seiten eingehalten werden. Mit abnehmendem Gehäuseabstand zur Prüfanordnung können erwartungsgemäß eine höhere maximale Feldstärke $\hat{E}_{HS}$ an der hochspannungführenden Elektrode und eine sinkende Feldstärke an der geerdeten Elektrode $\hat{E}_{erd}$ ermittelt werden (**Bild 6-16**). Erwartungsgemäß wird dadurch die Asymmetrie der Feldverteilung verstärkt.

Dies kann Einfluss auf die TE-Intensität und die TE-Verteilung haben. Zur Klärung dieses Effektes werden Spannungssteigerungsversuche mit einer Geschwindigkeit von ca. 0,5 kV/60 s ohne und mit Anwesenheit eines Gehäuses (d = 10 cm) durchgeführt und die sichtbaren TE-Einsatzspannungen mittels Nachtsicht-UV-Kamera ermittelt (**Tabelle 6-2**).

---

[35] Bei den Untersuchungen zeigt die Anwesenheit oder das Fehlen eines geerdeten metallischen Gehäuses keinen Einfluss auf die sichtbare TE-Einsatzspannung.

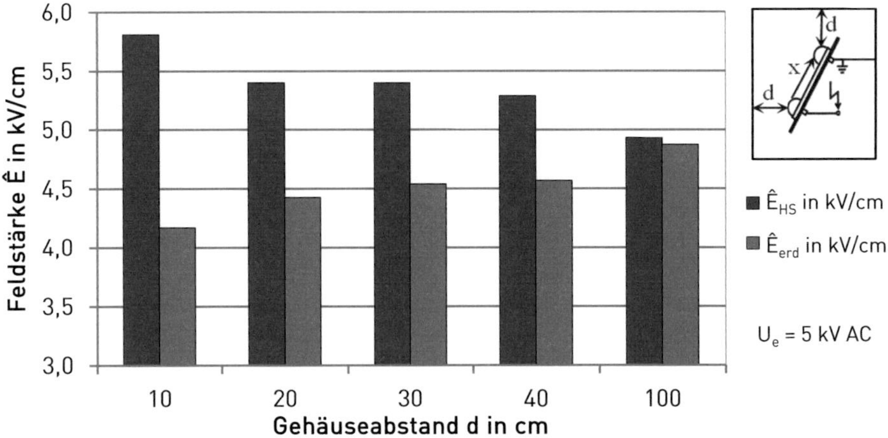

Bild 6-16: Höchstfeldstärke an der oberen bzw. unteren Elektrode in Abhängigkeit vom Gehäuseabstand d

Tabelle 6-2: Sichtbare TE-Einsatzspannung in Abhängigkeit von der Potentialzuordnung und Anwesenheit eines geerdeten Gehäuses mit d = 10 cm für AC-Beanspruchung auf HTV, n = 4, Mittelwerte und Spannweiten

	AC an oberer Elektrode, U_e in kV	**AC an unterer Elektrode, U_e in kV**
mit Gehäuse	4,3 ± 0,3	4,0 ± 0,4
ohne Gehäuse	5,0 ± 0,3	4,5 ± 0,3

Es können tendenziell bei Anwesenheit eines Gehäuses kleinere sichtbare TE-Einsatzspannungen an den abgleitenden Tropfen beobachtet werden. Die Potentialzuordnung ist dabei von untergeordneter Bedeutung. Die Häufigkeit und der Zündort der µTE zeigt bei den UV-Messungen keine Beeinflussung durch das Gehäuse.

Des Weiteren wirkt sich die Feldverteilung auf das Tropfenverhalten aus, wie orientierende Messungen der Tropfenfrequenz belegen (**Bild 6-17**, links). Je nach Zuordnung des Potentials können die Unterschiede im Tropfenableitverhalten durch ein Gehäuse (d = 10 cm) verstärkt werden. Damit ist auch ein Einfluss des Gehäuses und der Potentialzuordnung auf die Ausfallzeit zu erwarten, was durch Untersuchungen an HTV-Prüflingen bestätigt wird (**Bild 6-17**, rechts).

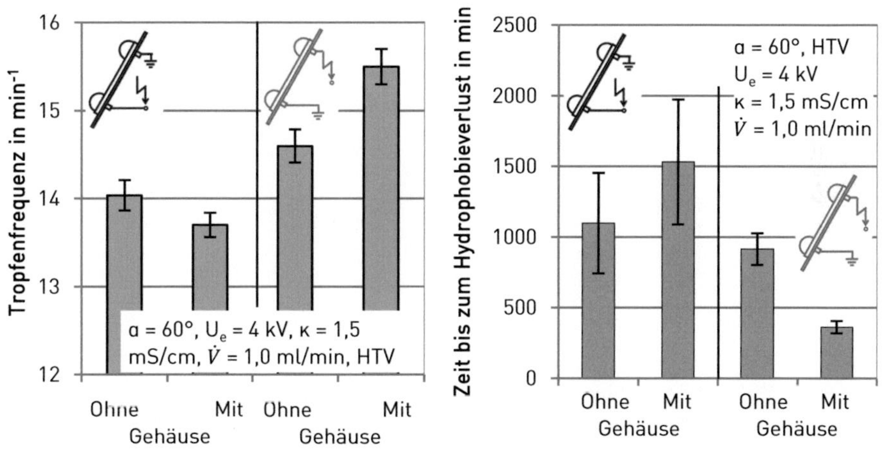

Bild 6-17: Einfluss der Potentialzuordnung und Anwesenheit eines umgebenden geerdeten Gehäuses (d = 10 cm) auf die Tropfenfrequenz (n = 50, Normalverteilung, 50-%-Wert, 95 % KI) (links) und den Hydrophobieverlust von HTV (n = 12, Normalverteilung, 50-%-Wert, 95 % KI) (rechts) bei U_e = 4 kV AC-Beanspruchung; I_a = 1 mA über 0,25 s

Tendenziell ist bei den ermittelten Ausfallzeiten ein Zusammenhang zu den Tropfenfrequenzen zu erkennen. Je größer die Tropfenfrequenz zu Beginn der Prüfung, desto kleiner fällt die resultierende Hydrophobiebeständigkeit aus.

6.2.1.2 Geometrie der rückseitigen Kontaktelemente

Die Feldbeeinflussung durch die Geometrie der Kontaktelemente wird mit einer halbzylindrischen, an der Rückseite angebrachten Gegenelektrode unter AC-Beanspruchung untersucht (vgl. **Tabelle 6-3**). Dabei werden mit Hilfe der Feldberechnung die Feldstärken an den Elektroden $\hat{E}_{HS}$, $\hat{E}_{erd}$ mit Gehäuse (d = 40 cm) abgeschätzt und experimentell die Tropfenfrequenzen zu Beginn einer Prüfung sowie die Hydrophobiebeständigkeiten bestimmt.

Tabelle 6-3: Einfluss der Gestaltung der rückseitigen Kontaktelemente auf die Feldstärken an den Elektroden $\hat{E}_{HS}$, $\hat{E}_{erd}$ (Simulationsmodell s. Kap. 4.2.2.2), die Tropfenfrequenz f_T und den Hydrophobieverlust t_A (Normalverteilung, 50-%-Wert, 95 % KI) auf HTV, Reinigung mittels Ultraschallbad und Isopropanol, n = 12

	Kontaktgeometrie ohne Gegenelektrode	Bolzen 4 mm		Kontaktgeometrie mit Gegenelektrode	Zylinder
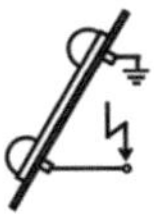	$\hat{E}_{HS}$ in kV/cm	5,3	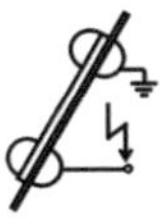	$\hat{E}_{HS}$ in kV/cm	4,4
	$\hat{E}_{erd}$ in kV/cm	4,6		$\hat{E}_{erd}$ in kV/cm	4,0
U_e = 5 kV	f_T (5 kV) in min^{-1}	15,0	U_e = 5 kV	f_T (5 kV) in min^{-1}	15,2
	t_A in min	461 ± 63		t_A in min	466 ± 48

Die Feldberechnung zeigt für die Kontaktanordnung mit rückseitig halbzylindrischen Elektroden erwartungsgemäß eine Feldhomogenisierung im Vergleich zu den bisher verwendeten Kontaktelementen. Diese hat allerdings keinen signifikanten Einfluss auf die Tropfenfrequenz und die Ausfallzeit. Damit kann der Einfluss der untersuchten Kontaktelemente als vernachlässigbar auf die Hydrophobiebeständigkeit angesehen werden.

6.2.1.3 Führung der Zuleitungen

Eine weitere Beeinflussung der Feldverteilung kann durch die Führung der Zuleitungen an der Rückseite der Prüfanordnung gegeben sein. Wird beispielsweise die Hochspannungszuleitung im Winkel von 90° zum Kontaktelement an der Rückseite des Prüflings vorbeigeführt, kann sich das elektrische Feld umgekehrt bzgl. seiner Asymmetrie verhalten (Bild 6-16, (Simulationsmodell s. Kap. 4.2.2.2)) und die Höchstfeldstärke an der Erdelektrode aufweisen (**Bild 6-18**). Erwartungsgemäß kann dies die Tropfenfrequenz und resultierend den Hydrophobieverlust beeinflussen. Die Hydrophobiebeständigkeit bei HTV kann bei U_e = 5 kV AC mit (366 ± 46) min bis auf (107 ± 21) min (Normalverteilung, 50-%-Wert, 95 % KI) bei der gewinkelten Führung der Zuleitungen reduziert werden.

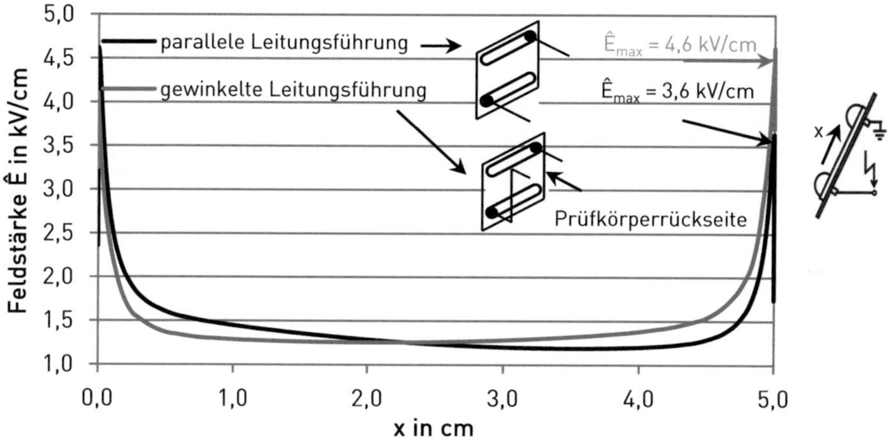

Bild 6-18: Feldverteilung entlang der Prüflingsoberfläche in Abhängigkeit von der Leitungsführung bei U_e = 5 kV AC-Beanspruchung

Zusammenfassend ist festzustellen, dass die Umgebung der Prüfanordnung maßgeblichen Einfluss auf die AC-Feldverteilung, auf die auf den Tropfen einwirkenden elektrischen Kräfte und daraus resultierend auf die Hydrophobiebeständigkeit ausüben kann. Dieser Aspekt wird als eine wesentliche Ursache für die bisher fehlende Reproduzierbarkeit des Dynamischen Tropfen-Prüfverfahrens angesehen, wie auch bei internationalen Rundversuchen der CIGRE WG D1.14 [23], D1.27 [123] und der aktuell tätigen WG D1.58 [176] gezeigt wurde. Demzufolge sind in einer Prüfvorschrift genaue Angaben über den Abstand geerdeter Bauteile wie bspw. Gehäuse aber auch die Leitungsführung erforderlich. Eine Festlegung zur Gestaltung der rückseitigen Kontaktelemente ist ebenfalls empfehlenswert.

6.2.2 Reinigung und Lagerung der Proben, Probenkonditionierung

Der Benetzungszustand einer Probe im Ausgangszustand vor einer Prüfung im DTPV kann unter anderem durch folgende Faktoren beeinflusst werden:

- Rückstände durch Reinigungsmittel,
- elektrostatische Aufladung,

- Abrasion der Oberflächenstruktur durch mechanischen Reinigungsvorgang,
- Temperaturdifferenz Probe – Umgebung, Kondensation möglich.

Unter Beachtung dieser Aspekte findet basierend auf bisherigen Erfahrungen sowie in Anlehnung an Untersuchungen in [44] die unter Kapitel 4.1 beschriebene Reinigungs- und Lagerungsprozedur Anwendung. Dadurch können Rückstände durch das Reinigungsmittel sowie Kondensationsprozesse durch Umbildung der auf der Isolierstoffoberfläche gebildeten Adsorbatschicht vermieden werden. Diese wird nachfolgend als „manuelle Reinigung" bezeichnet.

Nachteile dieser Reinigungsprozedur werden in der nicht reproduzierbar durchführbaren manuellen Reinigung der Proben sowie einer möglichen elektrostatischen Aufladung der Isolierstoffoberfläche durch das Abwischen mit einem Tuch gesehen. Orientierende Messungen des Oberflächenpotentials[36] weisen eine elektrostatische Aufladung der Proben unmittelbar nach der Reinigung mit bis zu einigen Kilovolt nach.

Durch eine Verwendung von Isopropanol als alleiniges Reinigungsmittel kann elektrostatische Aufladung vermieden werden [177], [178]. Daher wird alternativ eine Reinigung mit Isopropanol im Ultraschallbad für 60 s in Anlehnung an Untersuchungen in [58] erprobt. Die Prüflinge werden zur Vermeidung elektrostatischer Aufladung der Prüflingsoberfläche „stehend" mit möglichst kleiner Kontaktfläche gelagert.

Ein Vergleich der Hydrophobiebeständigkeit mit der manuellen Reinigung zeigt für alle untersuchten Isolierstoffe höhere Ausfallzeiten für die Reinigung im Ultraschallbad (**Bild 6-19**). Mit einer Ausnahme von LSR wird durch die veränderte Reinigungsprozedur das Ranking der drei Silikonelastomere sowohl bei AC- als auch bei DC-Beanspruchung nicht verändert. Die möglichen Ursachen für das abweichende Verhalten von LSR konnten nicht ermittelt werden. Die allgemein höheren Ausfallzeiten bei Reinigung im Ultraschallbad können möglicherweise auf die effizientere Reinigung zurückgeführt werden.

[36] Für die Durchführung der Messungen und Bereitstellung der Ergebnisse sei herzlich Herrn Dipl.-Ing. A. Hergert von der Technischen Universität München gedankt.

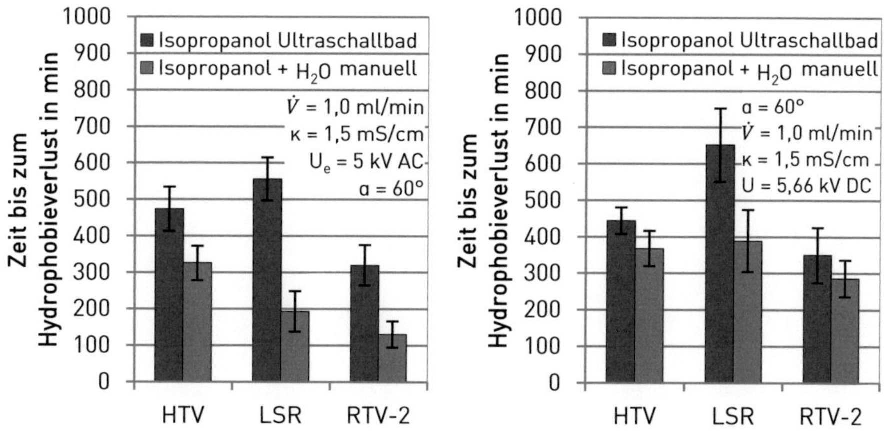

Bild 6-19: Hydrophobieverlust von HTV, LSR und RTV-2 in Abhängigkeit von der Reinigungsprozedur unter 5-kV-AC- (links) und 5,66-kV-DC-Beanspruchung (rechts); I_a = 1 mA über 0,25 s, n = 12, Normalverteilung, 50-%-Wert, 95 % KI

Sowohl die vorgestellte manuelle Reinigung als auch die Reinigung im Ultraschallbad können Einfluss auf die Hydrophobiebeständigkeit ausüben. Mittels Ultraschallbad wird bei genauer Angabe der Ultraschallleistung eine definierte, reproduzierbare Reinigung der Proben ermöglicht. Im Vergleich zur manuellen Reinigung können Messwertstreuungen gesenkt werden, was anhand einer kleineren Varianz gezeigt werden kann (**Tabelle 6-4**).

Tabelle 6-4: Varianz der Ausfallzeiten unter AC- und DC-Beanspruchung in Abhängigkeit von der Reinigungsprozedur von ausgewählten Silikonelastomeren

Reinigung	5 kV AC			5,66 kV DC+		
	HTV	LSR	RTV-2	HTV	LSR	RTV-2
manuell	0,37	0,79	0,59	0,32	0,37	0,40
Ultraschallbad	0,27	0,19	0,31	0,10	0,26	0,26

Des Weiteren kann dadurch ein mögliches „Verkratzen“ der Oberfläche durch eine mechanische Reinigung mit Reinigungstüchern vermieden werden. Damit wird für die Reinigung der Isolierstoffproben eine Behandlung im Ultraschallbad unter Zugabe von Isopropanol empfohlen.

6.2.3 Einfluss der Oberflächenrauheit und Oberflächenstruktur des Isolierstoffes

Wie Untersuchungen zum Benetzungsverhalten an RTV-2-Proben unterschiedlicher Rauheiten gezeigt haben (vgl. 5.1.4.2), kann die Oberflächenstruktur maßgeblich den Hydrophobiezustand aber auch das hydrodynamische Verhalten eines auf einer geneigten Ebene abgleitenden Tropfens beeinflussen (vgl. Bild 5-13, Bild 5-14).

Der Einfluss der Oberflächenstruktur auf die Hydrophobiebeständigkeit wird an definiert mikrostrukturierten RTV-2-Prüflingen (vgl. Tabelle 4-4) mit einem einheitlichen Rauheitskennwert von $R_z = 100$ µm untersucht[37] und mit einer isotrop strukturierten Oberfläche mit $R_z = 5$ µm als Referenz verglichen (**Bild 6-20**).

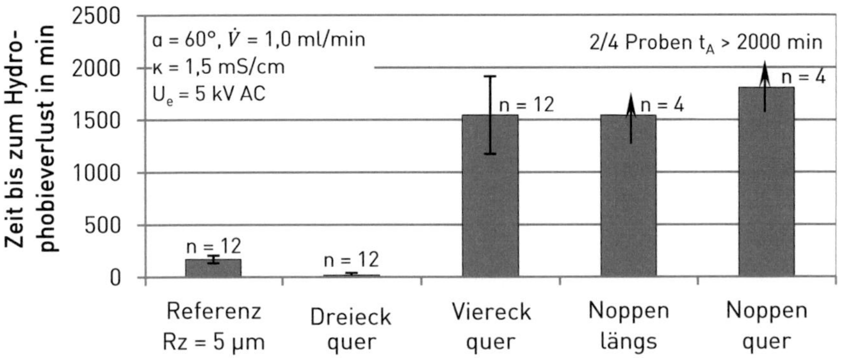

Bild 6-20: Einfluss der Mikrostruktur ($R_z = 100$ µm) auf den Hydrophobieverlust von RTV-2 im Vergleich zur Referenz, Normalverteilung, 50-%-Wert, 95 % KI

[37] Für die Durchführung der Untersuchungen sei an dieser Stelle herzlich Frau Dipl.-Ing. (FH) Jana Görlich von der Hochschule Zittau/Görlitz gedankt.

Die ermittelten Hydrophobiebeständigkeiten ordnen sich in Übereinstimmung zu dem ohne Spannungsbeanspruchung beobachteten Tropfenabgleitverhalten im DTPV ein (vgl. Anlage A7). Die Viereck- und die Noppenstruktur zeigen ein heterogenes Benetzungsverhalten auf, wodurch Tropfen rückstandslos mit sehr kleinen Tropfenlängen im Vergleich zur Referenz über die strukturierten Isolierstoffoberflächen abgleiten. Dadurch ordnen sich die Ausfallzeiten deutlich höher als die Referenz ein. Bei der Dreieckstruktur wird innerhalb kurzer Zeit ein Übergang von heterogener zu homogener Benetzung und demzufolge eine deutlich geringere Ausfallzeit beobachtet. Untersuchungen in [179] und [180] belegen, dass der Übergang von heterogener zu homogener Benetzung ein irreversibler Vorgang ist und deshalb vermutlich innerhalb einer Prüfung im DTPV eine heterogene Benetzung nicht wiedererlangt werden kann.

Die dargestellten Ergebnisse zeigen, dass bei definiert mikrostrukturierten Oberflächen unter Einstellung superhydrophober Benetzungszustände eine deutliche Erhöhung der Hydrophobiebeständigkeit erreicht werden kann. Für die praktische Anwendung im Hochspannungs-Freilufteinsatz sind dazu unter anderem Fragen zur Unempfindlichkeit der aufgebauten Strukturen bei der Montage aber auch unter Umweltbedingungen nachzugehen. Beispielsweise zeigen Untersuchungen in [61], dass allein durch den Vorgang der Kondensation ein Übergang von heterogener zu homogener Benetzung erfolgen kann.

Die vorgestellten Untersuchungen verdeutlichen den starken Einfluss der Oberflächenrauheit und –struktur auf die empfindliche Eigenschaft der Hydrophobiebeständigkeit. Für ein quantitatives Ranking polymerer Isolierstoffe hinsichtlich der Hydrophobiebeständigkeit als intrinsische Isolierstoffeigenschaft sind definierte Oberflächenstrukturen von großer Bedeutung, wobei die Angabe typischer Rauheitskennwerte wie die maximale Rautiefe R_z oder der Mittenrauwert R_a nicht in ausreichender Weise die Oberflächenstruktur charakterisieren. Bei einer Normung des DTPV wären deshalb Vorgaben bzw. Angaben zur Oberflächenstruktur empfehlenswert. Diese sollte möglichst isotrop strukturiert sein und könnte aus Sicht typischer Oberflächenstrukturen von Polymer- bzw. Verbundisolatoren für die Anwendung im Hochspannungs-Freilufteinsatz [16] sowie unter versuchstechnischen Aspekten in einem Rauheitsbereich von R_z von (3 – 8) µm liegen.

6.3 Zusammenfassung der Parameterstudien – Schlussfolgerungen für eine Normierung des DTPV

In diesem Kapitel wurde auf relevante Prüfparameter und -bedingungen eingegangen, die Einfluss auf den Hydrophobieverlust im Dynamischen Tropfen-Prüfverfahren ausüben können. Daraus lassen sich Empfehlungen für den Versuchsaufbau und die -durchführung ableiten, die zu einer Reproduzierbarkeit des Prüfverfahrens sowie einer Senkung der Messwertstreuung beitragen können.

6.3.1 Versuchsaufbau

Eine Präzisierung des Prüfaufbaus kann bei Verwendung folgender Komponenten unter Einhaltung der jeweiligen Beschreibung erreicht werden (**Tabelle 6-5**):

Tabelle 6-5: Komponenten, Versuchsaufbau und Erläuterungen des Dynamischen Tropfen-Prüfverfahrens

Komponente	Beschreibung/Erläuterung
isolierende Grundplatte	mechanisch tragfähig (z. B. für Proben, Elektroden, Lichtschranken)
korrosionsbeständige Edelstahlelektroden	z. B. Material W1.4401, Anlage A2, Verwendung halbzylindrischer Elektroden für die rückseitige Kontaktierung der Zuleitungen
Pumpsystem für Elektrolytzuführung	z. B. Verwendung pulsationsfreier Peristaltikpumpen, Fördermengen von (0,1 – 2,0) ml/min, stufenweise in 0,01 ml/min -Schritten einstellbar
Elektrolyt inkl. Behälter	destilliertes/entionisiertes Wasser unter Zugabe von NaCl; Behälter müssen geeignete Reinigung zur Vermeidung der Anlagerung biogener Beläge ermöglichen
Lichtschranke	metallfrei, zur Vermeidung von Feldbeeinflussungen, Anzeigeeinheit für Visualisierung und Speicherung der Tropfenfrequenz
geerdetes Metallgehäuse	Mindestabstand von allseitig 200 mm zur Prüfanordnung
Hochspannungsquelle AC	U_e = (0 - 6) kV AC
Hochspannungsquelle DC	U = (0-6) kV DC±, Restwelligkeit nach DIN 40110-1 [181], w < 3 % nach [125]

Komponente	Beschreibung/Erläuterung
Vorwiderstand	R = 20 kΩ
Hochspannungsrelais	optional bei Mehrkanalbetrieb des Prüfstandes, Schaltvermögen von mindestens 6 kV, 100 mA AC/DC±
Grenzwertrelais	automatische Detektion und Abschaltung bei Erreichen des Abschaltkriteriums, Einstellmöglichkeiten von (0 - 5) mA in 0,1 mA-Schritten und (0,1 - 5) s in 0,05-s-Schritten
Zeitmesssystem	Erfassung der Ausfallzeit vom Start der Prüfung bis zum Erreichen des Ausfallkriteriums
Versuchsaufbau	Wegführen der Zuleitung senkrecht zur Grundplatte, Einhaltung eines Mindestabstandes zwischen Hochspannungs- und Erdleitung von 50 mm; Einhaltung eines Mindestabstandes zu benachbarten, geerdeten Teilen von 200 mm, auch zu Elektroden weiterer Prüfkanäle

6.3.2 Versuchsdurchführung

Zur Vorbereitung eines Versuches sind die Prüfkörper und die Edelstahlelektroden jeweils im Ultraschallbad zu reinigen. Die Proben werden über 60 s in Isopropanol gereinigt und im eingeschalteten Zustand des Ultraschallbades entnommen, um erneute Anlagerung gelöster Staubpartikel zu vermeiden. Anschließend sollen die Proben für mindestens 24 h staubgeschützt unter Laborklimabedingungen gelagert werden. Dabei ist weitestgehend Kontakt mit der Prüflingsoberfläche zur Verminderung elektrostatischer Aufladung zu vermeiden. Die Elektroden werden über 10 min im Ultraschallbad unter Verwendung eines phosphorsäurehaltigen Reinigungstensids behandelt, mit destilliertem/entionisiertem Wasser abgespült, getrocknet und ebenfalls mindestens 24 h vor Versuchsbeginn unter Laborklima gelagert.

Vor Versuchsbeginn sind das Pumpensystem auf eine korrekte Durchflussrate zu überprüfen, die Proben unter Vermeidung elektrostatischer Aufladung in die Prüfvorrichtung einzulegen und über mindestens 5 min mit Elektrolyttropfen zu belasten. Die Versuchsdurchführung erfolgt anhand folgender Parameter (**Tabelle 6-6**):

Tabelle 6-6: Empfohlene Prüfparameter des Dynamischen Tropfen-Prüfverfahrens im Vergleich zu bisher verwendeten Festlegungen nach [23]

Parameter	Wert und zulässige Toleranz nach [23]	Empfehlung für Wert und Toleranz
Elektrodenabstand	50 mm	50 mm
Neigungswinkel	$\alpha = 60°$	$\alpha = (60 \pm 3)°$
Oberflächenstruktur der Proben		isotrop, $R_z = (3 - 8)$ µm
spezifische Volumenleitfähigkeit der Prüflösung	$\kappa = (1500 \pm 200)$ µS/cm	$\kappa = (1500 \pm 100)$ µS/cm bei 23 °C ± 3 K
Durchflussrate	$\dot{V} = (1{,}0 \pm 0{,}2)$ ml/min	$\dot{V} = (1{,}0 \pm 0{,}15)$ ml/min
Tropfenparameter	$f_T = (12 \pm 1)$ min^{-1}	$f_T = (12 \pm 0{,}2)$ min^{-1} $V_T = (83 \pm 12)$ µl
Prüfspannungshöhe	$U_e = (3\text{-}6)$ kV AC	$U_e = (3\text{-}6 \pm 0{,}05)$ kV AC $U = (4\text{-}6 \pm 0{,}02)$ kV DC
Zuschalten der Prüfspannung		Spannungssteigerung mit ca. 1 kV/min
Potentialzuordnung der Prüfspannung	obere Elektrode an Hochspannung, untere Elektrode geerdet	obere Elektrode geerdet, untere Elektrode an Hochspannung
Abschaltkriterium	$I_a = (2 \pm 0{,}5)$ mA über 4 s ± 0,5 s	$I_a = (1 \pm 0{,}1)$ mA über 0,25 s ± 0,1 s
Laborbedingungen	-	23 °C ± 3 K (50 ± 10) % r. F.
Stichprobenumfang, statistische Auswertung	-	n ⩾ 12, Normalverteilung, 50-%-Wert mit 95 % Konfidenzintervall

Nach erfolgter Prüfung sollen die Elektrolytbehälter und die Pumpenschläuche bei Mehrfachverwendung derart gereinigt werden, dass die Bildung biogener Fremdschichten vermieden wird, beispielsweise durch Spülen der Schläuche mit Isopropanol.

7 Bewertung dynamischer Hydrophobieeigenschaften mit dem DTPV

Nachdem in den vorangegangenen Kapiteln Prozess- und Parameterstudien vorgestellt wurden, sollen in diesem Abschnitt ausgewählte polymere Isolierstoffe sowie spezielle Materialmodifizierungen hinsichtlich ihrer dynamischen Hydrophobieeigenschaften mit dem Dynamischen Tropfen-Prüfverfahren bewertet werden. Für einen Vergleich der Prüfspannungsarten sowie eines Isolierstoffrankings bzgl. der Hydrophobiebeständigkeit werden auch orientierende Untersuchungen in Nebelkammerprüfungen durchgeführt.

7.1 Hydrophobiebeständigkeit

Für die Bewertung elektrischer Eigenschaften polymerer Isolierstoffe haben sich sowohl Konstantspannungs- als auch Steigerungsversuche als geeignete Prüfregime erwiesen, wie bspw. in DIN EN 61621 [182] zur Bewertung der Hochspannungs-Lichtbogenbeständigkeit oder DIN EN 60587 [175] für eine Bewertung der Erosions- und Kriechstromfestigkeit. Nachfolgend sollen beide Varianten bei der Bewertung der Hydrophobiebeständigkeit bei AC- und DC-Beanspruchung herangezogen und bzgl. der Messwertstreuung beurteilt werden.

7.1.1 AC-Beanspruchung

Bisher werden alle Untersuchungen mit dem Dynamischen Tropfen-Prüfverfahren im Konstantspannungsversuch (KSV) bei verschiedenen Prüfspannungshöhen von U_e = 4 kV – 6 kV durchgeführt. Für eine Bewertung der Hydrophobiebeständigkeit im Steigerungsversuch werden sowohl die Prüfspannung als auch simultan die Durchflussrate nach definierten Zeitspannen gesteigert (**Tabelle 7-1**). Die Steigerung der beiden Parameter von einer Stufe zur nächsten wurde dabei so gewählt, dass beide Parameter in gleichem Maß zur Zeitraffung der Prüfung beitragen. Beispielsweise bedeutet bei HTV unter AC-Beanspruchung eine Steigerung der Durchflussrate von 0,8 ml/min auf 1,0 ml/min eine gleiche Reduktion der Ausfallzeit um 50 % wie die Erhöhung der Prüfspannung von 0,8 kV/cm auf 1,0 kV/cm (vgl. Bild 6-1, Bild 6-9).

Tabelle 7-1: Aufeinanderfolgende Stufen bei simultaner Steigerung der Prüfspannung und Durchflussrate im Dynamischen Tropfen-Prüfverfahren

Stufe	Beanspruchungsdauer	Prüfspannung U_e	Durchflussrate
1	60 min	3 kV	0,5 ml/min
2	60 min	4 kV	0,8 ml/min
3	120 min	5 kV	1,0 ml/min
4	bis zum Ausfall	6 kV	1,2 ml/min

Ein Vergleich der Hydrophobiebeständigkeiten der untersuchten polymeren Isolierstoffe unter Konstantspannungsbeanspruchung sowie im Steigerungsversuch ist in **Bild 7-1** dargestellt. Durch die Verwendung identischer Oberflächenstrukturen ist erstmalig ein quantitatives Isolierstoffranking möglich.

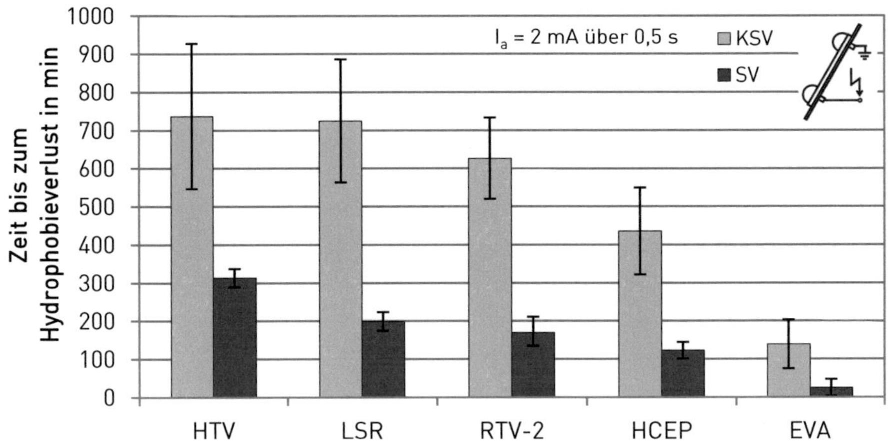

Bild 7-1: Hydrophobiebeständigkeit der untersuchten polymeren Isolierstoffe im Konstantspannungs- (U_e = 4 kV) und Steigerungsversuch unter AC-Beanspruchung, n = 12, Normalverteilung, 50-%-Wert, 95 % KI

Im KSV zeigt sich eine signifikante Unterscheidbarkeit der Silikonelastomere von den anderen beiden Isolierstoffen. Für EVA wird erwartungsgemäß im Vergleich zu den anderen untersuchten Isolierstoffen die kleinste Ausfallzeit ermittelt.

Im SV wird das ermittelte Isolierstoffranking bestätigt. Zusätzlich ist mit diesem Prüfregime auch eine Unterscheidbarkeit der Isolierstoffe innerhalb der Gruppe der Silikonelastomere möglich. Unter Anwendung des Steigerungsversuches ist eine weitere Eingrenzung der Messwertstreuung möglich. Dies kann mit Ausnahme von EVA durch erheblich geringere Varianzen der Verteilungsfunktionen bestätigt werden (**Tabelle 7-2**).

Tabelle 7-2: Varianz unter AC-Beanspruchung für die untersuchten Prüfmodi, n = 12

Varianz	HTV	LSR	RTV-2	HCEP	EVA
4 kV Konstantspannung	0,37	0,40	0,35	0,43	0,75
Steigerungsversuch	0,14	0,21	0,25	0,34	1,00

Damit wird der Steigerungsversuch als favorisierte Prüfmethode angesehen. Die Stufen können bei einer zukünftig festzulegenden Klassifizierung polymerer Isolierstoffe als Hydrophobiebeständigkeitsklassen (HB-Klassen) Anwendung finden.

Auf die untersuchten Isolierstoffe bezogen, würde sich unter AC-Beanspruchung im Steigerungsversuch folgende Klassifizierung ergeben:

HB-Klasse 1 (Ausfallzeit $t_A \leq 60$ min): EVA
HB-Klasse 2 (Ausfallzeit $t_A \leq 120$ min): HCEP
HB-Klasse 3 (Ausfallzeit $t_A \leq 240$ min): RTV-2, LSR
HB-Klasse 4 (Ausfallzeit $t_A \geq 240$ min): HTV

Inwiefern aus diesen Klassen Mindestanforderungen für die Werkstoffauswahl abgeleitet werden können, ist in nachfolgenden Untersuchungen auch unter Beachtung von Erfahrungen aus dem Betriebseinsatz zu klären.

7.1.2 DC-Beanspruchung

Für DC-Beanspruchung werden ebenfalls nach oben beschriebener Prüfmethode Konstantspannungs- sowie Steigerungsversuche durchgeführt (vgl. Tabelle 7-1, **Bild 7-2**).

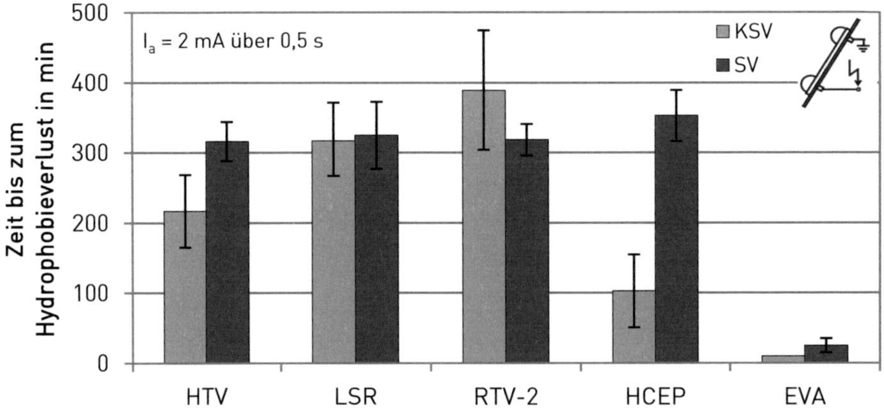

Bild 7-2: Hydrophobiebeständigkeit der untersuchten polymeren Isolierstoffe im Konstantspannungs- (5,66 kV) und Steigerungsversuch unter positiver DC-Beanspruchung, n = 12, Normalverteilung, 50-%-Wert, 95 % KI

Die untersuchten Isolierstoffe unterscheiden sich mit einer Ausnahme (EVA) weder im Konstantspannungs- noch im Steigerungsversuch signifikant voneinander, womit kein Isolierstoffranking unter DC-Beanspruchung möglich ist. Für EVA bestätigt sich die für AC-Beanspruchung beobachtete schwächere Hydrophobiebeständigkeit auch bei DC-Beanspruchung.

Mit Hilfe der Steigerungsversuche ist auch für DC-Beanspruchung eine weitere Eingrenzung der Messwertstreuung möglich, wie die teilweise erheblich geringeren Varianzen der Verteilungsfunktionen bestätigen (Ausnahme bildet EVA) (**Tabelle 7-3**). Bei einem Vergleich der Prüfspannungsarten wird damit ein unterschiedliches Isolierstoffranking sowohl für den Konstantspannungs- als auch den Steigerungsversuch beobachtet, weshalb Untersuchungen bei AC-Beanspruchung *nicht* auf DC-Anwendung übertragbar sind. Ein direkter Vergleich der Prüfspannungsarten im KSV zeigt signifikant größere Ausfallzeiten unter DC-Beanspruchung (**Bild 7-3**), wenn als Vergleichsbasis der Effektivwert der AC-Spannung herangezogen wird.

Tabelle 7-3: Varianz unter positiver DC-Beanspruchung für die untersuchten Prüfmodi, n = 12

Varianz	HTV	LSR	RTV-2	HCEP	EVA
5,66 kV Konstantspannung	0,32	0,37	0,40	0,56	1,00
Steigerungsversuch	0,15	0,25	0,12	0,09	0,80

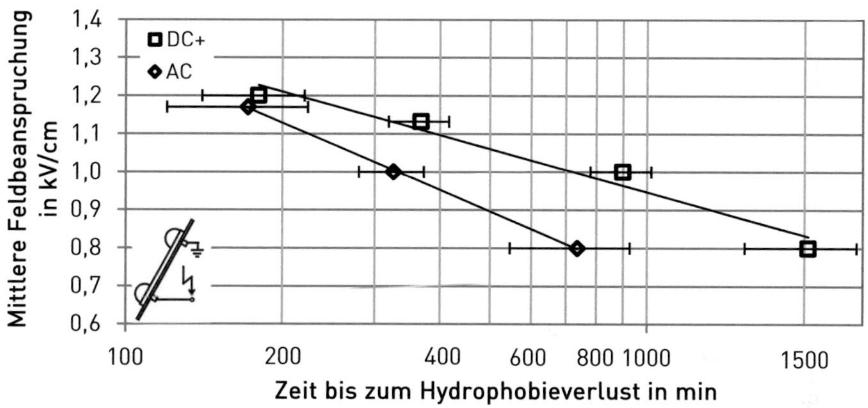

Bild 7-3: Einfluss der Prüfspannungsart im KSV auf die Hydrophobiebeständigkeit von HTV-Prüflingen bei unterschiedlichen mittleren Feldbeanspruchungen, n = 12, Normalverteilung, 50-%-Wert, 95 % KI

Dieser Effekt verstärkt sich für zunehmend kleinere mittlere Feldbeanspruchungen, weshalb die Gleichspannung bzgl. der Hydrophobiebeständigkeit als unkritischer einzustufen ist.

Zusammenfassend kann festgestellt werden, dass mit den vorgestellten Untersuchungen die Messwertstreuung im Vergleich zu vorangegangenen Untersuchungen in [14] (Vergleich mit der Varianz möglich), [23] und [120] reduziert werden kann.

7.1.3 Reproduzierbarkeit der Prüfergebnisse

Für eine Überprüfung der Reproduzierbarkeit werden gemeinsame Untersuchungen an der Technischen Universität München (TUM) und der Hochschule Zittau/Görlitz (HSZG) im Sinne eines nationalen Rundversuches durchgeführt. Die Hydrophobiebeständigkeiten der untersuchten Isolierstoffe wurden unter U_e = 4 kV AC und U = 5,66 kV DC ermittelt (**Bild 7-4**, **Bild 7-5**).

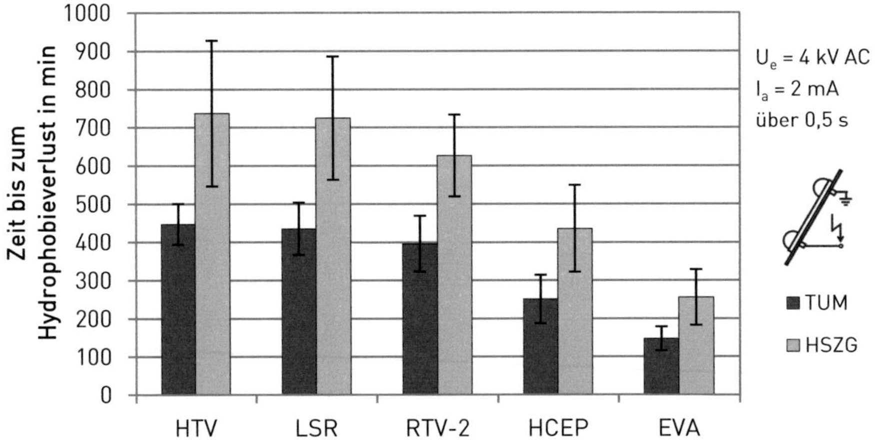

Bild 7-4: Hydrophobieverlust ausgewählter polymerer Isolierstoffe einheitlicher Oberflächenstruktur unter AC-Beanspruchung, Untersuchungen der TU München (TUM) und der Hochschule Zittau/Görlitz (HSZG), n = 12, Normalverteilung, 50-%-Wert, 95 % KI

Unter Wechselspannungsbeanspruchung kann an beiden Forschungsstellen ein identisches Isolierstoffranking ermittelt werden. Allerdings werden an der TUM systematisch kleinere Hydrophobiebeständigkeiten als an der HSZG beobachtet. Dies wird auf einen unterschiedlichen Prüfaufbau zurückgeführt, da an der TUM ein geerdetes Metallgehäuse verwendet wird sowie eine andere Führung der Zuleitungen erfolgt. Der Einfluss der Zuleitungsführung (vgl. Bild 6-18) wird als der dominierende Einflussfaktor angesehen. Der Nachweis der Reproduzierbarkeit bei Verwendung eines einheitlichen Prüfaufbaus ist in weiterführenden Untersuchungen zu erbringen.

Unter DC-Beanspruchung kann mit einer Ausnahme (RTV-2) eine gute Übereinstimmung der Prüfergebnisse beider Forschungsstellen ermittelt werden. Der signifikante Unterschied der Ausfallzeiten bei RTV-2 und die hohe

Messwertstreuung bei LSR an der HSZG sind möglicherweise auf elektrostatische Aufladung der Proben zurückzuführen, welche speziell bei den niedrigviskosen Silikonelastomeren beobachtet wurde (vgl. Kap. 6.2.2).

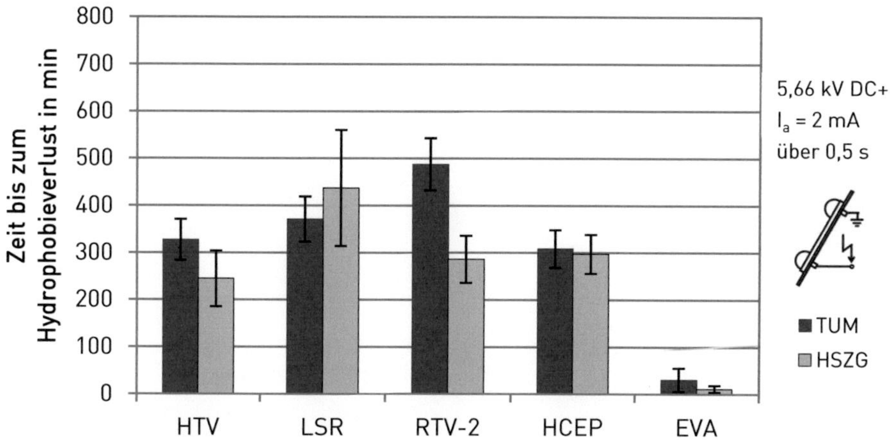

Bild 7-5: Hydrophobieverlust ausgewählter polymerer Isolierstoffe einheitlicher Oberflächenstruktur unter positiver DC-Beanspruchung, Untersuchungen an der TUM und HSZG, n = 12, Normalverteilung, 50-%-Wert, 95 % KI

Weitere internationale Rundversuche im Rahmen der CIGRE WG D1.58 unter AC- und DC-Beanspruchung können unter Beachtung der in Tabelle 6-6 aufgelisteten Empfehlungen zur Klärung der diskutierten Einflussfaktoren auf die bisher fehlende Reproduzierbarkeit beitragen.

7.1.4 Bewertung materialspezifischer Modifikationen

Um die Empfindlichkeit des Dynamischen Tropfen-Prüfverfahrens zu überprüfen, werden Untersuchungen zum Einfluss gezielter Materialmodifikationen ausgewählter Silikonelastomere durchgeführt. Dabei werden Spannungssteigerungsversuche durchgeführt, bei denen die Durchflussrate mit 1,0 ml/min konstant beibehalten wird. Bei der Modifizierung steht der Einfluss des ATH-Gehaltes (silanisiert) einer speziellen HTV-Formulierung HTV* im Fokus. Unter Anwendung der Spannungssteigerungsprozedur kann kein signifikanter Einfluss der Materialmodifikation auf die Hydrophobiebeständigkeit nachgewiesen werden (**Bild 7-6**). Tendenziell werden die kleinsten Ausfallzeiten bei einem Füllgrad von 0 % ATH beobachtet.

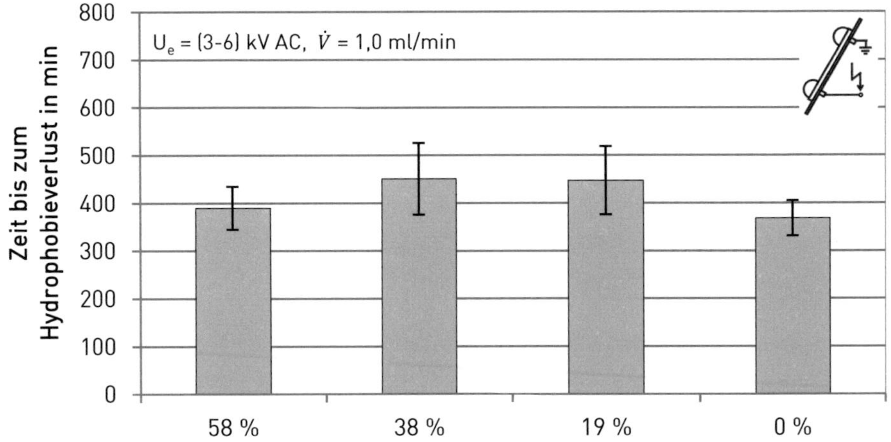

Bild 7-6: Einfluss des ATH-Gehaltes (silanisiert) auf die Hydrophobiebeständigkeit von HTV* unter AC-Beanspruchung im Spannungssteigerungsversuch, n = 12, Normalverteilung, 50-%-Wert, 95 % KI

Ein Vergleich mit bisher durchgeführten Untersuchungen zum Einfluss des ATH-Gehaltes an LSR- [13] im DTPV und HTV-Varianten [12] im Rad-Tauch-Prüfverfahren weisen vor allem den Einfluss der Silanisierung des ATH-Füllstoffes auf die Hydrophobiebeständigkeit nach. Untersuchungen in [31] und [127] zeigen in Übereinstimmung mit diesen Untersuchungen ebenfalls keinen signifikanten Einfluss des ATH-Gehaltes und einen Trend zu geringeren Ausfallzeiten bei der ungefüllten Basisvariante. Bei Untersuchungen in [128] wird allerdings mit steigendem ATH-Gehalt eine tendenzielle Abnahme der Hydrophobiebeständigkeit festgestellt. Als Ursache für den nichtlinearen Trend wird eine Änderung der Oberflächenstruktur und Oberflächenrauheit mit variierendem ATH-Gehalt vermutet. Demnach muss mit steigendem ATH-Gehalt bei entsprechender Behandlung und Modifizierung des Füllstoffes nicht unbedingt eine Minderung der Hydrophobiebeständigkeit einhergehen, wie auch die hier vorgestellten Untersuchungen mit dem Dynamischen Tropfen-Prüfverfahren zeigen.

7.1.5 Vergleichende Untersuchungen in der Salznebelkammer

Eine vergleichende Bewertung der Hydrophobiebeständigkeit erfolgt an geneigten Isolierstoffplatten unter Benebelung und simultaner Spannungsbeanspruchung. Der Fokus der Untersuchungen liegt auf einem Vergleich zwischen AC- und DC-Beanspruchung. Als Vergleichsbasis zum Gleichrichtwert wird der Effektivwert der AC-Spannung herangezogen. Dabei wird eine Belastung simuliert, bei welcher im Gegensatz zum DTPV ein abgleitender Tropfen nicht zu einer geschlossenen, die Elektroden verbindenden, Tropfenbahn führen kann. Der Hydrophobieverlust wird deshalb vorwiegend durch Zündung von Mikroentladungen zwischen der Elektrode, dem Tropfen und benachbarten Tropfen verursacht.

Die Ergebnisse zeigen für die beiden untersuchten Silikonelastomere erwartungsgemäß eine signifikant höhere Hydrophobiebeständigkeit unter DC-Beanspruchung (**Bild 7-7**).

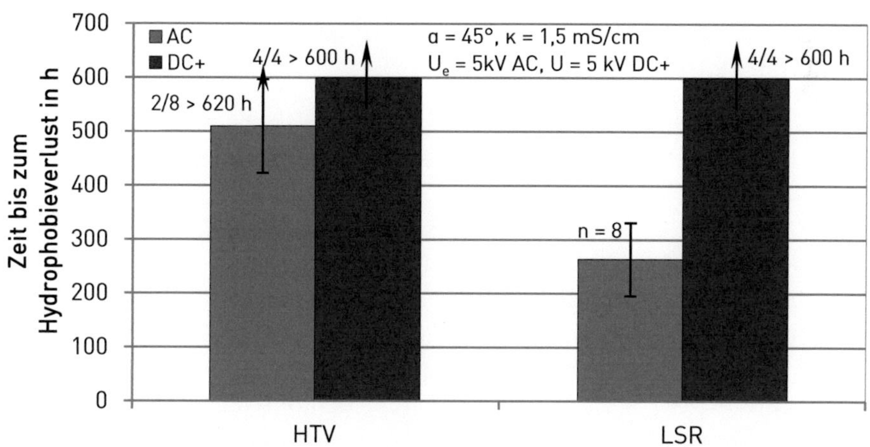

Bild 7-7: Zeit bis zum Hydrophobieverlust von geneigten HTV- und LSR-Prüfplatten in der Salznebelkammer unter AC- und positiver DC-Beanspruchung n = 4 (DC) bzw. n = 8 (AC), 50-%-Wert, 95 % KI

Dieser Effekt wird auf eine häufigere Zündung und größere Verweildauer hydrophobieabbauender Mikroentladungen unter AC-Beanspruchung zurückgeführt, vgl. Kap. 5.5. Unter Nebelkammerbedingungen weisen die untersuchten Isolierstoffe im Trend das gleiche Ranking wie im Dynamischen Tropfen-Prüfverfahren auf (vgl. Bild 6-1, 1 kV/cm AC sowie Bild 6-2, 1 kV/cm DC). Daraus wird geschlussfolgert, dass Ergebnisse im DTPV bzgl. der Prüfspannungsart und des Isolierstoffrankings auf den Betriebseinsatz übertragbar sind, wenn der dominierende Prozess des Hydrophobieabbaus durch Teilentladungen an ruhenden oder dynamisch bewegten Tropfen erfolgt. Damit wird das Dynamische Tropfen-Prüfverfahren als ein geeignetes Bewertungsverfahren für eine Skalierung polymerer Isolierstoffe für den Hochspannungs-Freilufteinsatz angesehen.

7.2 Hydrophobiewiederkehr

Eine Bewertung der Hydrophobiewiederkehr erfolgt in zahlreichen Untersuchungen (vgl. Kap. 2.5.2) nach Verlust der Hydrophobie mit Hilfe einer geeigneten Vorbelastung (z. B. Wasserlagerung [12], Koronabeanspruchung [18]) und einer Bewertung des Hydrophobiezustandes über der Erholungsdauer durch Kontaktwinkelmessung.

Mit Hilfe des Dynamischen Tropfen-Prüfverfahrens kann eine Aussage über die elektrische Wirksamkeit der wiedererlangten Hydrophobieeigenschaft getroffen werden. Eine Bewertungsmöglichkeit wurde in [14] und [16] durch eine Erst- und eine Wiederholprüfung eingeführt. Dabei wird die undefinierte Beanspruchung der Proben in der Alterungsübergangsphase bei der Erstprüfung als eingeschränkt wiederholbare Prüfmethode eingeschätzt. Darauf aufbauend entwickelte sich eine weitere Prüfmöglichkeit, bei welcher die Proben in Intervallversuchen innerhalb eines Zyklus nicht bis zum Hydrophobieverlust beansprucht werden. Nachfolgend werden Untersuchungen mit beiden Prüfstrategien vorgestellt und miteinander verglichen.

7.2.1 Wiederholversuche

Bei Wiederholversuchen werden die Prüflinge nach einer ersten Beanspruchung im DTPV und einer definierten Erholungsphase einer zweiten Beanspruchung ausgesetzt. Ein Vergleich der Ausfallzeiten des Erst- und Wiederholversuches ermöglicht eine Aussage über den Wiederkehreffekt. Aus praxisrelevanten Aspekten ist eine Erholungsdauer von 24 h von Interesse, da beispielsweise täglich wiederkehrende Betauungsvorgänge ähnliche Beanspruchungs- und Erholungsphasen zeigen.

Untersuchungen an HTV- und HCEP-Prüflingen bei $U_e = 5$ kV AC-Beanspruchung können prinzipiell den Wiederkehreffekt mit Hilfe von Wiederholversuchen nachweisen (**Tabelle 7-4**).

Tabelle 7-4: Erst- und Wiederholversuche auf HTV und HCEP nach 24 h bzw. 168 h Erholung, n = 12, Normalverteilung, 50-%-Wert mit 95 % KI

Isolierstoff (Erholungszeit)		HTV (24 h)	HCEP (24 h)	HCEP (168 h)
Erstversuch	Ausfallzeit	(354 ± 120) min	(120 ± 50) min	(120 ± 50) min
	Varianz	0,57	0,75	0,75
Wiederholversuch	Ausfallzeit	(99 ± 92) min	0 min	(42 ± 34) min
	Varianz	1,00	-	1,00

Allerdings muss für HCEP eine Erholungsdauer von 168 h gewährt werden, um Ausfallzeiten von $t_A > 0$ min zu erreichen. Daraus kann geschlussfolgert werden, dass HTV erwartungsgemäß einen qualitativ stärkeren Wiederkehreffekt aufzeigt als HCEP.

Die Wiederholversuche unterliegen einer starken Messwertstreuung. Diese ist maßgeblich auf die Entladungsaktivität durch Trockenbandentladungen in der Alterungsübergangsphase (AÜP) des Erstversuches zurückzuführen, welche eine lokale Aufrauhung der Isolierstoffoberfläche entlang der Tropfenabgleitbahn bewirken können. Dies ist visuell durch eine matt erscheinende Spur erkennbar. Daraus resultieren undefinierte Ausgangsbedingungen für den Start des Wiederholversuches.

Das neu gewählte Abschaltkriterium leistet zur Begrenzung der thermischen Prozesse in der AÜP einen wichtigen Beitrag. Für eine Eingrenzung eines thermischen Energieeintrages wird in diesen Untersuchungen das in 5.4.4 vorgeschlagene Abschaltkriterium von $I_a = 1$ mA über 0,25 s angewendet. Ein Vergleich der Ausfallzeiten des Erst- und Wiederholversuches sowie der Leistung in der AÜP des Erstversuches lässt dennoch keine Korrelation dieser Größen miteinander erkennen (**Bild 7-8**).

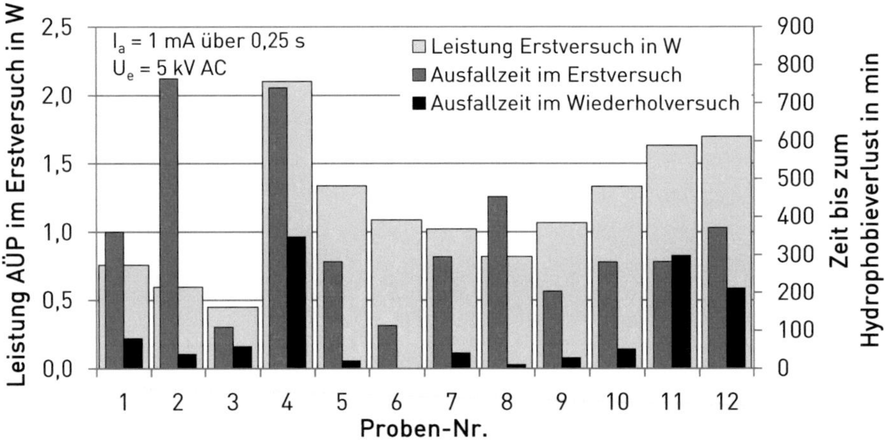

Bild 7-8: Zeit bis zum Hydrophobieverlust von HTV im Erst- und Wiederholversuch nach 24 h Erholungsdauer im Vergleich zur Leistung in der AÜP des Erstversuches

Damit können für den Wiederholversuch unter den gewählten Prüfbedingungen keine definiert wiederhol- und reproduzierbaren Ausgangsbedingungen geschaffen werden.

Zusammenfassend kann eingeschätzt werden, dass die Prüfprozedur der Wiederholversuche prinzipiell für eine qualitative Bewertung des Wiederkehreffektes geeignet ist. Für ein Ranking polymerer Isolierstoffe hinsichtlich ihrer Hydrophobiewiederkehr wird diese Methode aber infolge der hohen prozessbedingten Messwertstreuung als nicht empfehlenswert eingestuft.

7.2.2 Intervallversuche

Bei Intervallversuchen werden die Prüflinge nicht bis zum vollständigen Hydrophobieverlust der Tropfenabgleitbahn beansprucht, sondern nach einer festgelegten Belastungsdauer eine Erholungsphase gewährt und dann erneut belastet. Diese Prozedur wird solange wiederholt, bis ein Hydrophobieverlust detektiert werden kann (**Bild 7-9**).

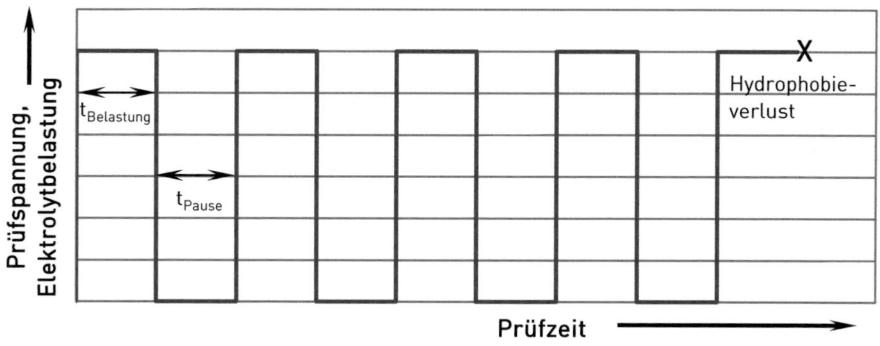

Bild 7-9: Prüfprozedur zur Durchführung der Intervallbelastung für eine Bewertung der Hydrophobiewiederkehr im DTPV

Die akkumulierten Belastungszeiten werden mit der Dauerbeanspruchung (Hydrophobiebeständigkeit der Proben) verglichen. Die Fähigkeit zur Hydrophobiewiederkehr kann dann bestätigt werden, wenn die akkumulierte Beanspruchungsdauer höhere Ausfallzeiten als die Dauerbeanspruchung aufzeigt. Dadurch kann die bei Wiederholversuchen undefinierte Beanspruchung der Isolierstoffproben während der AÜP des Erstversuches vermieden werden.

Für eine Festlegung geeigneter Beanspruchungs- und Pausenintervalle liegt das Augenmerk vor allem auf folgenden Aspekten:

- Vermeidung des Hydrophobieverlustes im ersten Beanspruchungsintervall,
- ausreichend große Pausendauer für die Wiedererlangung der Hydrophobie,
- Durchführen nur so vieler Intervalle wie nötig (Praktikabilität).

Diese Vorüberlegungen zeigen, dass sich eine einheitliche Prüfprozedur für eine breite Auswahl polymerer Isolierstoffe unter Beachtung dieser drei Aspekte als anspruchsvoll gestalten kann.

7.2.2.1 Intervallversuche unter AC-Beanspruchung

Für eine Abschätzung geeigneter Pausenintervalle werden vorangegangene Untersuchungen an Silikonelastomeren zur Bewertung der Hydrophobiewiederkehr nach Koronabeanspruchung herangezogen. Studien in [12], [13] und [18] zeigen nach bereits 1 h [12], [18] bzw. 5 h [13] Erholungsphase einen Wiederanstieg des dynamischen Rückzugswinkels. Vorversuche an HTV-Proben indizieren eine Übertragbarkeit dieser Untersuchungen auf den Wiederkehreffekt im DTPV, da bis zu einer Pausendauer von 2 h kein signifikanter Wiederkehreffekt nachgewiesen werden kann (**Bild 7-10**).

Ein zusätzlicher hydrophobiemindernder Effekt im DTPV kann durch das Zuschalten der Prüfspannung verursacht werden, da wie in Kap. 5.2.1.2 beschrieben, eine zusätzliche Beanspruchung der Isolierstoffoberfläche durch hydrophobieabbauende Teilentladungen erfolgen kann. Daher ist eine Zeitraffung des Prüfverfahrens bei „häufiger" Spannungsunterbrechung und -zuschaltung im Vergleich zur Dauerbelastung denkbar.

Längere Pausenintervalle von mehr als 24 h zeigen bei einem Beanspruchungsintervall von 3 h einen signifikanten Wiederkehreffekt (**Bild 7-11**). Je höher die Pausendauer, desto größer wird erwartungsgemäß die Ausfallzeit der akkumulierten Beanspruchungsdauern, da eine größere Pausendauer mehr Zeit für die Regeneration der hydrophoben Isolierstoffeigenschaften gewährt. Interessanterweise kann für HTV bei AC-Beanspruchung ein nahezu linearer Trend der Ausfallzeiten mit der Pausendauer beobachtet werden. Die Messwertstreuung bei den Vorversuchen liegt mit einer Varianz von maximal 0,37 in gleichem Bereich wie bei der Dauerbeanspruchung (**Tabelle 7-5**). Damit wird eine deutlich geringere Messwertstreuung im Vergleich zu den Wiederholversuchen erreicht.

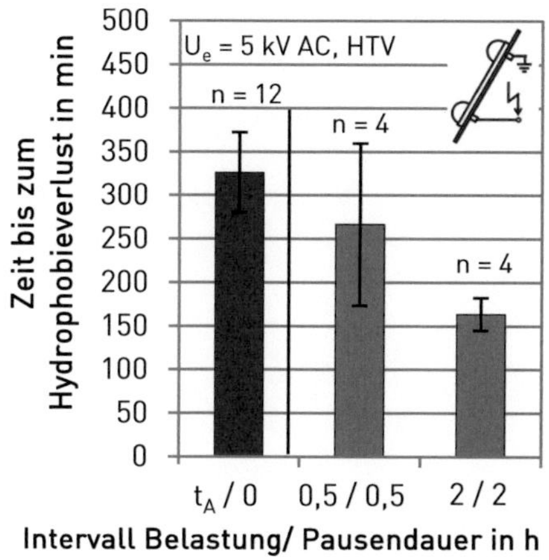

Bild 7-10: Hydrophobieverlust von HTV bei 5 kV AC in Abhängigkeit des Belastungs- und Pausenintervalls im Vergleich zur Dauerbeanspruchung t_A / 0 h, Normalverteilung, 50-%-Wert mit 95 % KI

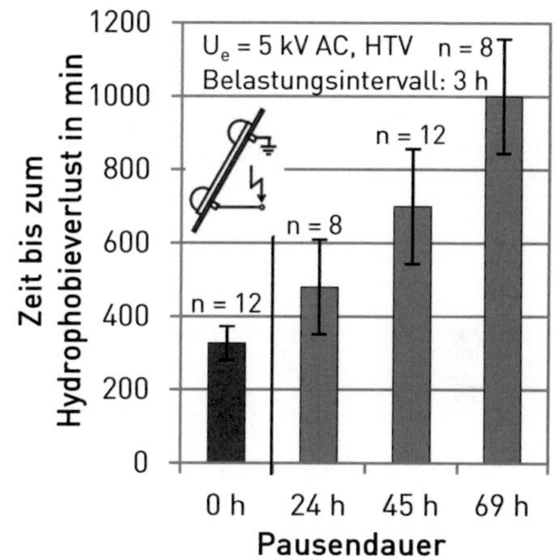

Bild 7-11: Hydrophobieverlust von HTV bei 5 kV AC in Abhängigkeit des Pausenintervalls bei einem Beanspruchungsintervall von 3 h im Vergleich zur Dauerbeanspruchung (0 h Pause), Normalverteilung, 50-%-Wert mit 95 % KI

Tabelle 7-5: Varianz der Ausfallzeiten für unterschiedliche Beanspruchungsintervalle

HTV	t_A / 0 h	0,5 h / 0,5 h	2 h / 2 h	3 h / 24 h	3 h / 45 h	3 h / 69 h
5 kV AC	0,37	0,36	0,21	0,29	0,35	0,34

Nachfolgend wird untersucht, inwiefern diese Voruntersuchungen mit HTV auf andere polymere Isolierstoffe hinsichtlich eines Materialvergleiches übertragen werden können. EVA wird dabei nicht weiter untersucht, da für dieses Material kein Wiederkehreffekt zu erwarten ist. Aus praxisrelevanter Sicht wird, wie bei den Wiederholversuchen erläutert, ein 24 h-Zyklus favorisiert, um eine täglich wiederkehrende Belastung nachbilden zu können.

Bei der Festlegung des Belastungsintervalls erfolgt eine Orientierung an der Ausfallzeit im Dauerversuch sowie an der Verteilungsfunktion der Ausfallzeit. Das Belastungsintervall soll dabei einerseits so lang wie möglich gewählt werden, um eine häufige Wiederholung der Intervallbelastung und damit hohen Prüfaufwand zu vermeiden. Andererseits ist das Belastungsintervall so kurz wie nötig zu wählen, um einen Hydrophobieverlust eines Prüflings innerhalb des ersten Belastungsintervalls zu vermeiden. Unter Beachtung dieser Aspekte werden für HTV und LSR bei Betrachtung der Verteilungsfunktionen bei 5-kV-AC-Beanspruchung Belastungsdauern von 3 h festgelegt, bei HCEP eine Belastung von 1 h. Bei Belastung von HCEP mit 3 h würden diese Proben bereits im ersten Intervall bis zum Hydrophobieverlust beansprucht werden (vgl. Bild 6-2). Die Ergebnisse dieser drei polymeren Isolierstoffe zeigen für die Silikonelastomere mit den gewählten Parametern einen signifikanten Wiederkehreffekt und einen Trend zur Wiederkehr für HCEP unter AC-Beanspruchung (**Bild 7-12**).

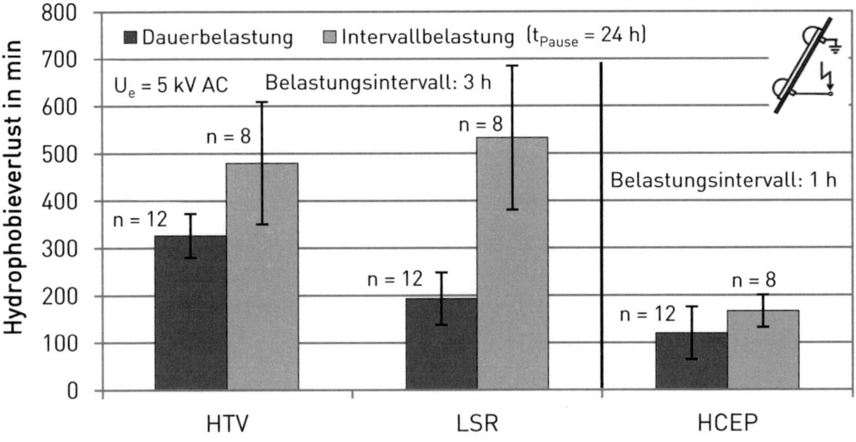

Bild 7-12: Hydrophobieverlust von HTV, LSR und HCEP bei 5-kV-AC-Beanspruchung, Vergleich der Dauer- und Intervallbeanspruchung zum Nachweis eines Wiederkehreffektes, Normalverteilung, 50-%-Wert mit 95 % KI

Ein Vergleich der drei Isolierstoffe zeigt wie bei den Wiederholversuchen einen schwächeren Wiederkehreffekt für HCEP. Bei den Silikonelastomeren ist eine eindeutige Aussage nur eingeschränkt möglich. LSR-Proben weisen im Vergleich zu HTV eine geringere Hydrophobiebeständigkeit, aber eine gleiche Ausfallzeit bei Intervallbelastung und somit ein auf die Hydrophobiebeständigkeit bezogenes höheres Wiederkehrvermögen auf.

Inwiefern eine Korrelation zwischen der Beständigkeit und der Wiederkehr der Hydrophobie besteht, ist in weiteren Untersuchungen zu klären. Bisherige Untersuchungen an Silikonelastomeren zeigen generell keine eindeutige Korrelation aller drei dynamischer Hydrophobieeigenschaften (Beständigkeit, Wiederkehr und Transfer) [183], [184]. Hierfür bedarf es weitergehender Untersuchungen.

7.2.2.2 Intervallversuche unter DC-Beanspruchung

Für Intervallbelastungen unter DC-Beanspruchung sollen zunächst ebenfalls Untersuchungen an HTV-Proben vorgestellt werden. Aufbauend auf den AC-Prüfungen finden Pausenintervalle von mindestens 24 h Anwendung (**Bild 7-13**). Die Ergebnisse zeigen prinzipiell den gleichen Trend wie unter AC-Beanspruchung. Um aus versuchstechnischen Aspekten einen Intervallzyklus aus Belastung und Pause innerhalb von 24 h zu realisieren, werden weitere Untersuchungen an LSR-Proben bei 3 h / 21 h und 2 h / 22 h durchgeführt (**Bild 7-14**). Dabei werden keine signifikanten Wiederkehreffekte bei der festgelegten Prüfspannungshöhe beobachtet und die gewählten Belastungsintervalle als ungeeignet eingestuft. Untersuchungen in [167] bestätigen diese Beobachtung und weisen anhand von Kontaktwinkelmessungen (statischer Randwinkel, Rückzugswinkel) auf Prüflingen nach 3 h DC-Beanspruchung im DTPV ohne vollständigen Hydrophobieverlust der Tropfenabgleitbahn eine vergleichsweise langsame Hydrophobiewiederkehr nach.

Deshalb wird eine vergleichende Isolierstoffbewertung an den vorliegenden Materialien bei 3 h / 69 h-Intervallbelastung durchgeführt (**Bild 7-15**). Für die untersuchten Silikonelastomere kann bei dem gewählten Prüfregime eine tendenzielle bzw. eine signifikante Hydrophobiewiederkehr detektiert werden. Für HCEP wird entgegen den Erwartungen tendenziell eine geringere Ausfallzeit im Intervallversuch ermittelt. Dies deutet darauf hin, dass während des Pausenintervalls ein weiterer Hydrophobieabbau stattfindet, welcher den Mechanismus des Wiederkehrs überwiegt. Dieser Effekt ist in nachfolgenden Untersuchungen zu klären.

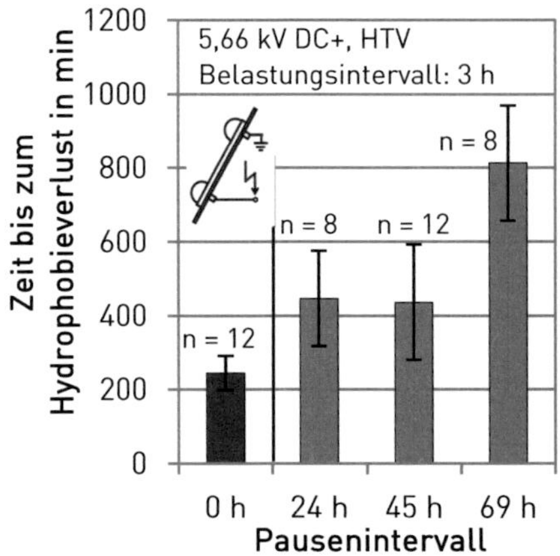

Bild 7-13: Hydrophobieverlust von HTV bei 5,66 kV positiver DC-Beanspruchung in Abhängigkeit des Pausenintervalls bei gleicher Belastung von 3 h im Vergleich zur Dauerbelastung (0 h Pause), Normalverteilung, 50-%-Wert mit 95 % KI

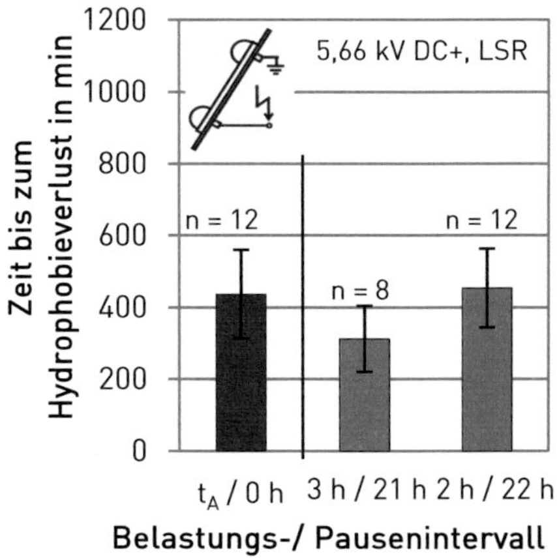

Bild 7-14: Hydrophobieverlust von LSR bei 5,66 kV positiver DC-Beanspruchung in Abhängigkeit des Belastungs- und Pausenintervalls im Vergleich zur Dauerbelastung t_A / 0 h, Normalverteilung, 50-%-Wert, 95 % KI

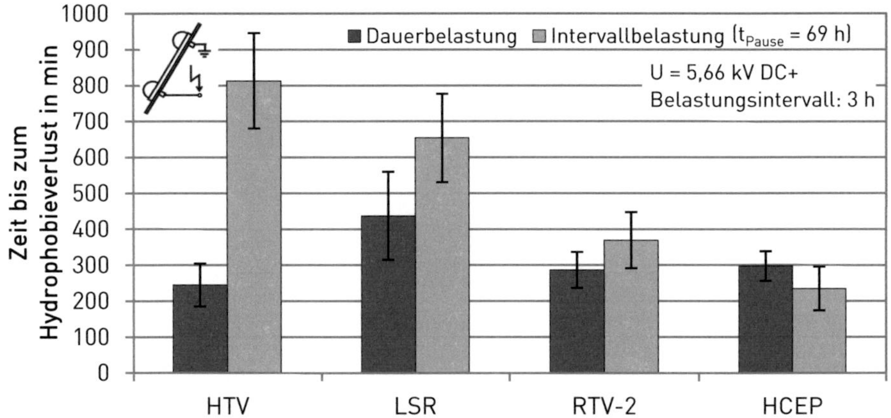

Bild 7-15: Hydrophobieverlust von HTV, LSR, RTV-2 und HCEP bei 5,66 kV positiver DC-Beanspruchung, Vergleich der Dauer- (n = 12) und Intervallbeanspruchung (n= 8) zum Nachweis eines Wiederkehreffektes, Normalverteilung, 50-%-Wert mit 95 % KI

Die Varianz als Maß für die Messwertstreuung liegt bei den Ausfallzeiten bei Intervallbeanspruchung mit ca. 0,2 bis 0,4 in einem ähnlichen Bereich wie bei der Dauerbeanspruchung (**Tabelle 7-6**). Damit kann diese Prüfprozedur auch unter DC-Beanspruchung als geeignet eingestuft werden.

Tabelle 7-6: Vergleich der Varianz der Ausfallzeiten unter Dauer- und Intervallbeanspruchung bei 5,66 KV DC+ für die untersuchten polymeren Isolierstoffe, n = 12

Varianz	HTV	LSR	RTV-2	HCEP
Dauerbelastung	0,48	0,37	0,30	0,15
Intervallbelastung 3 h / 69 h	0,24	0,32	0,37	0,37

Bei einem Vergleich der Intervallversuche unter AC- und DC-Beanspruchung ist ein geringerer Wiederkehreffekt unter DC-Beanspruchung zu beobachten. Die Ursache dafür ist in weiteren Untersuchungen zu klären.

Zusammenfassend ist festzustellen, dass die Intervallbeanspruchung eine geeignete Prüfmethode zur Bewertung der Hydrophobiewiederkehr darstellt. Im Vergleich zu Wiederholversuchen kann eine definierte Beanspruchung der Isolierstoffe erfolgen und eine deutliche Reduzierung der Messwertstreuung erreicht werden. Für AC-Beanspruchung wird eine Pausendauer von 24 h als angemessen angesehen, wohingegen für DC-Beanspruchung höhere Pausendauern von z. B. 69 h zu empfehlen sind.

7.3 DTPV als Diagnoseverfahren für den Nachweis der elektrischen Wirksamkeit der Wiederkehr und des Transfers

In zahlreichen Untersuchungen werden die Hydrophobiewiederkehr und der Hydrophobietransfer „nicht-elektrisch" anhand von Kontaktwinkelmessungen detektiert. Untersuchungen in [67] zeigen, dass der Rückzugswinkel die größte Korrelation mit dem Ableitstrom als ein Maß für die elektrische Wirksamkeit aufzeigt. Dennoch wird eingeschätzt, dass der Rückzugswinkel nicht allein als belastbare Größe z. B. für eine Aussage zur erfolgreichen Unterdrückung eines Ableitstromes ausreicht. Wie bereits in Kapitel 6.2.3 erläutert, spielen hydro- und elektrohydrodynamische Phänomene in Wechselwirkung mit der vorliegenden Oberflächenstruktur eine wesentliche

Rolle. Diese können nicht ausreichend mit punktuellen Messungen des Rückzugswinkels abgebildet werden. Des Weiteren lässt die Kontaktwinkelmessung statt einer Bewertung des gesamten Kriechweges ausschließlich eine punktuelle Bewertung zu.

Eine Prüfung von Isolierstoffen im DTPV erfolgt sowohl unter Elektrolyt- als auch unter Spannungsbelastung, was allerdings mit einer Beanspruchung der Proben einhergeht und deshalb über die Zustandsbewertung hinausgeht. Nachfolgend sollen die Möglichkeiten des DTPV als Diagnose-Verfahren für den Nachweis der elektrischen Wirksamkeit der Wiederkehr und des Transfers anhand elektrischer (Ableitstrom (Scheitelwert, U-I-Charakteristik), Ausfallzeit) und nicht-elektrischer Kenngrößen (Tropfenlängen) untersucht werden. Die Studien erfolgen an unter Wasserlagerung vorbelasteten Prüflingen sowie an Proben mit künstlich aufgetragener Verschmutzungsschicht in Anlehnung an das Hydrophobietransfer-Prüfverfahren (vgl. Kap. 4.2.2.3). Dabei soll auch gezeigt werden, inwiefern das Dynamische Tropfen-Prüfverfahren für eine Bewertung des Hydrophobietransfers geeignet ist. Als Indikator für die Vorbelastung wird der dynamische Rückzugswinkel herangezogen, wie beispielhaft während der Wasserlagerung dargestellt (**Bild 7-16**). Die Wasserlagerung wird als definierte und gut reproduzierbare Vorbelastung angesehen, da für die untersuchten Isolierstoffe:

- keine Veränderung der Oberflächenstruktur wie z. B. bei Beanspruchung mit Koronaentladungen verursacht [18] und
- anhand der Lagerungsdauer ein beliebiger Benetzungszustand zwischen dem Ausgangszustand und vollständiger Hydrophilie eingestellt werden kann.

Die Prüflinge werden nach der Wasserlagerung (ca. 400 h bei Raumtemperatur) getrocknet, gereinigt und vor einer Untersuchung im DTPV mindestens 24 h staubgeschützt unter Laborbedingungen konditioniert. Direkt vor einer Prüfung im DTPV werden erneut die Rückzugswinkel als Ausgangsbasis für die Studien ermittelt, um die Hydrophobiewiederkehr der Prüflinge während der Konditionierungsphase zu berücksichtigen (**Bild 7-17**).

Bei Isolierstoffproben mit künstlicher Verschmutzungsschicht werden zunächst Kontaktwinkelmessungen in Abhängigkeit von der Transferzeit durchgeführt, um den Zeitpunkt zu ermitteln, bei dem ein Tropfen von der Verschmutzungsschicht stabil getragen werden kann. Eine Belastung der frisch aufgetragenen Verschmutzungsschicht mit abgleitenden Tropfen im DTPV würde sonst eine Zerstörung und Auswaschung der Verschmutzungsschicht bewirken. Besonderes Augenmerk liegt dabei auf dem dynamischen Rückzugswinkel (**Bild 7-18**), welcher das im DTPV simulierte Tropfenabgleitverhalten am besten widerspiegelt.

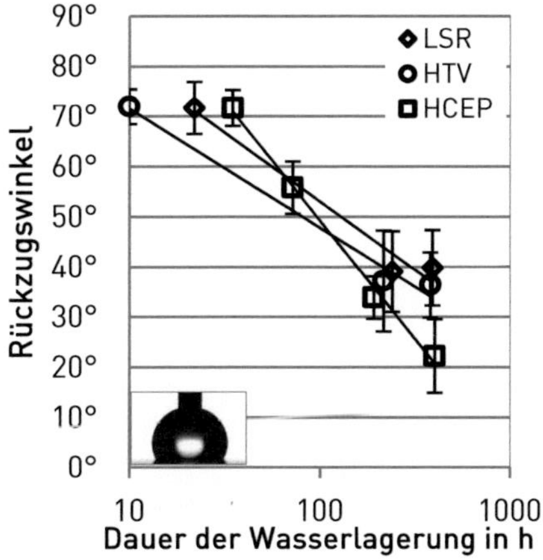

Bild 7-16: Rückzugswinkel ausgewählter Isolierstoffe während der Wasserlagerung unmittelbar nach der Entnahme aus dem Wasserbad, jeweils 2 Messungen an je 8 Proben, Normalverteilung, 50-%-Wert mit 95 % KI

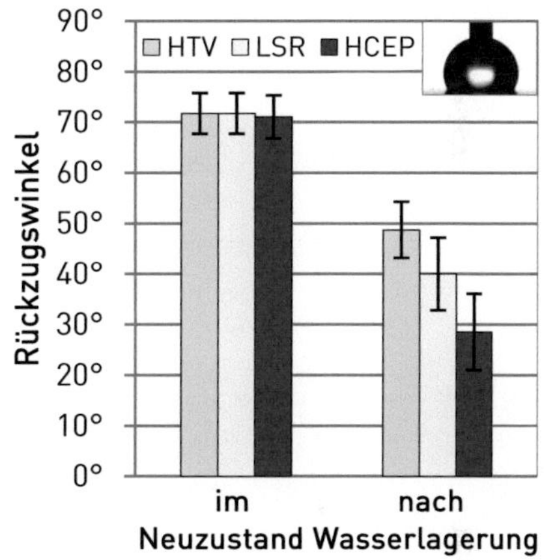

Bild 7-17: Rückzugswinkel im Neuzustand und nach Wasserlagerung (ca. 400 h) unmittelbar vor einer Untersuchung im DTPV, jeweils 2 Messungen an je 8 Proben, Normalverteilung, 50-%-Wert mit 95 % KI

Die signifikanten Abweichungen der Rückzugswinkel der beiden HTV-Messreihen, welche Proben aus derselben Materialcharge bestehen, werden auf die unterschiedliche Lagerung der Probekörper während des Transfers zurückgeführt (Messreihe 1 – Klimakammer (23 °C, 50 % r. F.); Messreihe 2 – Exsikkator (23 °C, 53 % r. F.). Ab einem Rückzugswinkel von ca. 35° bzw. einer Transferzeit von ca. 340 h ist die Verschmutzungsschicht auf allen HTV- und LSR-Proben soweit hydrophobiert, dass diese stabil einen Tropfen tragen kann. Ein Tropfen mit einem Volumen von 80 µl wird dabei über 60 s auf die Verschmutzungsschicht aufgesetzt, ohne dass dieser von der Schicht aufgesogen wird oder diese anlöst.

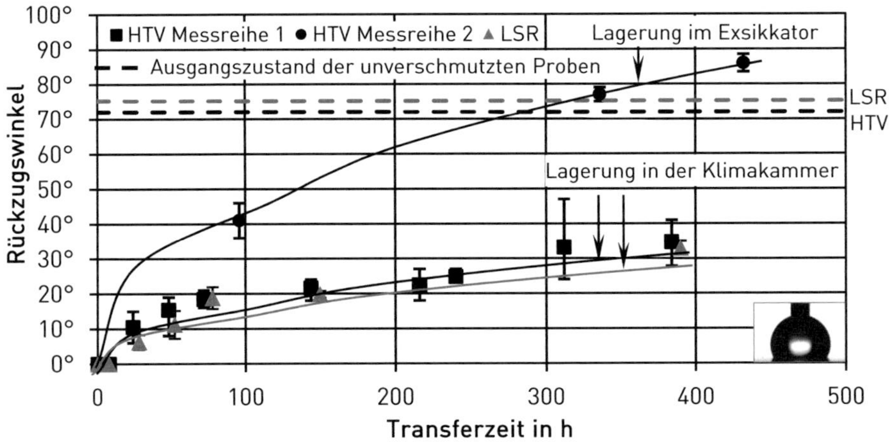

Bild 7-18: Verlauf der dynamischen Rückzugswinkel mit der Transferzeit auf HTV- (Messreihe 1 und 2) sowie auf LSR-Prüflingen im Vergleich zur unverschmutzten Probe, jeweils 2 Messungen an je 8 Proben, 50-%-Wert mit 95 % KI

7.3.1 Diagnose mit nicht-elektrischen Größen ohne Spannungsbeanspruchung

Das Abgleitverhalten dynamisch bewegter Tropfen kann durch eine Erfassung der Tropfenlängen unter Nutzung der Prüfanordnung des DTPV bewertet werden. Je weniger sich der Tropfen während des Abgleitvorganges dehnt, desto geringer ist das Adhäsionsvermögen zwischen dem Elektrolyten und dem Isolierstoff einzustufen und desto höher ist der wirksame Hydrophobiezustand der Isolierstoffoberfläche. Dementsprechend können die Tropfenlängen mit zunehmendem Rückzugswinkel abnehmen. Der Vergleich der Tropfenlängen von Proben im Neuzustand und in vorbelastetem Zustand (**Bild 7-19**) zeigt eine tendenzielle Übereinstimmung von Tropfenlängen und Rückzugswinkel (Bild 7-22 (432 h Transferzeit) und Bild 7-17). Der quantitative Vergleich von verschmutzten und unverschmutzten Isolierstoffoberflächen ist allerdings infolge unterschiedlicher Oberflächenstrukturen und -rauheiten eingeschränkt.

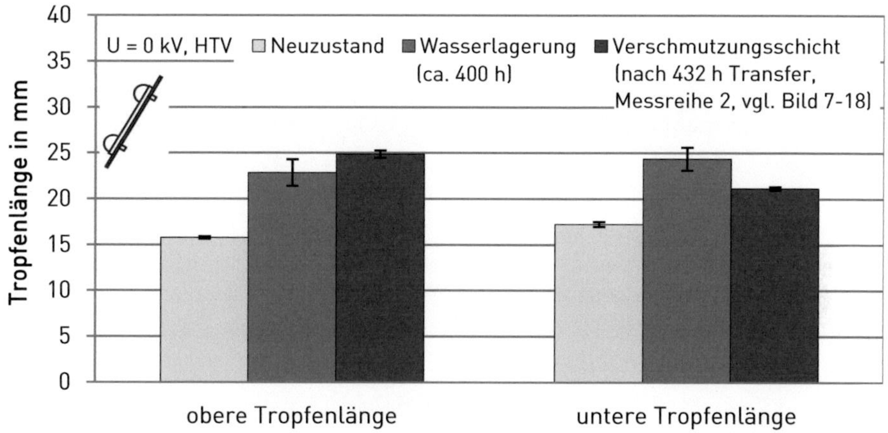

Bild 7-19: Obere und untere Tropfenlänge auf HTV im DTPV ohne Spannungsbeanspruchung im Vergleich Neuzustand – Vorbelastung mit jeweils 10 Messungen an zwei Proben, Normalverteilung, 50-%-Wert mit 95 % KI

Damit kann anhand von Tropfenlängen auch ohne Spannungsbeanspruchung auf eine elektrische Wirksamkeit hydrophober Eigenschaften geschlussfolgert werden, da die Tropfenlängen ein Maß für den Überbrückungsgrad einer Elektrodenanordnung darstellen. Ein Vergleich mit vorangegangenen Untersuchungen in [185], bei welchen Tropfenlängen im DTPV ebenfalls für die Bewertung von Benetzungszuständen herangezogen werden, zeigt eine prinzipielle Übereinstimmung mit diesen Ergebnissen auf.

7.3.2 Diagnose mit elektrischen Kenngrößen

7.3.2.1 Wasserlagerung

Zunächst wird der Ableitstrom als Diagnosegröße für eine Zustandsbewertung in Spannungssteigerungsversuchen in Anlehnung an Untersuchungen in [1], [13] und [67] herangezogen. Da das Einsetzen der Ableitstromimpulse durch einen abgleitenden Tropfen getriggert wird und diese einen weiteren Abbau der Hydrophobie bewirken, wird pro Spannungsstufe mit $\Delta U = 1$ kV nur ein abgleitender Tropfen untersucht.

Neue, unbelastete Proben zeigen ausschließlich kapazitive Ableitströme im µA-Bereich für den untersuchten Spannungsbereich bis $U_e = 10$ kV (vgl. Bild 5-37 bzw. **Bild 7-20**). An allen mittels Wasserlagerung vorbelasteten Prüflingen kann ein Anstieg des Ableitstromes in den mA-Bereich beobachtet werden (Bild 7-20). Die Ableitstromimpulse weisen nahezu rein ohmschen Charakter auf (vgl. Bild 5-42) auf. Dabei besteht hinsichtlich des Scheitelwertes eine gute Übereinstimmung der gemessenen mit den berechneten Werten für eine durchgehende Elektrolytspur definierter Geometrie. Die Kennlinie verläuft damit stark nichtlinear.

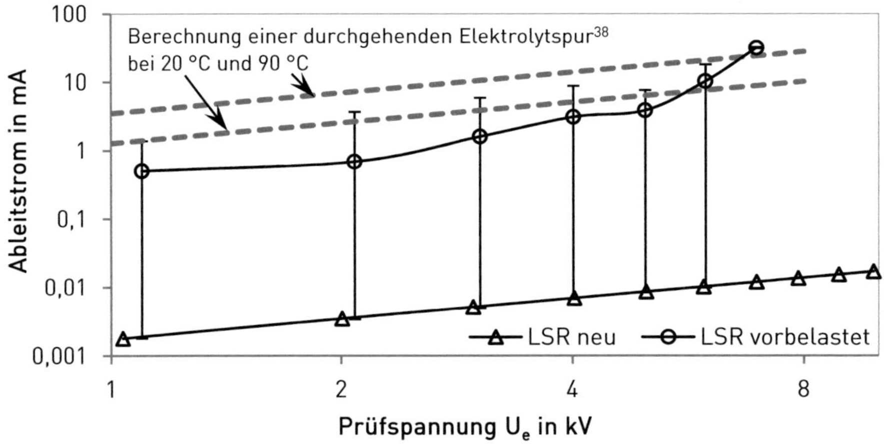

Bild 7-20: Vergleich der Strom-Spannungs-Beziehung neuer (n = 12) und durch 400 h Wasserlagerung vorbelasteter (n = 8) LSR-Prüflinge bei AC-Beanspruchung, Mittelwerte und Spannweiten; Vergleich mit Berechnung einer durchgehenden Elektrolytspur[38] bei 20 °C bzw. 90 °C

Die teilweise erheblichen Streuungen bei den entsprechenden Prüfspannungshöhen entstehen infolge des unterschiedlichen Hydrophobiezustandes der Prüflinge nach der Wasserlagerung, welcher auch durch die Streuung der Rückzugswinkel erkennbar ist (vgl. Bild 7-16). Prinzipiell ist mit der

[38] Berechnung des Ableitstromes nach Tabelle 2-6, Geometrie der Elektrolytspur (Breite x Höhe x Länge): (6 x 0,05 x 50) mm³; spezifische Volumenleitfähigkeit nach [165]: $\kappa_{20} = 1{,}4$ mS/cm; $\kappa_{90} = 4{,}1$ mS/cm.

Ermittlung der Strom-Spannungs-Charakteristik eine eindeutige Diagnose des Benetzungszustandes möglich. Je höher der Hydrophobiezustand einzustufen ist, umso stärker wird sich die I-U-Kennlinie dem kapazitiven Verlauf im µA-Bereich annähern.

Eine weitere Möglichkeit zur Bewertung der elektrischen Wirksamkeit hydrophober Oberflächeneigenschaften ergibt sich aus der Bestimmung der Ausfallzeit im DTPV (**Tabelle 7-7**).

Tabelle 7-7: Vergleich der Ausfallzeiten im DTPV an neuen (n = 12) und ca. 400 h wassergelagerten (n = 8) Prüflingen aus HTV und HCEP bei Beanspruchung mit 5 kV AC, Normalverteilung, 50-%-Wert, 95 % KI

Ausfallzeit in min	Neuzustand	Wasserlagerung
HTV	461 ± 63	332 ± 104
HCEP	280 ± 63	3 ± 2

Für Prüflinge aus HTV werden hohe Ausfallzeiten ermittelt, die teilweise im Bereich der Hydrophobiebeständigkeit neuer Proben liegen. Dies stimmt gut mit den Rückzugswinkeln (vgl. Bild 7-17) sowie den Untersuchungen mit den weiteren Diagnosegrößen überein (vgl. Bild 7-19), da die Tropfenlängen der vorbelasteten Proben um nur einige Millimeter größere Werte als die Tropfenlängen neuer Proben annehmen. Proben aus HCEP weisen mit Ausfallzeiten von wenigen Minuten einen sehr schwach ausgeprägten elektrisch wirksamen Hydrophobiezustand auf, was mit den Rückzugswinkeln von ca. 29° korreliert (vgl. Bild 7-17).

7.3.2.2 Transfer der Hydrophobie auf künstliche Verschmutzungsschichten

Orientierende Untersuchungen zum Hydrophobietransfer von HTV im DTPV bei ausschließlicher Elektrolytbelastung (336 h Transfer, Messreihe 1, vgl. Bild 7-18) zeigen auch nach 600 min noch keine hydrophile Spur oder Auswaschungen der Verschmutzungsschicht (nicht dargestellt). Darauf aufbauend werden Ausfallzeiten im DTPV an HTV-Proben (Messreihe 1: 336 h Transfer, Messreihe 2: 432 h Transfer, vgl. Bild 7-18) sowie an LSR-Proben ermittelt (**Bild 7-21**), bei denen die Rückzugswinkel auf ca. 50 % bzw. 100 % des Ausgangswertes (Referenz) angestiegen sind (**Bild 7-22**).

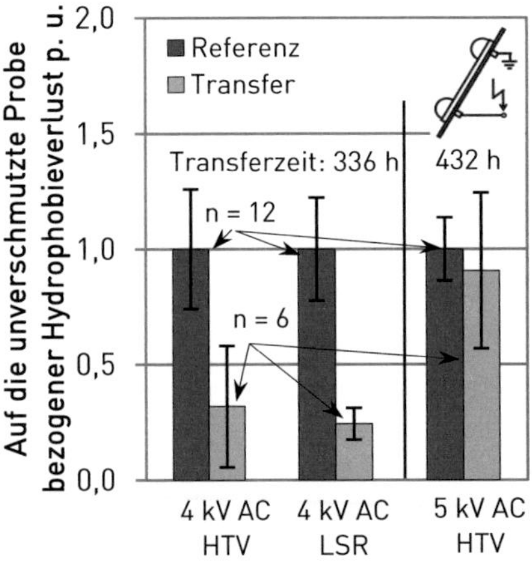

Bild 7-21: Auf die Hydrophobiebeständigkeit des Isolierstoffes bezogene Ausfallzeit von HTV und LSR unter AC-Beanspruchung, Normalverteilung, 50-%-Wert, 95 % KI

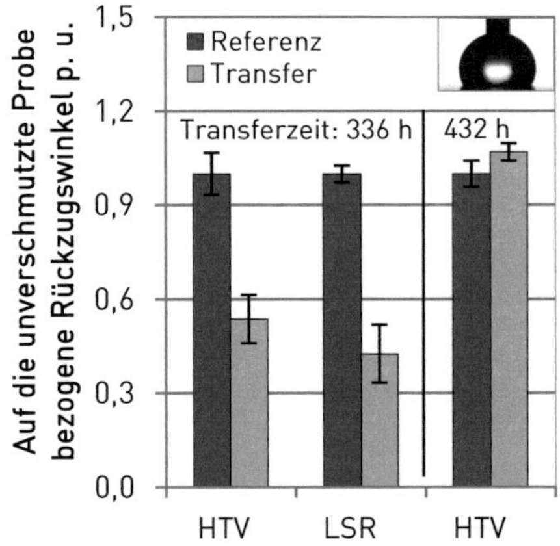

Bild 7-22: Auf die unverschmutzte Probe bezogener Rückzugswinkel von HTV und LSR, je 2 Messungen an jeweils 8 Proben, Normalverteilung, 50-%-Wert, 95 % KI

Die ermittelten Ausfallzeiten stehen in guter Übereinstimmung zu den Rückzugswinkeln. Je größer sich der Rückzugswinkel auf der Transferschicht einstellt, desto größer ist auch die Ausfallzeit. Erreicht der Rückzugswinkel den Bereich des Ausgangswertes der unverschmutzten Probe (Referenz), können auch Ausfallzeiten im Bereich der Hydrophobiebeständigkeit des Isolierstoffes erreicht werden. Ein direkter Vergleich von Ergebnissen an verschmutzten und unverschmutzten Proben ist aufgrund unterschiedlicher Oberflächenstrukturen und Rauheiten eingeschränkt. Die Rauheitswerte mit R_z = (2,5 – 4,0) µm für verschmutzte und R_z = 5 µm für unverschmutzte Proben liegen allerdings in einem ähnlichen Bereich.

In [136] werden orientierende Untersuchungen vorgestellt, in denen das DTPV ebenfalls für die Bewertung der Wirksamkeit des Hydrophobietransfers herangezogen wird. Als Verschmutzungsschicht werden trockene Staubschichten aus Quarzmehl und Kaolin aufgetragen. Bei Verwendung dieser Verschmutzungsschicht kann ein Hydrophobietransfer mit dem DTPV nachgewiesen werden, wodurch auf die Eignung dieses Prüfverfahrens für eine Transferbewertung geschlossen wird.

Es kann eingeschätzt werden, dass das Dynamische Tropfen-Prüfverfahren für eine Bewertung der elektrischen Wirksamkeit des Hydrophobietransfers geeignet ist. Ist der Hydrophobietransfer ausreichend vorangeschritten, kann die verwendete Fremdschicht nicht durch die Elektrolytbelastung beschädigt oder ausgewaschen werden. Dies ist erreicht, wenn der Rückzugswinkel einen Wert von ca. 40° aufweist und die Verschmutzungsschicht einen Tropfen stabil tragen kann. Andernfalls können nach dem Zuschalten der Prüfspannung Ableitstromcharakteristika beobachtet werden, die der Alterungsübergangs- oder Alterungsspätphase zuzuordnen sind und auf einen nicht ausreichenden Transfer der Isolierstoffprobe hinweisen.

Die mechanische Belastung der Proben und der Verschmutzungsschicht spielt ebenfalls eine Rolle. Besonders bei niederviskosen Isolierstoffen wie LSR und RTV-2 sind bei der Durchführung der Untersuchungen eine mechanische Belastung der Proben auf Biegung und Torsion zu vermeiden, welche zur Rissbildung und Zerstörung der Verschmutzungsschicht führen können.

Zusammenfassend ist festzustellen, dass das Dynamische Tropfen-Prüfverfahren auch für eine Diagnose der elektrischen Wirksamkeit der Wiederkehr und des Transfers der Hydrophobie herangezogen werden kann. Auch mit dem DTPV kann eine Korrelation zwischen dem Rückzugswinkel und der Ableitstromcharakteristik hergestellt werden. Als Diagnosegrößen sind sowohl elektrische (Ableitstrom, Ausfallzeit) als auch nicht-elektrische Kenngrößen geeignet. Im Vergleich zu den aufwändigen Untersuchungen in [13], [67] mit Referenzmessung der Elektrolytmenge und Beanspruchung des Tropfenbelages mit einer Spannungshalbwelle steht damit eine einfache Prüfmethode zur Verfügung.

8 Zusammenfassung

Das Dynamische Tropfen-Prüfverfahren (DTPV) wurde für eine Bewertung der dynamischen Hydrophobieeigenschaften „Beständigkeit" und „Wiederkehr" polymerer Isolierstoffe für den Hochspannungs-Freilufteinsatz entwickelt und wird für die Normung favorisiert. Bisher wurden allerdings die Messwertstreuung und die fehlende Reproduzierbarkeit als verbesserungswürdig eingestuft. Im Fokus der vorgestellten Untersuchungen stand die Weiterentwicklung dieses Verfahrens für eine mögliche Normung. Dazu wurden Studien hydro- und elektrohydrodynamischer Phänomene sowie Entladungserscheinungen zur Klärung hydrophobieabbauender Mechanismen in der Alterungsfrühphase sowie Parameterstudien zur Festlegung geeigneter Prüfparameter und -bedingungen durchgeführt.

Einheitliche Startbedingungen (gleiche Tropfenfrequenz und Tropfenlängen, kein Spreiten abgleitender Tropfen mit Bildung zahlreicher Elektrolytrückstände) für eine Prüfung im DTPV können erreicht werden, wenn die zu untersuchenden Isolierstoffe möglichst identische Oberflächenstrukturen aufweisen und einheitliche, reproduzierbare Reinigungsprozeduren (z. B. mittels Ultraschallbad) für die Elektroden und die Isolierstoffprüflinge angewendet werden.

Untersuchungen elektrohydrodynamischer Phänomene zeigen erwartungsgemäß ein unterschiedliches Tropfenverhalten (Tropfenfrequenz und -volumen, Tropfenlängen) zwischen 50-Hz-Wechselspannung und Gleichspannung. Dies hat Einfluss auf den Ort, die Häufigkeit und Intensität der hydrophobieabbauenden Mikroentladungen, welche beim Abreißen des Elektrolyttropfens von der oberen Elektrode bzw. bei der Kontaktierung eines abgleitenden Tropfens mit der Gegenelektrode, an Tropfenpolen sowie zwischen dicht benachbarten Elektrolytrückständen zünden können. Dadurch werden für AC- und DC-Beanspruchung Unterschiede im Umbildungsprozess von einer hydrophoben hin zu einer hydrophilen Isolierstoffoberfläche entlang der Tropfenabgleitbahn beobachtet, was sich auch auf die Ausfallzeit auswirkt. Für Prüfspannungen kleiner als 6 kV des Effektiv- bzw. Gleichrichtwertes ist die Ausfallzeit unter AC-Beanspruchung signifikant kleiner als für DC-Beanspruchung. Allerdings wird bei Gleichspannungsbeanspruchung eine wesentlich stärkere Abhängigkeit von der Prüfspannungshöhe beobachtet, wodurch kein äquivalenter Vergleichswert zwischen AC- und DC-Beanspruchung existiert, für welchen gleiche Ausfallzeiten bestehen.

Bei Ableitstrom- und Temperaturanalysen werden in der Alterungsübergangsphase thermische Prozesse bis hin zur Zündung thermisch initiierter Trockenbandentladungen beobachtet, welche durch ein empfindlicheres Abschaltkriterium mit einer Reduktion des Strom- und Zeitgrenzwertes weitestgehend vermieden werden können.

Parameterstudien zeigen, dass die Tropfenfrequenz und die Prüfspannungshöhe maßgebliche Parameter für die Zeitraffung des Prüfverfahrens darstellen. Eine Zunahme der Tropfenfrequenz kann mit einer Erhöhung des Neigungswinkels oder einer Erhöhung der Durchflussrate erreicht werden. Der Einfluss der spezifischen Volumenleitfähigkeit ist im untersuchten Parameterbereich als untergeordnet einzustufen.

Bei Untersuchungen zur Festlegung geeigneter Prüfbedingungen zeigt sich, dass die Umgebung der Prüfanordnung einen maßgeblichen Einfluss auf die Feldverteilung und die Ausfallzeit ausüben kann. Dieser Aspekt wird als eine wesentliche Ursache für die bisher fehlende Reproduzierbarkeit des Dynamischen Tropfen-Prüfverfahrens angesehen. Demzufolge sind in einer Prüfvorschrift genaue Angaben über den Abstand geerdeter Bauteile wie z. B. Gehäuse aber auch die Leitungsführung erforderlich.

Untersuchungen zur Bewertung der Hydrophobiebeständigkeit im Konstantspannungs- und im Steigerungsversuch (Steigerung der Prüfspannung und Durchflussrate) zeigen eine deutliche Reduzierung der Messwertstreuung im Vergleich zu bisherigen Untersuchungen. Damit wird, auch unter Verwendung identischer Oberflächenstrukturen, erstmalig ein quantitatives Isolierstoffranking für die untersuchten polymeren Isolierstoffe ermöglicht. Die vorgeschlagenen Stufen können bei einer zukünftig festzulegenden Klassifizierung polymerer Isolierstoffe als Hydrophobiebeständigkeitsklassen Anwendung finden. Inwiefern aus diesen Klassen Mindestanforderungen für die Werkstoffauswahl abgeleitet werden können, ist in nachfolgenden Untersuchungen unter Beachtung von Erfahrungen aus dem Betriebseinsatz zu klären.

Untersuchungen zur Bewertung der Hydrophobiewiederkehr anhand zweier verschiedener Prüfmethoden weisen eine prinzipielle Eignung des Dynamischen Tropfen-Prüfverfahrens für die Bewertung dieser Isolierstoffeigenschaft nach. Die bisher verwendete Prüfprozedur mit Wiederholversuchen ist für eine qualitative Bewertung des Wiederkehreffektes geeignet, wird aber infolge der hohen prozessbedingten Messwertstreuung als nicht empfehlenswert eingestuft. Im Vergleich dazu kann mit der entwickelten Intervallprozedur eine definierte Beanspruchung des Isolierstoffes erreicht und eine deutliche Reduzierung der Messwertstreuung ermittelt werden. Es wird eingeschätzt, dass die Intervallbeanspruchung eine geeignete Prüfmethode zur Bewertung der Hydrophobiewiederkehr im DTPV darstellt.

Abschließende, orientierende Untersuchungen an mittels Wasserlagerung und künstlicher Verschmutzungsschicht vorbelasteten Isolierstoffproben weisen die prinzipielle Eignung des DTPV auch als Diagnoseprüfverfahren für eine Bewertung der „elektrischen Wirksamkeit“ der dynamischen Eigenschaften „Wiederkehr“ und „Transfer“ nach. Als Diagnosegrößen sind sowohl elektrische (Ableitstrom, Ausfallzeit) als auch nicht-elektrische Kenngrößen geeignet. Damit kann das Dynamische Tropfen-Prüfverfahren für eine Bewertung aller drei dynamischer Hydrophobieeigenschaften angewendet werden.

9 Literaturverzeichnis

[1] J. Kindersberger, M. Kuhl und R. Bärsch: Evaluation of the Conditions of non-ceramic Insulators after longterm Operation under Service Conditions; 9th International Symposium on High Voltage Engineering, Beitrag 3023, Graz, Österreich, 1995.

[2] H. R. Johannsen: Geschichte der Elektrotechnik 3, Eine Chronologie der Entdeckungen und Erfindungen vom Bernstein zum Mikroprozessor; VDE-Verlag Berlin Offenbach, 2. Auflage, 1987.

[3] G. Dettmar: Geschichte der Elektrotechnik 8, Die Entwicklung der Starkstromtechnik in Deutschland bis etwa 1890; Reprint der Ausgabe von 1940 im ETZ-Verlag, VDE-Verlag Berlin Offenbach, 1989.

[4] J. F. Hall: History and Bibliography of Polymeric Insulators for Outdoor Applications; IEEE Transactions on Power Delivery, Volume 8, Issue 1, S. 376-385, 1993.

[5] IEC TR 62039: Selection guide for polymeric materials for outdoor use under HV stress; Edition 1.0, März 2007.

[6] C. L. Lee und G. R. Homan: Silicone Elastomer Protective Coatings for HV Insulators; IEEE-CEIDP, Nr. 435-441, 1981.

[7] J. Kindersberger und M. Kuhl: Effect of Hydrophobicity on Insulator Performance; 6th International Symposium on High Voltage Engineering, Beitrag 12.01, New Orleans, LA, USA, 1989.

[8] R. Bärsch, H. Gremmel, D. König und J. Pilling: Veränderung des Isoliervermögens an Feststoff/Gas-Grenzflächen durch fremdschichtinitiierte Teilentladungen; ETG-Fachbericht 49 "Isolationskoordination in Hoch- und Mittelspannungsanlagen", VDE Verlag Berlin Offenbach, S. 133-149, 1993.

[9] R. Bärsch, J. Lambrecht und H.-J. Winter: On the Valuation of the Early Period of Polymer Insulator Surfaces During Accelerated Aging Tests; 9th International Symposium on High Voltage Engineering, Beitrag 3023, Graz, Österreich, 1995.

[10] F. Schmuck: Zur zeitraffenden Alterungsprüfung von Silikongummi-Oberflächen unter Fremdschichtbelastung und simultaner 50-Hz-Spannungsbeanspruchung; Dissertation, Technische Hochschule Zittau, 1992.

[11] R. Bärsch, J. Lambrecht und H.-J. Winter: On the Evaluation of Influences on the Hydrophobicity of Silicone-Rubber Surfaces; 10th International Symposium on High Voltage Engineering, Proceedings, Volume 3, S. 13-16, Montreal, Kanada, 1997.

[12] J. Lambrecht: Über Verfahren zur Bewertung der Hydrophobieeigenschaften von Silikonelastomer-Formstoffen; Dissertation, Technische Universität Dresden, 2001.

[13] H. Jahn: Zur Bewertung stofflicher und herstellungsbedingter Einflussgrößen auf das Hydrophobie- und Erosionsverhalten von Silikonelastomeroberflächen; Dissertation, Technische Universität Dresden, 2003.

[14] R. Cervinka, R. Bärsch, F. Exl, J. Kindersberger und H.-J. Winter: Untersuchungen zur Beständigkeit der Hydrophobie von polymeren Isolierstoffoberflächen und ihrer Wiederkehr mit dem Dynamischen Tropfen-Prüfverfahren; ETG-Fachbericht 112 "Grenzflächen in elektrischen Isoliersystemen", VDE Verlag Berlin, S. 55-62, 2008.

[15] R. Bärsch und R. Cervinka: Oberflächenverhalten von Epoxidharz-Formstoffen unter Hochspannungsbeanspruchung und elektrolytischer Fremdschichtbelastung; Seminar „Epoxidharze in der Elektrotechnik", Technische Akademie Esslingen, 04.-05. Mai, 2010.

[16] F. Exl: Einflussfaktoren auf die Bewertung der Hydrophobieeigenschaften von Isolierwerkstoffen; Dissertation, Technische Universität München, 2010.

[17] DIN IEC 60815-3: Auswahl und Bemessung von Hochspannungsisolatoren für verschmutzte Umgebungen - Teil 3: Polymerisolatoren für Wechselspannungssysteme; April 2008.

[18] H. C. Hillborg: Loss and Recovery of Hydrophobicity of Polydimethylsiloxane after Exposure to Electrical Discharges; PhD Thesis, Royal Institute of Technology, Stockholm, Schweden, 2001.

[19] R. van der Huir: Untersuchung Volumen- und Oberflächenspezifischer Eigenschaften polymerer Isolierstoffe für den Hochspannungs-Freilufteinsatz; Dissertation, Technische Universität Braunschweig, 1991.

[20] H. Janssen: Ursache und Lebensdauer der Hydrophobie polymerer Werkstoffe für Hochspannungs-Freiluftisolatoren; Dissertation, Technische Universität Carolo-Wilhelmina zu Braunschweig, 1999.

[21] H. C. Kärner, U. Stietzel, H. Janssen und A. Herden: Hydrophobietransfer und Lebensdauer des Hydrophobie-Effekts; ETG-Fachbericht 68 "Silikonelastomere", VDE Verlag Berlin Offenbach, S. 21-29, Dresden, 1997.

[22] CIGRE TB 255: Material properties for non-ceramic outdoor insulation, State of the art; CIGRE WG D1.14, 2004.

[23] CIGRE TB 442: Evaluation of Dynamic Hydrophobicity Properties of Polymeric Materials for Non-Ceramic Outdoor Insulation - Retention and Transfer of Hydrophobicity; CIGRE WG D1.14, 2010.

[24] F. Exl, J. Kindersberger, R. Bärsch und F. Gerdinand: Round Robin Test for the Evaluation of the Hydrophobicity Transfer Ability of Polymeric Insulating Materials; ETG-Fachbericht 99 „Grenzflächen in elektrischen Isoliersystemen", VDE Verlag Berlin, S. 73 - 78, 2005.

[25] DIN ISO 1382: Kautschuk – Vokabular; Januar 2015.

[26] A. Tomanek: Silicone & Technik; Hanser Verlag München, Wacker-Chemie GmbH, 1990.

[27] W. Noll: Chemie und Technologie der Silikone; Verlag Chemie GmbH, Weinheim/ Bergstraße, 1968.

[28] M. J. Owen: Silicone surface science; Verlag Springer, Dodrecht Heidelberg New York London, 2012.

[29] M. D. Lechner, K. Gehrke und E. H. Nordmeier: Makromolekulare Chemie; Birkhäuser Verlag, Basel Boston Berlin, 2. Auflage, 1996.

[30] G. W. Ehrenstein: Polymer Werkstoffe; Carl Hanser Verlag, München Wien, 2. überarbeitete Auflage, 1999.

[31] F. Schmuck: Übersicht zur Herstellung und Materialauswahl von Verbundisolatoren, Aspekte des Korona- und Lichtbogenschutzes und die Zustandsbewertung nach der Entnahme aus dem Netz; Habilitation, Technische Universität Dresden, 2012.

[32] Wacker Chemie AG, [Online]. Available: http://www.wacker.com/-cms/de/productsmarkets/trademarks/hdk/hdk.jsp., Zugriff am 10.05.2010.

[33] A. Krämer: Über das Erosionsverhalten und die Wasseraufnahme von Silikonelastomeren und unterschiedlichen cycloaliphatischen Epoxidharz- Formstoffsystemen; Dissertation, Technische Universität Braunschweig, 1987.

[34] U. Kaltenborn: Die Eignung von Diagnoseverfahren zur Beurteilung der Frühphase der Oberflächenalterung von Epoxidharz-Formstoffen bei simultaner elektrischer und klimatischer Beanspruchung; Dissertation, Technische Universität Darmstadt, 2005.

[35] CIGRE TB 595: Fingerprinting of Polymeric Insulating Materials for outdoor use; CIGRE WG D1.27, 2014.

[36] H.-J. Klös: Über Prüfverfahren zur Beurteilung der Frühphase der Oberflächenalterung von Harzformstoffen bei simultaner Beanspruchung durch hohe elektrische Feldstärke und feuchte Fremdschichten; Dissertation, Technische Universität Darmstadt, 1998.

[37] J. Kindersberger: Vorgänge an äußeren Grenzflächen unter Freiluftbedingungen; ETG-Fachbericht 76, VDE Verlag Berlin Offenbach, 1999.

[38] C. Beisele: Innovative Cycloaliphatic Epoxy Systems for Outdoor Applications and Future Developments; INMR World Congress & Exhibition on Insulators, Arresters & Bushings, Hongkong, China, 2005.

[39] C. Beisele und B. Kultzow: Experiences with New Hydrophobic Cycloaliphatic Epoxy Outdoor Insulation Systems; IEEE Electrical Insulation Magazine, Volume 17, Issue 4, S. 33-39, 2001.

[40] U. Kaltenborn, P. Meier und Y. Dirix: Loss and Recovery of Hydrophobicity of Novel Hydrophobic Epoxy Resins; Conference on Electrical Insulation and Dielectric Phenomena, S. 303–306, 2002.

[41] F. Röthemeyer und F. Sommer: Kautschuk Technologie, Werkstoffe - Verarbeitung - Produkte; 3. Auflage, Carl Hanser Verlag München, 2013.

[42] J. Kindersberger: Silikonelastomere für Kabelgarnituren, Isolatoren und Überspannungsableiter - Profil einer Werkstofffamilie; ETG-Fachbericht 93 "Silikonelastomere - Werkstoffe für Kabelgarnituren, Isolatoren, Überspannungsableiter", VDE-Verlag Berlin Offenbach, 2003.

[43] H. Immink: Superhydrophobe Oberflächen: Funktionserhaltung durch Regeneration; Dissertation, Rheinische Friedrich-Wilhelms-Universität Bonn, 2009.

[44] S. Keim: Optische Diagnose an singulären Tropfen auf polymeren Isolierstoffoberflächen im elektrischen Feld; Dissertation, Technische Universität Darmstadt, 2003.

[45] G. Habenicht: Kleben, Grundlagen, Technologien, Anwendungen; Springer-Verlag Berlin Heidelberg, 5. Auflage, 2006.

[46] E. Doering, H. Schedwill und M. Dehli: Grundlagen der Technischen Thermodynamik; 6. Auflage, Vieweg+Teubner Verlag/ GWV Fachverlage Wiesbaden, 2008.

[47] U. Mock: Über das Benetzungsverhalten polymermodifizierter Grenzflächen; Dissertation, Albert-Ludwigs-Universität Freiburg, 2004.

[48] W. A. Zisman: Relation of equilibrium contact angle to liquid and solid constitution; Advances in Chemistry, Vo 43, 1964.

[49] J. Roth: Funktionalisierung von Silikonoberflächen; Dissertation, Technische Universität Dresden, 2009.

[50] F. K. Hansen: The Measurement of Surface Energy of Polymers by Means of Contact Angles of Liquids on Solid Surfaces; Vorlesungsschrift "Surface Energy of Polymers", Fakultät für Chemie, Universität Oslo, Norwegen, 2004.

[51] D. Owens und R. Wendt: Estimation of the surface free energy of polymers; Journal of Applied Polymer Science, Volume 13, S. 1741-1747, 1969.

[52] R. N. Wenzel: Resistance of solid surfaces to wetting by water; Industrial and Engineering Chemistry, Volume 28, S. 988, 1936.

[53] B. D. Cassie und S. Baxter: Wettability of porous surfaces; Transactions of the Faraday Society, Volume 40, S. 546, 1944.

[54] S. Dallmann: Reinigung superhydrophober Oberflächen; Dissertation, Technische Universität Dortmund, 2011.

[55] M. Nosonovsky und B. Bhushan: Hierarchical roughness makes superhydrophobic surfaces stable; Microelectronical Engineering, Journal, Volume 84, S. 382–386, 2007.

[56] B. Bhushan: Springer Handbook of Nanotechnology; Springer-Verlag Heidelberg, 2. Auflage,2007.

[57] A. Marmur: Wetting on hydrophobic rough surfaces: to be heterogeneous or not to be?; Langmuir, Volume 19, S. 8343–8348, 2003.

[58] E. A. Bremus-Köbberling: Strukturierung und Modifizierung von Polymeren mit UV-Laserstrahlung für Life Science Anwendungen; Dissertation, Rheinisch-Westfälische Technische Hochschule Aachen, 2004.

[59] M. Nosonovsky und B. Bhushan: Roughness optimization for biomimetic superhydrophobic surfaces; Microsystem Technologies, Volume 11, S. 535–549, 2005.

[60] M. Flemming: Methoden der Simulation und Charakterisierung von nanostrukturierten ultrahydrophoben Oberflächen für optische Anwendungen; Dissertation, Technische Universität Ilmenau, 2006.

[61] Z. Cerman: Superhydrophobie und Selbstreinigung: Wirkungsweise, Effizienz und Grenzen bei der Abwehr von Mikroorganismen; Dissertation, Rheinische Friedrich-Wilhelms-Universität Bonn, 2007.

[62] W. Mickel: Geometrisch bestimmte Phasen bei der Benetzung von nanostrukturierten Oberflächen und bei Jamming; Dissertation, Friedrich-Alexander-Universität Erlangen-Nürnberg, 2011.

[63] A. Khaddour: Möglichkeiten zur Optimierung der Hydrophobie von Silikon-Freiluftisolatoren; Universität Dortmund, Dissertation, 2003.

[64] J. Wu: Fremdschichtverhalten nanostrukturierter superhydrophober Isolierstoffoberflächen unter simultanen elektrischen und klimatischen Beanspruchungen; Dissertation, Technische Hochschule Aachen, 2008.

[65] E. Wintermantel: Medizintechnik: Life Science Engineering; Springer Verlag, S 641 f., 2009.

[66] IEC TS 62073: Guidance on the Measurement of Wettability of Insulator Surfaces; Edition 2.0, Februar 2016.

[67] J. Hofmann: Elektrische TE- und Ableitstrommessungen mit Impulsspannung an polymeren Isolierstoffoberflächen mit Tropfenbelägen zur Diagnose des Oberflächenzustandes – am Beispiel von Elastomeren; Dissertation, Technische Hochschule Zittau, 1995.

[68] DIN 55660-2: Beschichtungsstoffe – Benetzbarkeit, Teil 2: Bestimmung der freien Oberflächenenergie fester Oberflächen durch Messung des Kontaktwinkels; Dezember 2011.

[69] O. Mertsch: Nanoporöse und ultrahydrophobe Strukturen im Negativresist SU8; Dissertation, Technische Universität Berlin, 2008.

[70] S. Feier-Iova: The Behaviour of Water Drops on Insulating Surfaces Stressed by Electric Field; Dissertation, Technische Universität Darmstadt, 2009.

[71] D. Windmar: Water Drop Initiated Discharges in Air; PhD Thesis, Uppsala University, Schweden, 1994.

[72] Y. Mizuno, M. Iwatani, M. Nagata, K. Naito, K. Kondo und S. Ito: Behavior of Water Droplets on Silicone Rubber Sheet under AC Voltage Application; Nagoya Institute of Technology, Meijo University, NGK Insulators, Japan, 1998.

[73] T. Braunsberger: Verhalten zyklisch betauter Silikonoberflächen bei elektrischer Beanspruchung; Dissertation, Technische Universität Braunschweig, 2007.

[74] O. Fuji, K. Honsali, Y. Mizuno und K. Naito: Vibration of a water droplet on a polymeric insulating material subjected to AC voltage stress; IEEE Transactions on Dielectrics and Electrical Insulation, Volume 17, Issue 2, S. 566–571, 2010.

[75] M. Nazemi und V. Hinrichsen: Experimental Investigations on Water Droplet Oscillation and Partial Discharge Inception Voltage on Polymeric Insulating Surfaces under the Influence of AC Electric Field Stress; IEEE Transactions on Dielectrics and Electrical Insulation, Volume 20, Issue 2, S. 443–453, 2013.

[76] J. A. Robertson: Interactions between a highly charged aerosol droplet and the surrounding gas; PhD Thesis, University of Illinois at Urbana-Champaign, USA, 1969.

[77] J. D. Sherwood: Breakup of Fluid Droplets in Electric and Magnetic Fields; Journal of Fluid Mechanisms, Volume 188, S. 133-146, 1988.

[78] T. Schütte und S. Hörnfeldt: Dynamics of electrically stressed water drops on insulating surfaces; ABB Corporate, Swedish Power Transmission Institute Box 707, Ludvika, Schweden, 1990.

[79] K. Katada, Y. Takada, M. Takano, T. Nakanishi, Y. Hayashi und R. Matsuoka: Corona Discharge Characteristics of Water Droplets on Hydrophobic Polymer Insulator Surface; 6th International Conference on Properties and Applications of Dielectric Materials, Proceedings, Xi'an, China, 1999.

[80] T.-C. Cheng: Mechanisms of Flashover of Contaminated Insulators; PhD Thesis, Massachusetts Institute of Technology, Boston, MA, USA, 1974.

[81] J. Knauel und A. Wagner: Investigations on Droplet Initiated Discharges under Hybrid Field Stress; 18th International Symposium on High Voltage Engineering, Beitrag OE4-05, S. 1270-1274, Seoul, Südkorea, 2013.

[82] Y. Zhu, K. Haji, M. Otsubo, C. Honda und N. Hayashi: Electrohydrodynamic behaviour of water droplet on an electrically stressed hydrophobic surface; Journal of Physics, D: Applied Physics, Volume 39, S. 1970-1975, 2006.

[83] Z. X. Cheng, X. D. Liang, Y. X. Zhou, S. W. Wang und Z. C. Guan: Observation of corona and flashover on the surface of composite insulators; IEEE Bologna PowerTech Conference, Issue 2, Bologna, Italien, 2003.

[84] Z. Cheng, X. Liang, Y. Zhou, S. Wang und Z. Guan: Study of Water Droplet Discharge by Electric Field Computation and Highspeed Video; 7th International Conference on Properties and Applications of Dielectric Materials, Proceedings, Volume 2, Beitrag P4-33, S. 820-823, Nagoya, Japan, 2003.

[85] J. Knauel und A. Wagner: Verhalten von Tropfenkorona auf polymeren Isolierstoffoberflächen unter Mischfeldbeanspruchung; ETG-Fachbericht 140 „Grenzflächen in elektrischen Isoliersystemen“, VDE-Verlag Berlin Offenbach, S. 21-25, 2013.

[86] Y. Zhu, S. Yamashita, N. Anami, M. Otsubo, C. Honda und Y. Hashimoto: Corona Discharge Phenomenon and Behavior of Water Droplets on the Surface of Polymer in the AC Electric Field; 7th International Conference on Properties and Applications of Dielectric Materials, Proceedings, Nagoya, Japan, 2003.

[87] O. Fujii, K. Honsali, Y. Mizuno und K. Naito: A Basic Study on the Effect of Voltage Stress on a Water Droplet on a Silicone Rubber Surface; IEEE Transactions on Dielectrics and Electrical Insulation, Volume 16, Issue 1, S. 116–122, 2009.

[88] H. Songoro, M. Nazemi, E. Gjonaj, V. Hinrichsen und T. Weiland: Water Droplet Oscillation on the Hydrophobic Surface of Polymeric Insulators under AC Electric Field Stress; 18th International Syposium on High Voltage Engineering, Beitrag PA-24, S. 176-181, Seoul, Südkorea, 2013.

[89] M. Nazemi und V. Hinrichsen: Investigations on partial discharges of polymeric insulators in the presence of oscillating water droplets on the surface; ETG- Fachbericht 140 „Grenzflächen in elektrischen Isoliersystemen“, VDE-Verlag Berlin Offenbach, S. 15-20, 2013.

[90] A. J. Phillips, D. J. Childs und H. M. Schneider: Water drop corona effects on full-scale 500 kV non-ceramic insulators; IEEE Transactions on Power Delivery, Volume 14, Issue 1, S. 258-265, 1999.

[91] A. J. Phillips, D. J. Childs und H. M. Schneider: Aging of Non-Ceramic Insulators due to Corona from Water Drops; IEEE Transactions on Power Delivery, Volume 14, Issue 3, S. 1081-1089, 1999.

[92] W. N. English: Corona from a water drop; Physical Review, Volume 74, Issue 2, 1948.

[93] A. Phillips, I. Jandrell und J. R. Reynders: Consideration of corona onset from a water drop as a function of air pressure; IEEE Proceedings - Science, Measurement and Technology, Volume 143, Issue 2, S. 125-130, 1996.

[94] R. Kin, M. Kurimoto, Y. Murakami und M. Nagao: Dynamic Behavior of Water Droplet on Silicone Rubber Surface in Dynamic Drop Test; International Symposium on Electrical Insulating Materials, Proceedings, MVP 1-7, S. 249-252, 2011.

[95] Y. Higashiyama, S. Yanase und T. Sugimoto: Behavior of water droplets located on a hydrophobic insulating plate under DC field; Industry Applications Conference, 33th IAS Annual Meeting, Volume 3, S. 1808–1813, 1998.

[96] H. Gao, Z. Jia, Z. Guan und J. Yang: The effect of water droplets on hydrophobic contaminated surface under AC field voltage application; Conference on Electrical Insulation and Dielectric Phenomena, Annual Report, S. 124–127, 2005.

[97] W. Jianwu, W. Xishan, L. Lei, L. Haiyan und Y. Yuting: Study of Discharge Process and Characteristics of Discrete Water Droplets on the RTV Hydrophobic Surface in the Non-uniform Electric Field; International Conference on Power System Technology, PowerCon, S. 1-6, 2006.

[98] H. Gao, Z. Jia, Y. Moa, Z. Guan und L. Wang: Effect of Hydrophobicity on Electric Field Distribution and Discharges along Various Wetted Hydrophobic Surfaces; IEEE Transactions on Dielectrics and Electrical Insulation, Volume 15, Issue 2; S. 435–443, 2008.

[99] Z. Guan, L. Wang, B. Yang und X. L. Z. Li: Electric Field Analysis of Water Drop Corona; IEEE Transactions on Power Delivery, Volume 20, Issue 2, 2005.

[100] K. Yatsuzuka, Y. Higashiyama und K. Asano: Electrification of Polymer Surface Caused by Sliding Ultrapure Water; IEEE Transactions on industry applications, Volume 32, Issue 4, 1996.

[101] M. Nagao, Y. Murakami, Y. Kurimoto und R. Kim: Dynamic Drop Test under AC and DC Voltage Application (Effect of Charging on Hydrophobicity Loss of Silicone Rubber); CIGRE WG D1.27, Beitrag D1-27_056, Paris, Frankreich, 2010.

[102] DIN EN 60505: Bewertung und Kennzeichnung von elektrischen Isoliersystemen; Mai 2012.

[103] J. Kindersberger und R. Bärsch: Grenzfläche Feststoff-Gas-Beanspruchungen, Wechselwirkungen, Design, Prüfverfahren, Lebensdauer; ETG-Fachbericht 99 "Grenzflächen in elektrischen Isoliersystemen", VDE-Verlag Berlin Offenbach, S. 7-26, 2005.

[104] B. Müller: Untersuchungen zum Oberflächenverhalten von stabförmigen Isolatoren aus Epoxidharz-Formstoff bei simultaner Beanspruchung durch Feuchte und hohe Wechselspannung; Dissertation, Technische Hochschule Darmstadt, 1985.

[105] H. Näcke: Lichtbogenfestigkeit und Kriechstromfestigkeit von Isolierstoffen: Entwicklung wirklichkeitsnaher Prüfverfahren mit allgemein gültigen Aussagen über die Beständigkeit fester Isolierstoffe gegen elektrothermische Belastungen im praktischen Betrieb; Dissertation, Technische Universität Berlin, 1962.

[106] D. Schulte: Untersuchungen zum Oberflächenverhalten organischer Isolierstoffe für Freiluft-Hochspannungsanwendungen; Dissertation, Technische Universität Braunschweig, 1982.

[107] J. Seifert, H.-J. Winter, R. Bärsch und A. Bognar: Tracking and Erosion Performance of Liquid Silicone Rubber HV Composite Insulator Housings; IEEE Conference on Electrical Insulation and Dielectric Phenomena, Vancouver BC, Canada, 14.-17. Oktober 2007.

[108] G. P. Bruce: Aging of Outdoor Polymeric Insulation under HVDC; PhD Thesis, University of Manchester, Großbritannien, 2009.

[109] G. Heger, H. J. Vermeulen, J. P. Holtzhausen und W. L. Vosloo: A comparative study of insulator materials exposed to high voltage AC and DC surface discharges; IEEE Transactions on Dielectrics and Electrical Insulation, Volume 17, Issue 2, S. 513-520, 2010.

[110] J. Holtzhausen, P. Pieterse, H. Vermeulen und S. Limbo: Insulator aging tests with HVAC and HVDC excitation using the tracking wheel tester; International Conference on High Voltage Engineering and Application, S. 445-448, New Orleans, USA, 2010.

[111] I. Quint: Untersuchungen zum Einfluß von schwach leitenden Fremdschichten auf das Oberflächen-Alterungsverhalten wechselspannungsbelasteter zylindrischer Prüflinge aus Epoxidharz-Formstoff; Dissertation, Technische Hochschule Darmstadt, 1993.

[112] O. Claus: Charakterisierung des Oberflächenzustandes zylindrischer Prüfkörper aus Epoxidharz-Formstoff vor und nach Beanspruchung mit wässrigen salzhaltigen Fremdschichten und 50-Hz-Wechselspannung; Dissertation, Technische Hochschule Darmstadt, 1995.

[113] R. Hackam: Outdoor HV composite polymeric insulators; IEEE Transactions on Dielectrics and Electrical Insulation, Volume 6, Issue 5, S. 557-585, 1999.

[114] M. J. Owens: Hydrophobicity Loss and Recovery of Silicone High Voltage Insulation; Insulator 2000 World Congress on Insulator Technologies for the Year 2000 and Beyond, Proceedings, S. 13-24, Barcelona, Spanien, 1999.

[115] H. Homma, T. Kuroyagi, K. Izumi, C. L. Mirley, J. Ronzello und S. A. Boggs: Diffusion of Low Molecular Weight Siloxane from Bulk to Surface; IEEE Transactions on Dielectrics and Electrical Insulation, Volume 6, Issue 3, S. 370-375, 1999.

[116] W.-K. Park: Untersuchungen zum Einfluß der Systemkomponenten typisierter, gefüllter Gießharz-Formstoffe auf das Oberflächenverhalten von Modellisolatoren bei verschiedenen elektrischen Langzeit- und Kurzzeitprüfungen; Dissertation, Technische Hochschule Darmstadt, 1994.

[117] R. Bärsch: Bewertung der Hydrophobie sowie des Kriechstromverhaltens von Silikonelastomeren für Hochspannungs-Freiluftisolatoren; ETG-Fachbericht 93 "Werkstoffe für Kabelgarnituren, Isolatoren, Überspannungsableiter", VDE Verlag Berlin Offenbach, S. 97-108, 2003.

[118] K. Haji, D. Shiibara, Y. Arata, T. Sakoda und M. Otsubo: Characteristics evaluation of the Partial Arc Discharge and the Silicone Rubber surface by Dynamic Drop Test; Annual Report Conference on Electrical Insulation Dielectric Phenomena, CEIPD, S. 272-275, 2008.

[119] H. Jahn und R. Bärsch: Bewertung des Hydrophobiezustandes von Isolierstoffoberflächen mit elektrischen Diagnoseverfahren; 3. RCC-Fachtagung „Werkstoffe für Isolatoren, Überspannungsableiter, Kabelgarnituren, Schaltgeräte in der Hochspannungstechnik", S. 213–239, Berlin, 2006.

[120] R. Cervinka, R. Bärsch und J. Seifert: Einfluss der Prüfspannungsart auf das elektrische Oberflächenverhalten von polymeren Isolierstoffen unter elektrolytischen Fremdschichtbelastungen; ETG-Fachbericht 125 „Isoliersysteme bei Gleich- und Mischfeldbeanspruchung", VDE Verlag Berlin Offenbach, S. 69-76, 2010.

[121] M. Nagao, Y. Kurimoto und H. Homma: Evaluation of Hydrophobicity Loss of Silicone Rubber by Dynamic Drop Test; CIGRE WG D1-14, 01-2008, 2008.

[122] M. Kurimoto, M. A. Bin, R. Kin, Y. Murakami und M. Nagao: Influence of surface roughness on hydrophobic stability of silicone rubber composites in dynamic drop test; 10th International Conference on the Properties and Applications of Dielectric Materials (ICPADM), S. 1-4, 2012.

[123] A. Hergert und J. Kindersberger: Retention of hydrophobicity under DC voltage stress - Evaluation with the dynamic drop test; ELECTRA, Volume 272, S. 46-49, 2014.

[124] C. Bär, R. Bärsch, J. Lambrecht und G. Simson: On the Influence of Selected Test Parameters on the Retention of Hydrophobicity of Silicone Elastomers in the Dynamic Drop Test under AC and DC Stress; 18th International Syposium on High Voltage Engineering, Beitrag OE1-04, S. 1160-1165, Seoul, Südkorea, 2013.

[125] DIN EN 60060-1: Hochspannungs-Prüftechnik, Teil 1: Allgemeine Begriffe und Prüfbedingungen; Oktober 2011.

[126] M. Nagao: Polarity Effect on DC Dynamic Drop Test of Silicone Rubber and Behavior of Droplet and Surface Potential; CIGRE WG D1.58, Beitrag D1_58_026, Rio de Janeiro, Brasilien, 2015.

[127] S. Ansorge, F. Schmuck und K. O. Papailiou: Improved Silicone Rubbers for the Use as Housing Material in Composite Insulators; IEEE Transactions on Dielectrics and Electrical Insulation, Volume 19, Issue 1, 2012.

[128] D. Shiibara, K. Haji, T. Sakoda und M. Otsubo: Fundamental Research on Characteristics of Hydrophobicity Disappearance of Silicone Rubber Surface in Dynamic Drop Test; International Symposium on Electrical Insulating Materials, Proceedings, Beitrag MVP1-2-4, S. 99-102, Yokkaichi, Mie, Japan, 2008.

[129] A. Hergert: Retention of Hydrophobicity under DC – The influence of sample roughness on the test results and preparations for the 2nd Dynamic Drop - RRT; CIGRE WG D1.27, Beitrag D1-27_102, Braunschweig, 2012.

[130] S. Kumagai und N. Yoshimura: Hydrophobic Transfer of RTV Silicone Rubber aged in single and Multiple Environmental stresses and the Behavior of LMW Silicone Fluid; IEEE Transaction on Power Delivery, Volume 18, Issue 2, 2003.

[131] S. Kumagai und N. Yoshimura: Electrical and Environmental Stress and the Hydrophobic Stability of SIR, EVA and their Blends; IEEE Transaction on Dielectrics and Electrical Insulation, Volume 8, Issue 4, 2001.

[132] X. Wang, X. Liang und Y. Zhou: Aging effect of UV radiation on SIR insulators' hydrophobicity property; Conference on Electrical Insulation and Dielectric Phenomena, Annual Report, S. 241–244, 2004.

[133] E. Soundarajan, E. Jackson und R. Sundararajan: A Realistic Multistress Screening/Ranking Test for High Voltage outdoor Polymeric Insulators; Conference on Electrical Insulation and Dielectric Phenomena, Annual Report, S. 651–654, 2004.

[134] B. X. Du und Y. Liu: Pattern Analysis of Discharge Characteristics for Hydrophobicity Evaluation of Polymer Insulator; IEEE Transactions on Dielectrics and Electrical Insulation, Volume 18, Issue 1, 2011.

[135] H. Jahn und R. Bärsch: On the influence of different stress factors on the hydrophobicity and the electrical behaviour of silicone rubber surfaces; International Conference on Advances in Processing, Testing and Application of Dielectric Materials, S. 363-366, Wroclaw, Polen, 2001.

[136] K. Papailiou und F. Schmuck: Silikon-Verbundisolatoren, Werkstoffe, Dimensionierung, Anwendungen, Springer-Verlag Berlin Heidelberg, 2011.

[137] DIN EN ISO 4287: Geometrische Produktspezifikation (GPS) – Oberflächenbeschaffenheit: Tastschnittverfahren – Benennungen, Definitionen und Kenngrößen der Oberflächenbeschaffenheit (ISO 4287:1997 + Cor 1:1998 + Cor 2:2005 + Amd 1:2009); Deutsche Fassung EN ISO 4287, 1998.

[138] DIN 4760: Gestaltabweichungen, Begriffe, Ordnungssystem; Juni 1982.

[139] DIN EN 60212: Standardbedingungen für die Anwendung vor und während der Prüfung von festen Elektroisolierstoffen; Oktober 2011.

[140] A. Ohm und B. C. Lippold: Charakterisierung der Benetzbarkeit von Arzneistoffpulvern mit Hilfe der Sessile-Drop Technik, Randwinkel/Oberflächenspannungskurven, Teil 2: Kritische Oberflächenspannung; Pharm. Ind., Volume 48, Issue 5, S. 508-513, 1986.

[141] DataPhysics: Grenzflächenchemie: Einführung in die Auswertemethoden von Kontaktwinkelmessungen zur Bestimmung freier Oberflächenenergien von Festkörpern; Technische Informationen, DataPhysics InstrumentsGmbH, 2011.

[142] G. Ström: Contact Angles, Work of Adhesion, and Interfacial Tensions at a Dissolving Hydrocarbon Surface; Journal of Colloid Interfacial Science, Volume 119, Issue 2, S. 352-361, 1987.

[143] Y. Kitazaki und T. Hata: Extension of Fowkes' Equation and Estimation of Surface Tension of Polymer Solids; Journal of Adhesion (Japan), Volume 8, Issue 3, S. 131-141, 1972.

[144] J. J. Jasper: The Surface Tension of Pure Liquid Compounds; Journal of Physical - Chemical Reference Data, Volume 1, Issue 4, S. 859, 1972.

[145] K. S. Birdi und H. Y. Erbil: Surface Tension of Polymers; CRC Handbook of Surface and Colloid Chemistry, Boca Raton, CRC Press, S. 297, 1997.

[146] B. Janczuk: The Components of Surface Tension of Liquids and Their Usefulness in Determinations of Surface Free Energy of Solids; Journal of Colloid Interfacial Science, Volume 127, S. 59-66, 1989.

[147] W. Rabel: Einige Aspekte der Benetzungstheorie und ihre Anwendung auf die Untersuchung und Veränderung der Oberflächeneigenschaften von Polymeren; Zeitschrift Farbe und Lack, Volume 77, Issue 10, S. 997-1005, 1971.

[148] ELECTRO: Two Dimensional/Rotatational-Symmetric Electrostatic Field Solver, Version 6.4; Enginia Research Inc., Kanada, 2008.

[149] W. Hauschild und E. Lemke: High Voltage Test and Measuring Techniques; Springer-Verlag Heidelberg New York Dodrecht London, 2014.

[150] ebs ATS GmbH, B. Schindel: Thermografie in der Theorie und Praxis; 2007. [Online]. Available: http://www.thermografie.co.at%2Ffiles%2-Febs.pdf&ei=0CWRVbfnEML4ygP2pZZ4&usg=AFQjCNF9MV5hYgfd7yDYiNVlbzqDqv_X4g&bvm=bv.96783405,d.bGQ., Zugriff am 23.06.15.

[151] Institut für Raumfahrtysteme: Kapitel 6: Berührungslose Verfahren, Pyrometrie; [Online]. Available: http://www.irs.uni-stuttgart.de/-forschung/messverfahren/MSP_Kap_63_31102003.pdf., Zugriff am 23.06.2015.

[152] InfraTec GmbH: Einführung in die Theorie und Praxis der Infrarot-Thermografie; 2004. [Online]. Available: http://www.thermografie.-co.at/files/infratec.pdf., Zugriff am 29.06.2015.

[153] Keller HCW: Fachseminar: Theorie und Praxis der berührungslosen Temperaturmessung; 2008. [Online]. Available: http://www.thermografie.co.at/files/keller_hcw.pdf., Zugriff am 29.06.2015.

[154] Raytec GmbH, Hr. Gruner: Grundlagen der berührungslosen Temperaturmessung "Strahlungsthermometrie; 2003. [Online]. Available: www.thermografie.co.at/files/raytec.pdf., Zugriff am 29.06.2015.

[155] VDI 3511-4: VDI/VDE Richtlinie, Technische Temperaturmessungen - Strahlungsthermometrie; Januar 1995.

[156] D. Borneburg: Über den praktischen Einsatz einer UV-Kamera zur Detektion, Lokalisierung und Echtzeitdarstellung von Korona-Entladungen an elektrischen Betriebsmitteln; ETG Fachbericht 104 "Diagnostik elektrischer Betriebsmittel", S. 45-50, VDE Verlag, 2006.

[157] D. Borneburg: Detektion, Lokalisierung und Echtzeitdarstellung von Korona-Entladungen an elektrischen Betriebsmitteln mittels Visualisierung der UV-Emission; ETG Fachbericht 97 "Diagnostik elektrischer Betriebsmittel", S. 73-78, VDE Verlag, 2004.

[158] DIN EN 60270: Hochspannungs-Prüftechnik, Teilentladungsmessungen; August 2001.

[159] W. Hauschild und W. Mosch: Statistik für Elektrotechniker; VEB Verlag Technik Berlin, 1. Auflage, 1984.

[160] B. Kohaupt: Praxiswissen Chemie für Techniker und Ingenieure; vieweg Verlag Braunschweig, Wiesbaden, 5. Auflage, 1996.

[161] N. Kurda: Persönliche Mitteilung; 23 April 2013.

[162] C. Persch: Messung von Dielektrizitätskonstanten im Bereich von 0,2 bis 6 GHz und deren Bedeutung für die Mikrowellenerwärmung von Lebensmitteln; Dissertation, Universität Fridericiana Karlsruhe, 1997.

[163] N. Ijumba, A. Britten und J. Swartz: The Hydrobhobicity of Silicone Rubber Insulators Subjected to Water Droplet Corona Under HVDC Potential; International Conference on Power System Technology, Proceedings, Volume 3, S. 1884-1889, 2002.

[164] Zittau's Fluid Property Calculator; Hochschule Zittau/ Görlitz, [Online]. Available: http://thermodynamik.hszg.de/fpc/index.php., Zugriff am 26.05.2015.

[165] IEC 60507: Artificial pollution tests on high-voltage ceramic and glass insulators to be used on a.c. systems; Version 3.0, Dezember 2013.

[166] I. J. S. Lopes: A Study of Partial Discharges from Water Droplets on a Silicone Rubber Insulating Surface; IEEE Transactions on Dielectrics and Electrical Insulation, Volume 8, 2001.

[167] A. Hergert, J. Kindersberger, C. Bär und R. Bärsch: Bewertung der Hydrophobiewiederkehr polymerer Isolierwerkstoffe nach Gleichspannungsbeanspruchung; 6. RCC Fachtagung "Werkstoffe zur Anwendung in der elektrischen Energietechnik unter den besonderen Anforderungen der Hochspannungs-Gleichstrom-Übertragung (HGÜ)", S. 133-142, Berlin, 2015.

[168] E. A. Cherney, R. S. Gorur, A. Krivda, S. H. Jayaram, S. M. Rowland, S. Li, M. Marzinotto, R. A. Ghunem und I. Ramirez: DC Inclined-Plane Tracking and Erosion Test of Insulating Materials; IEEE Transactions on Dielectrics and Electrical Insulation, Volume 22, Issue 1, S. 211-217, 2015.

[169] G. P. Bruce, S. M. Rowland und A. Krivda: DC inclined-plane testing of silicone rubber formulations; Conference on Electrical Insulation Dielectric Phenomena, Annual Report, S. 196-199, 2008.

[170] Y. Kurimoto, Y. Tashiro, Y. Murakami, H. Homma und M. Nagao: Variation of leakage current caused by hydrophobicity loss of silicone rubber in Dynamic Drop Test; International Symposium on Electrical Insulating Materials, S. 111-114, 2008.

[171] A. Hergert: Retention of Hydrophobicity under DC; CIGRE WG D1.27, Beitrag D1-27_057, Paris, Frankreich, 2010.

[172] C. Bär, R. Cervinka, R. Bärsch, J. Seifert, J. Lambrecht und H.-J. Winter: On a Comparative Evaluation of the Retention of the Hydrophobicity and the Tracking Resistance of Silicone Elastomers under AC and DC Stresses; 17th International Symposium on High Voltage Engineering, Beitrag E-028, Hannover, 2011.

[173] A. Hergert: Retention of Hydrophobicity under DC – The first Dynamic Drop - RRT; CIGRE WG D1.27, Beitrag D1-27_092, Kyoto, Japan, 2012.

[174] J. Kindersberger und A. Hergert: Retention of Hydrophobicity under DC – Preparations for the 2nd Dynamic Drop - RRT; CIGRE WG D1.27, Beitrag D1-27_118, Paris, Frankreich, 2012.

[175] DIN EN 60587: Elektroisolierstoffe, die unter erschwerten Bedingungen eingesetzt werden - Prüfverfahren zur Bestimmung der Beständigkeit gegen Kriechwegbildung und Erosion; August 2008.

[176] A. Hergert: Retention and Recovery of Hydrophobicity – Results of the calibration RRT; CIGRE WG D1.58, Beitrag D1_58_022, Peking, China, 2015.

[177] C. Lederle: Isoliervermögen SF_6-isolierter Elektrodenanordnungen mit dielektrischer Beschichtung; Dissertation, Technische Universität München, 2008.

[178] B. Lutz: Einflussfaktoren auf die elektrische Feldverteilung in Isoliersystemen mit polymeren Isolierstoffen bei Gleichspannungsbelastung; Dissertation, Technische Universität München, 2011.

[179] A. Lafuma und D. Quéré: Superhydrophobic states; Nature Materials, Nr. 2, S. 457-460, 2003.

[180] D. Hübner, R. Bärsch, C. Bär und J. Görlich: Mikrostrukturierung von polymeren Isolierstoffoberflächen für den Einsatz in der Hochspannungstechnik - am Beispiel von Silikonelastomeren; 6. RCC Fachtagung "Werkstoffe zur Anwendung in der elektrischen Energietechnik unter den besonderen Anforderungen der Hochspannungs-Gleichstrom-Übertragung (HGÜ)", S. 253-254, Berlin, 2015.

[181] DIN 40110-1: Wechselstromgrößen; Zweileiter-Stromkreise; März 1994.

[182] DIN EN 61621: Trockene, feste Isolierstoffe - Prüfung der Lichtbogenbeständigkeit bei hoher Spannung und niedrigem Strom; Januar 1999.

[183] C. Bär, R. Bärsch, A. Hergert und J. Kindersberger: Evaluation of Dynamic Hydrophobicity Properties with the Dynamic Drop Test under AC and DC stress and the Hydrophobicity Transfer Test; 19th International Symposium on High Voltage Engineering, 23.-28. August, Beitrag Nr. 335, Pilsen, Tschechische Republik, 2015.

[184] J. Kindersberger, R. Bärsch, A. Hergert und C. Bär: Prüfverfahren für die Bewertung wasserabweisender Eigenschaften polymerer Isolierwerkstoffe für Hochspannungsanwendungen; Abschlussbericht zum IGF-Vorhaben Nr. 17001 BG der Forschungsvereinigung Elektrotechnik beim ZVEI e. V. im VDE e. V., Frankfurt/Main, 2015.

[185] T. Tokoro, T. Inoki, E. Wada und M. Nagao: Diagnosis of Degradation Condition of Silicone Rubber Using Hydrophobic Surface Analysis; International Symposium on Electrical Insulating Materials, Proceedings, Beitrag P1-25, S. 283-286, Yokkaichi, Mie, Japan, 2008.

10 Abkürzungs- und Symbolverzeichnis

Abkürzung	Erläuterung
AFP	Alterungsfrühphase
ASP	Alterungsspätphase
ATH	Aluminiumoxid-Trihydrat
AÜP	Alterungsübergangsphase
CIGRE	Conseil International des Grands Reseaux Électriques
CEP	cycloaliphatischer Epoxidharz-Formstoff
DDT	Dynamic Drop Test
DTPV	Dynamisches Tropfen-Prüfverfahren
EP	Epoxidharz-Formstoff
EPDM	Ethylen-Propylen-Dien-Monomer
EVA	Ethylen-Vinyl-Acetat
fps	Bildrate (frames per second)
HCEP	hydrophober cycloaliphatischer Epoxidharz-Formstoff
HDK	hochdisperse Kieselsäure
HGÜ	Hochspannungs-Gleichstrom-Übertragung
HSZG	Hochschule Zittau/Görlitz
HTM	Hydrophobietransfer-Materialien
HTPV	Hydrophobietransfer-Prüfverfahren
HTV	hochtemperaturvernetztes Silikonelastomer (high temperature vulcanized silicone rubber)
KI	Konfidenzintervall
LMW	niedermolekulare Verbindungen (low molucular weight compounds)
LSR	Flüssig-Silikon (liquid silicone rubber)
NV	Normalverteilung
OWRK	Oberflächenspannung nach der Methode von Owens, Wendt, Rabel und Kaelble
PDMS	Polydimethylsiloxan
PTFE	Polytetrafluorethylen

Abkürzung	Erläuterung
PUR	Polyurethan
RTV	raumtemperaturvernetztes Silikonelastomer (room temperature vulcanized silicone rubber)
SC	Silikon-Coating
SEF	Silikonelastomer-Formstoff
SHCEP	superhydrophober cycloaliphatischer Epoxidharz-Formstoff
SIR	Silikonelastomer (silicone rubber)
TB	Technische Broschüre
TE	Teilentladung
TS	Technischer Standard
TUM	Technische Universität München
WG	Working Group
µTE	Mikroteilentladung

Symbol	Erläuterung	Einheit
b	Breite einer Elektrolytspur	cm
C_p	Prüflingskapazität	pF
C_o, C_{o1}	Oberflächenkapazität	pF
C_w	Kapazität eines Tropfens	fF
d	Abstand DTPV-Anordnung zu geerdetem Gehäuse	cm
E	Feldstärke	kV/cm
E_d	Durchschlagfestigkeit, Stoffkenngröße	kV/cm
E_{dLuft}	Durchschlagfestigkeit atmosphärischer Luft	kV/cm
$\hat{E}_h$	Höchstfeldstärke (Scheitelwert)	kV/cm
$\hat{E}_{erd}$	Höchstfeldstärke an der Erdelektrode im DTPV	kV/cm
E_{krit}	kritische Feldstärke, bei welcher Tropfeninstabilitäten auftreten	kV/cm
$\hat{E}_{HS}$	Höchstfeldstärke an der Hochspannungselektrode im DTPV	kV/cm
f	Frequenz des Wechselfeldes	Hz
f	Formfaktor einer Isolierstoffprobe	
F	Kraft	N
F_H	Hangabtriebskraft	N
F_K	Kohäsionskraft	N
f_T	Tropfenfrequenz	min^{-1}

Symbol	Erläuterung	Einheit
i_0, i_1	kapazitiver Grundstrom	µA
I_a	Effektivstrom des Abschaltkriteriums	mA
k	Lageparameter der Lebensdauer der AFP	kV/cm/min
l	Basislinie des Tropfens auf der Feststoffoberfläche	mm
l_o	Länge des Tropfens im Abrissmoment im DTPV	mm
l_u	Länge des Tropfens bei Berührung der unteren Elektrode im DTPV	mm
n	Stichprobenumfang	-
p	Druck	Pa
P_s	spezifische Schichtleistung	W/cm²
$P_ü$	elektrischer Leistungsumsatz in der AÜP	W
P_w	Schichtleistung	W
r	Tropfenradius	µm
R	ohmscher Widerstand	Ω
R_a	Mittenrauheit	µm
R_L	Widerstand der durchschlagenen Luftstrecke	kΩ
R_v	Vorwiderstand	kΩ
R_w	Widerstand des Elektrolyten	kΩ
R_z	gemittelte Rautiefe	µm
R_u	Restwelligkeit	%
s	Schlagweite	cm
ϑ	Temperatur	K
t_A	Ausfallzeit	min
t_d	Prüfdauer Schiefe-Ebene-Prüfverfahren	min
$t_ü$	Dauer der Alterungsübergangsphase	s
$U_=$	Betrag des Gleichrichtwertes der Spannung	kV
$\hat{U}_a$	Anfangsspannung (Scheitelwert) für TE-Einsatz	kV
U_e	Effektivwert der Prüfspannung	kV
U_{max}	Maximalwert der welligen Gleichspannung	kV
U_{min}	Minimalwert der welligen Gleichspannung	kV
$\hat{U}_p$	Scheitelwert der Prüfspannung	kV
$U_ü$, $\hat{U}_ü$	Überschlagspannung (Scheitelwert)	kV
$Ü_k$	Elektrodenabstand	cm

Symbol	Erläuterung	Einheit
$\dot{V}$	Durchflussrate	ml/min
V_T	Tropfenvolumen	µl
W_A	Adhäsionsarbeit	mN/m
z	Lebensdauerexponent der AFP	-
α	Kippwinkel bzw. Winkel einer geneigten Ebene gegen die Horizontale (Ausnahme: Kap. 0)	°
α	thermischer Absorptionskoeffizient (ausschl. Kap. 0)	°
β	empirischer Parameter	$(m^2/mJ)^2$
γ	Oberflächenspannung	mN/m
γ^d	disperser Anteil der Oberflächenspannung	mN/m
γ_{FsF}	Oberflächenspannung Flüssigkeit - Feststoff	mN/m
γ_{FG}	Oberflächenspannung Flüssigkeit - Gas	mN/m
γ_{FsG}	Oberflächenspannung Feststoff - Gas	mN/m
γ_{H2O}	Oberflächenspannung Wasser - Gas	mN/m
γ^p	polarer Anteil der Oberflächenspannung	mN/m
δ	Höhe einer Elektrolytspur	cm
ε	Emissionsgrad	-
ε_0	elektrische Feldkonstante	As/Vm
ε_r	Dielektrizitätszahl	-
η	Homogenitätsgrad	-
η_G	Grenzhomogenitätsgrad	-
θ_G	Gleichgewichtsrandwinkel	°
θ_r	Rückzugswinkel	°
θ_s	statischer Randwinkel	°
θ_v	Vorrückwinkel	°
κ	spezifische Volumenleitfähigkeit	mS/cm
κ_F	Schichtleitfähigkeit	mS
λ	Wellenlänge	µm
ρ	Reflektionskoeffizient	-
τ	Transmissionskoeffizient	-
Φ	Wechselwirkungsparameter	-
ω	Kreisfrequenz mit $\omega = 2 \cdot \pi \cdot f$	Hz

11 Anlagenverzeichnis

Folgende Anlagen sind der Dissertation anhängig:

Anlage A1:	Einflussfaktoren auf das Benetzungsverhalten polymerer Isolierstoffe in der Alterungsfrühphase.
Anlage A2:	Technische Zeichnungen der verwendeten Edelstahlelektroden für das Dynamische Tropfen-Prüfverfahren.
Anlage A3:	Hydrophobiebeständigkeit von HTV-SIR unter 5-kV-AC-Beanspruchung, Einfluss der Elektrolytzusammensetzung beim DTPV, Vergleich einfach destilliertes mit entionisiertem Wasser.
Anlage A4:	Hydrophobiebeständigkeit von HTV-SIR unter 5 kV AC, Vergleich modifizierte – nicht modifizierte Elektrode beim DTPV.
Anlage A5:	Vergleich verschiedener statistischer Verteilungsfunktionen von Ausfallzeiten auf HTV bei 5-kV-AC-Beanspruchung mit Konfidenzintervallen und 5 % Irrtumswahrscheinlichkeit.
Anlage A6:	Abhängigkeit der Oberflächenspannung von Wasser von der Temperatur nach [164].
Anlage A7:	Seitenansicht abgleitender Tropfen auf anisotrop strukturierten RTV-2-Proben ohne Spannungsbeanspruchung im DTPV.
Anlage A8:	Frontansicht eines abgleitenden Tropfens auf HTV* ohne Spannungsbeanspruchung bei 30° (oben) und 80° (unten) im DTPV.
Anlage A9:	Analyse von Ableitstromimpulsen in der AÜP, Impulsdauer unter Bildung des Effektivwertes im DTPV.
Anlage A10:	Auswirkung des präzisierten Abschaltkriteriums auf die AÜP und die Hydrophobiebeständigkeit.
Anlage A11:	Diskreter Tropfenbelag unter $U_e = 8$ kV AC-Beanspruchung auf geneigten HTV-Prüflingen bei horizontaler Elektrodenanordnung.

Lebenslauf

Name:	Christiane Bär
Geboren am/in:	24. Juni 1985/Forst

Ausbildung:

08/1992 – 07/1998	Grundschule in Forst
08/1998 – 06/2005	Friedrich-Ludwig-Jahn-Gymnasium in Forst, allgemeine Hochschulreife
08/2005 – 02/2008	Ausbildung und Berufsabschluss als Elektronikerin für Betriebstechnik, envia Mitteldeutsche Energie AG (enviaM)
09/2005 – 08/2010	Studium der Elektrotechnik an der Hochschule Zittau/Görlitz, Abschluss als Diplom-Ingenieurin (Dipl.-Ing. (FH)), Thema der Diplomarbeit: „Untersuchungen zum Einfluss der Prüfspannungsart auf die Hydrophobiebeständigkeit sowie die Hochspannungskriechstromfestigkeit von polymeren Isolierstoffen“

Berufliche Entwicklung:

09/2010 – 10/2015	wissenschaftliche Mitarbeiterin an der Hochschule Zittau/Görlitz, Fachbereich Hochspannungstechnik/Werkstoffe der Elektrotechnik, Thema des AiF-Verbundprojektes mit der Technischen Universität München: „Prüfverfahren für die Bewertung wasserabweisender Eigenschaften polymerer Isolierwerkstoffe für Hochspannungsanwendungen“
Seit 11/2015	Entwicklungsingenieurin, Pfisterer Sefag AG, Schweiz, Bereich Technology Overhead Lines

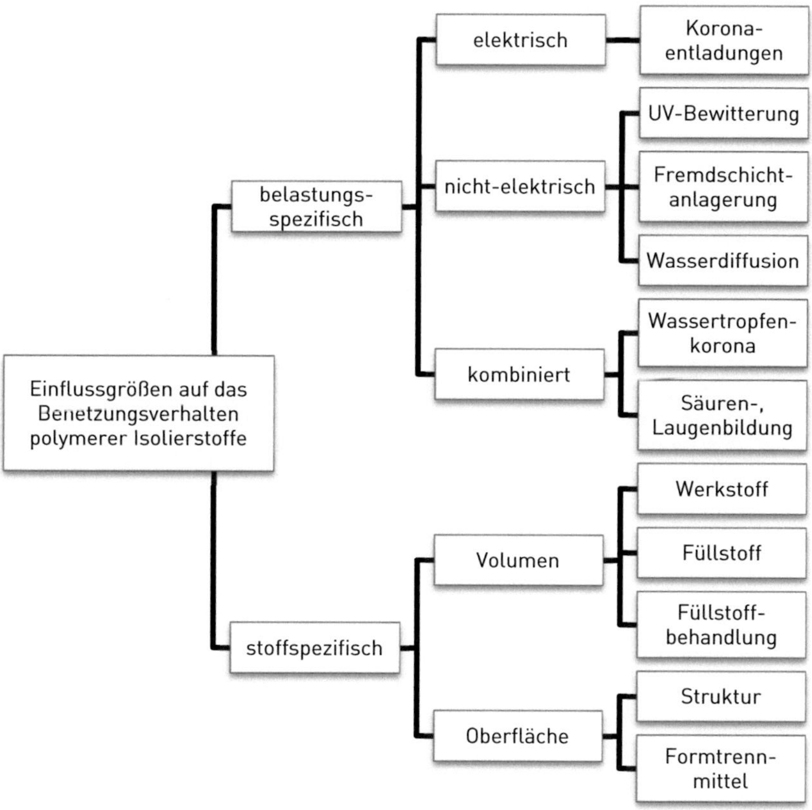

Einflussfaktoren auf das Benetzungsverhalten polymerer Isolierstoffe in der Alterungsfrühphase	Anlage A1
	zu Seiten 34, 46

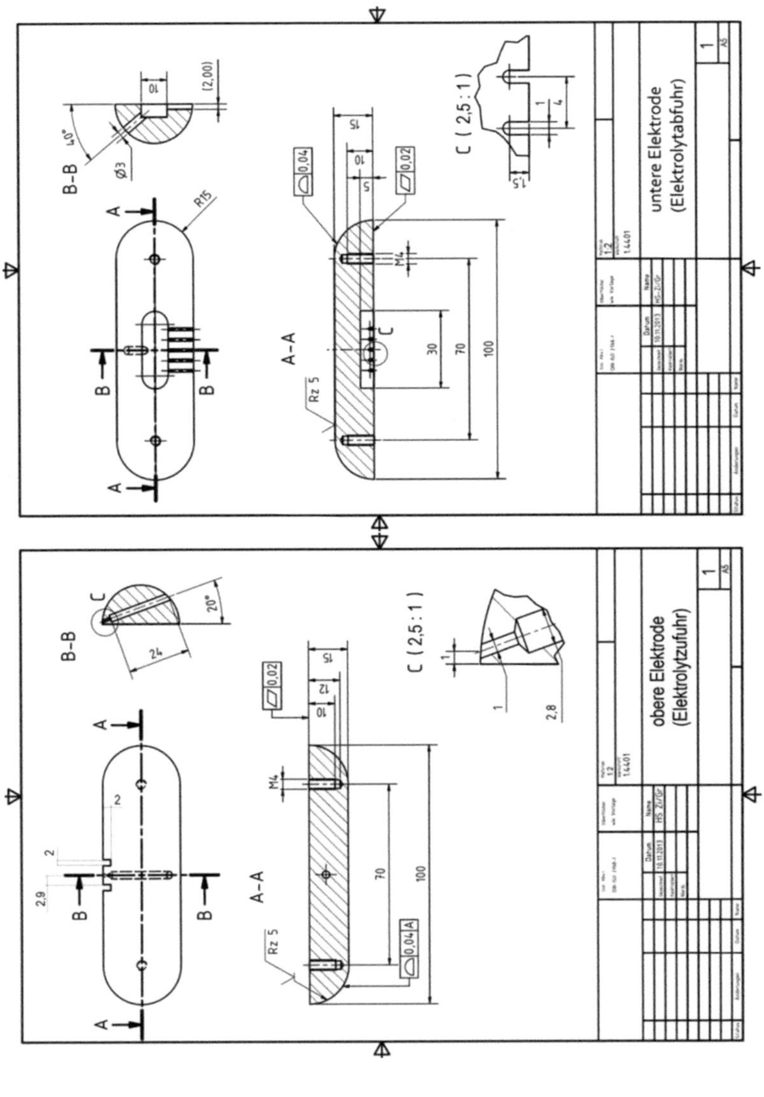

Technische Zeichnungen der verwendeten Edelstahlelektroden für das Dynamische Tropfen-Prüfverfahren

Anlage A2

zu Seiten 66, 172

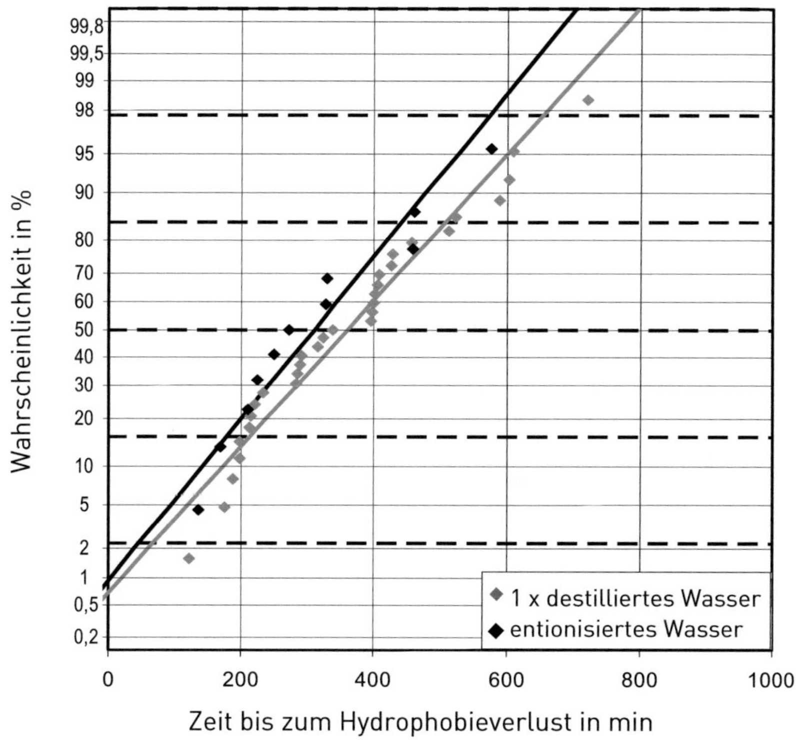

Hydrophobiebeständigkeit von HTV-SIR unter 5-kV-AC-Beanspruchung, Einfluss der Elektrolytzusammensetzung beim DTPV, Vergleich einfach destilliertes mit entionisiertem Wasser	Anlage A3
	zu Seite 67

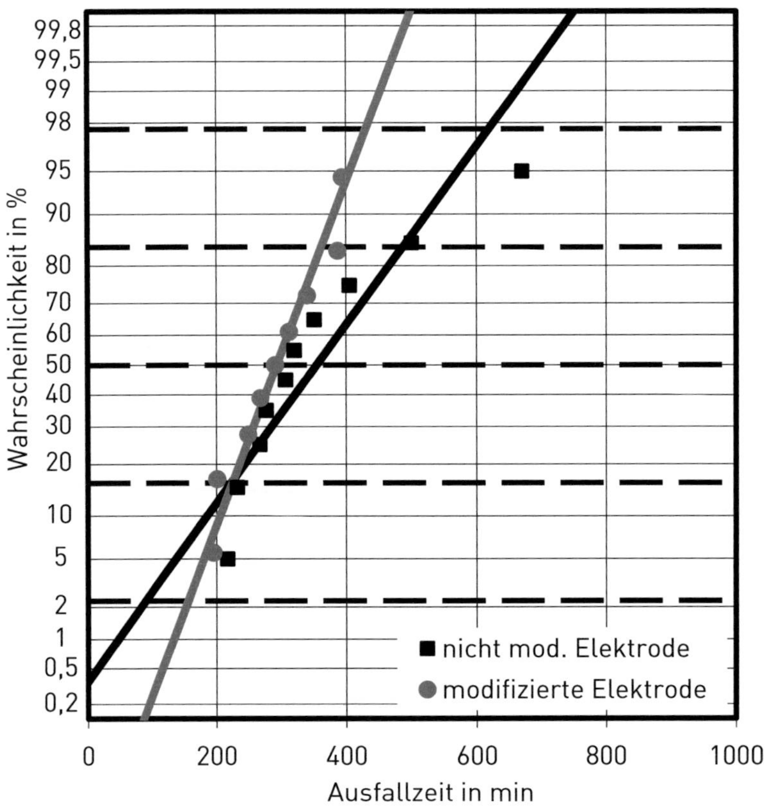

Hydrophobiebeständigkeit von HTV-SIR unter 5 kV AC, Vergleich modifizierte – nicht modifizierte Elektrode beim DTPV	Anlage A4
	zu Seite 70

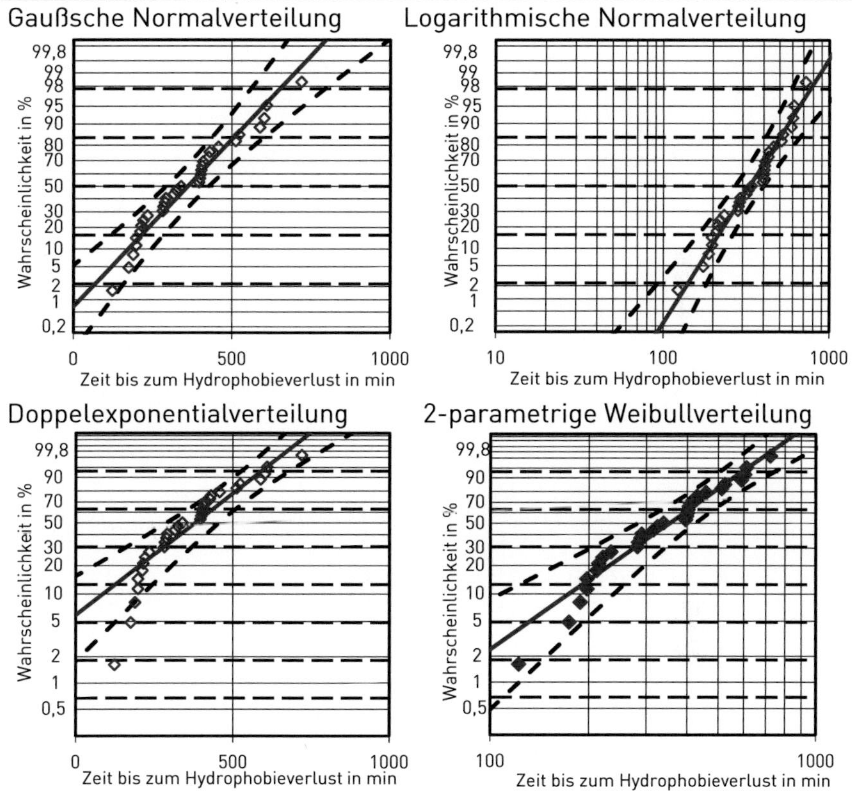

Kolmogorov-Test nach [159]:

kritische Größe:	0,2439
Testgröße der verschiedenen Verteilungsfunktionen:	
Normalverteilung:	0,1028
Logarithmische Normalverteilung:	0,1480
Doppelexponentialverteilung:	0,1589
2-parametrige Weibullverteilung:	0,0897

Die Verteilungsfunktion ist anwendbar, wenn die Testgröße kleiner als die kritische Größe ist.

Vergleich verschiedener statistischer Verteilungsfunktionen von Ausfallzeiten auf HTV bei 5-kV-AC-Beanspruchung mit Konfidenzintervallen und 5 % Irrtumswahrscheinlichkeit	Anlage A5 zu Seite 88

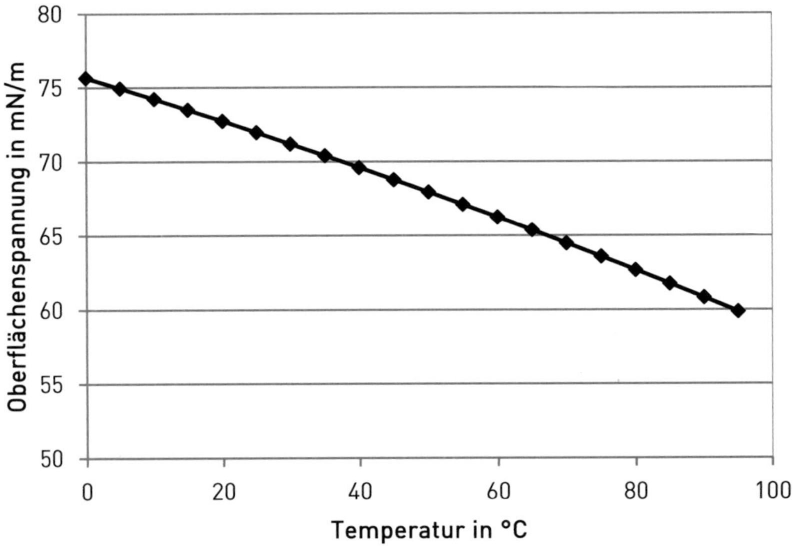

Abhängigkeit der Oberflächenspannung von Wasser von der Temperatur nach [164]	Anlage A6
	zu Seite 93

Prüfkörper	Tropfenabgleitverhalten (U = 0)
isotrope Struktur (R_z = 5,2 µm) (Referenz)	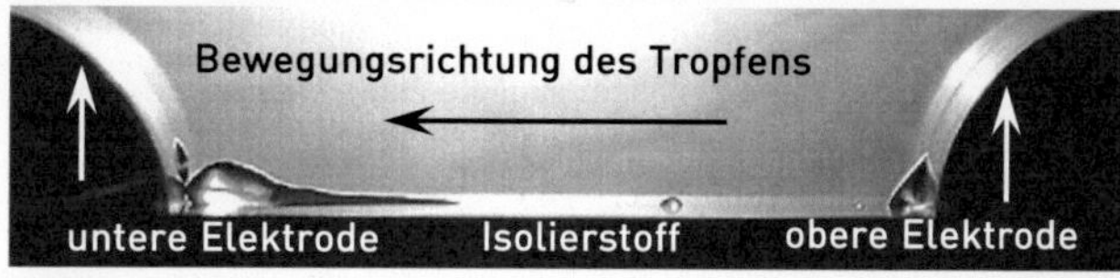
Viereckstruktur (Querrichtung)	
Dreieckstruktur (Querrichtung)	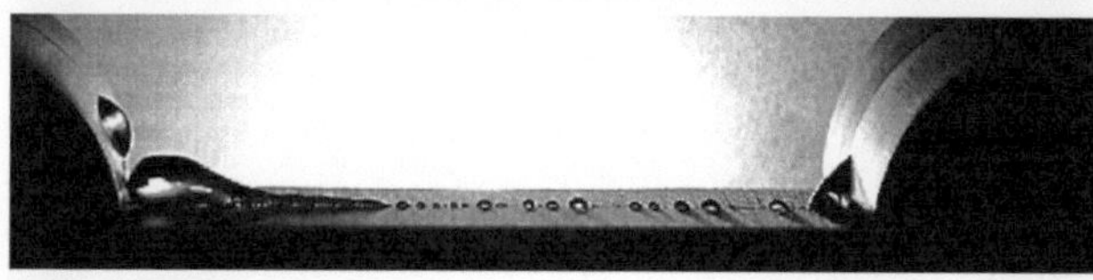
Viereckstruktur (Längsrichtung)	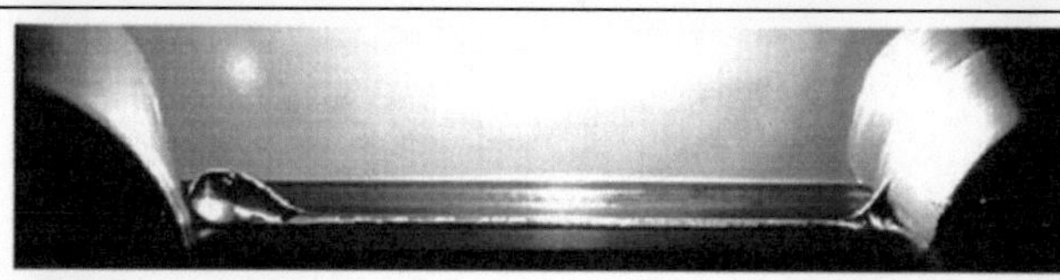
Dreieckstruktur (Längsrichtung)	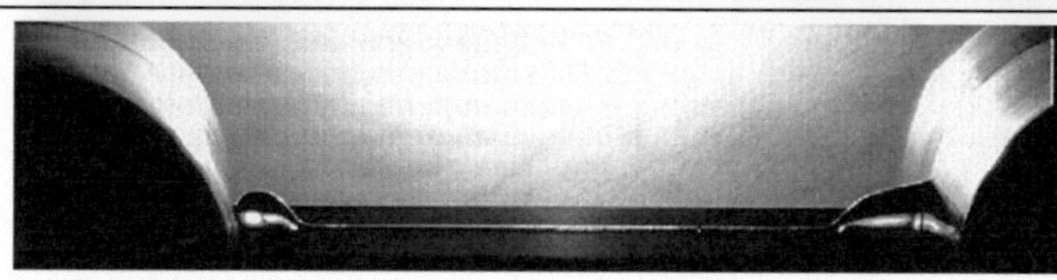

Seitenansicht abgleitender Tropfen auf anisotrop strukturierten RTV-2-Proben ohne Spannungsbeanspruchung im DTPV	Anlage A7
	zu Seiten 100, 102, 171

Abgleitender Tropfen auf HTV* bei 30° Neigungswinkel

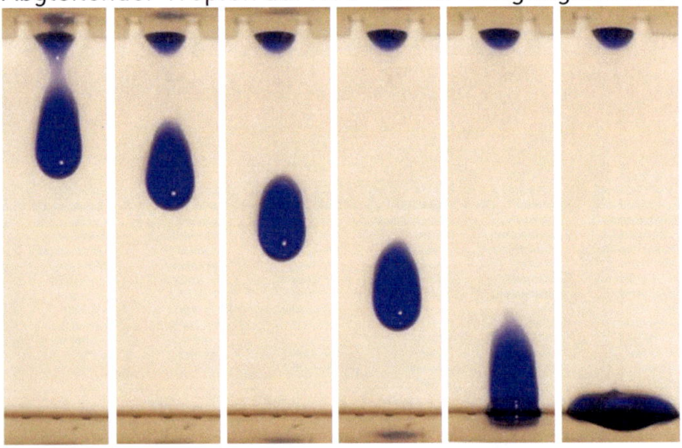

t = 0 25 ms 50 ms 75 ms 100 ms 125 ms

Abgleitender Tropfen auf HTV* bei 80° Neigungswinkel

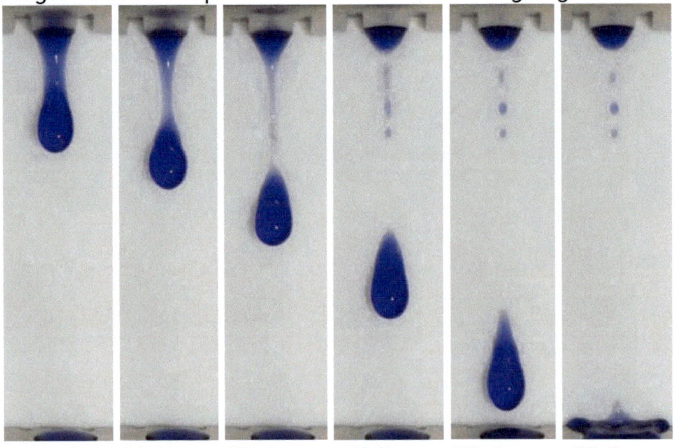

t = 0 12,5 ms 25,0 ms 37,5 ms 50,0 ms 62,5 ms

Frontansicht eines abgleitenden Tropfens auf HTV* ohne Spannungsbeanspruchung bei 30° (oben) und 80° Neigungswinkel (unten) im DTPV	Anlage A8
	zu Seiten 103, 156

Impuls zu Beginn der AÜP:

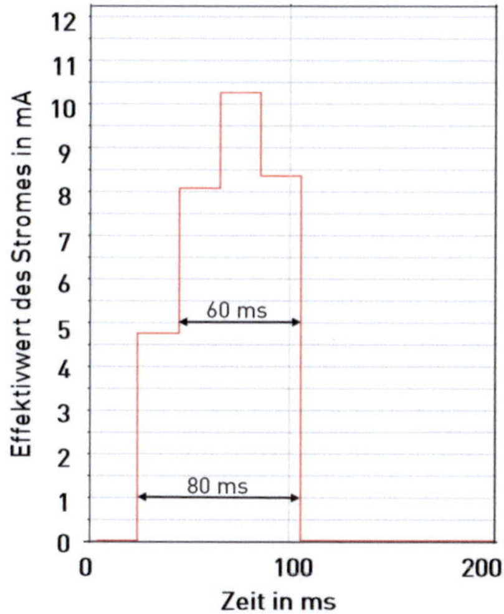

Impuls zu Beginn der ASP, bei dem Ableitstromauslösung angestrebt wird:

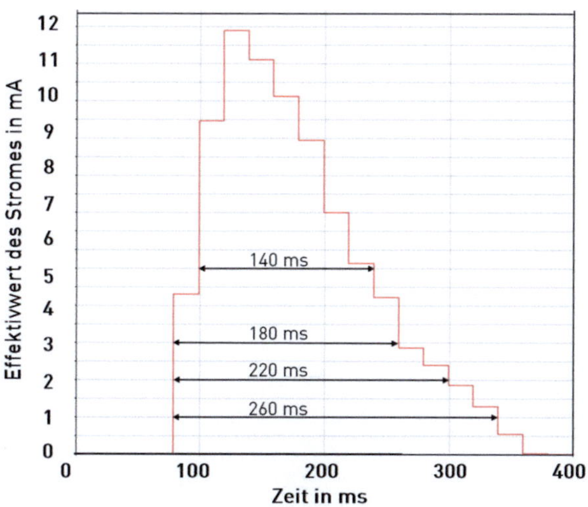

Analyse von Ableitstromimpulsen in der AÜP, Impulsdauer unter Bildung des Effektivwertes	Anlage A9
	zu Seite 139

(a) Einfluss des neuen Abschaltkriteriums auf den Strom- und Temperaturverlauf in der AÜP auf HCEP bei 5-kV-AC-Beanspruchung:

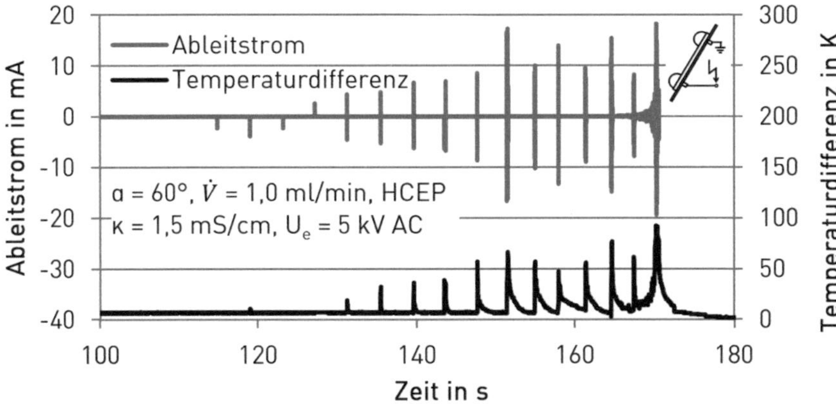

(b) Einfluss des präzisierten Abschaltkriteriums auf die Hydrophobiebeständigkeit auf HTV bei 4-kV-AC-Beanspruchung:

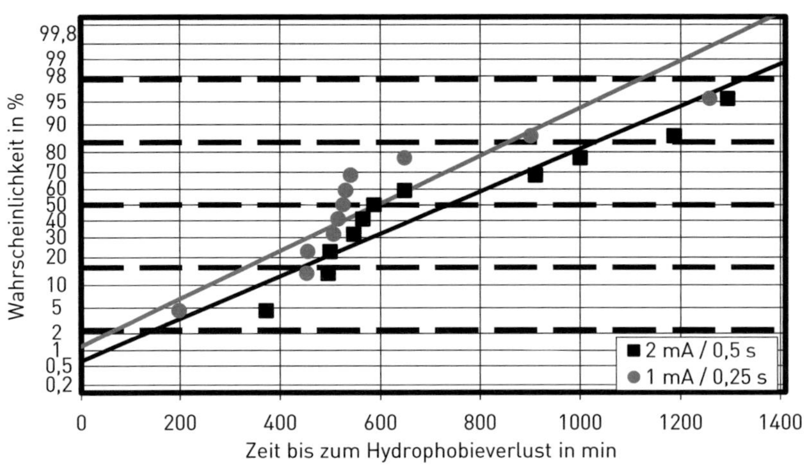

Auswirkung des präzisierten Abschaltkriteriums auf die AÜP (a) und die Hydrophobiebeständigkeit (b) im DTPV	Anlage A10
	zu Seite 140

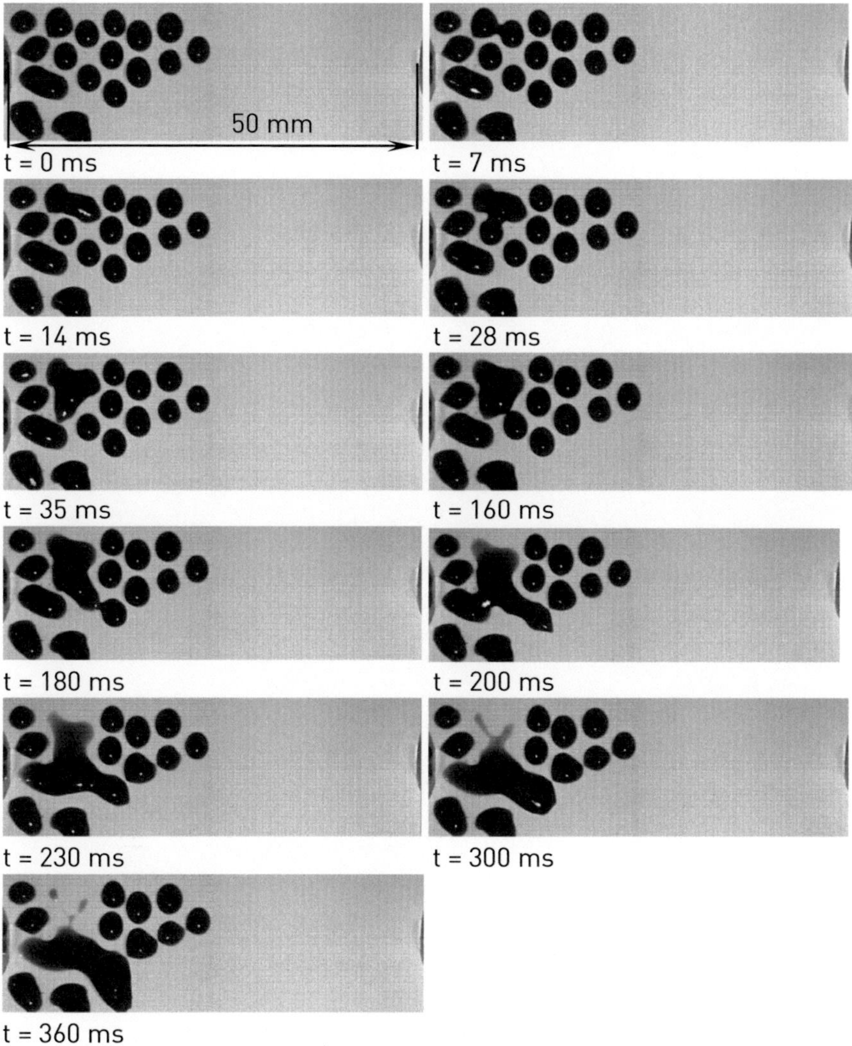

Diskreter Tropfenbelag unter U_e = 8 kV AC-Beanspruchung auf geneigten HTV-Prüflingen bei horizontaler Elektrodenanordnung	Anlage A11
	zu Seiten 142, 144

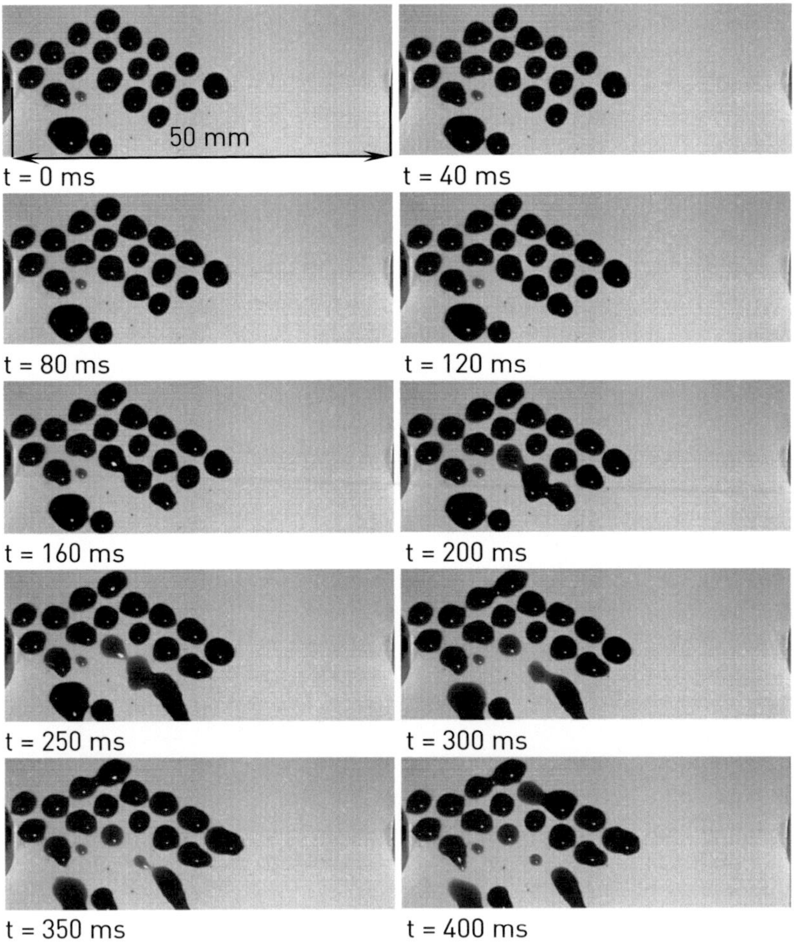

Diskreter Tropfenbelag bei Umladung des Tropfenbelages von +20 kV-DC- auf -20 kV DC- Beanspruchung auf geneigten HTV-Prüflingen bei horizontaler Elektrodenanordnung	Anlage A12
	zu Seite 143

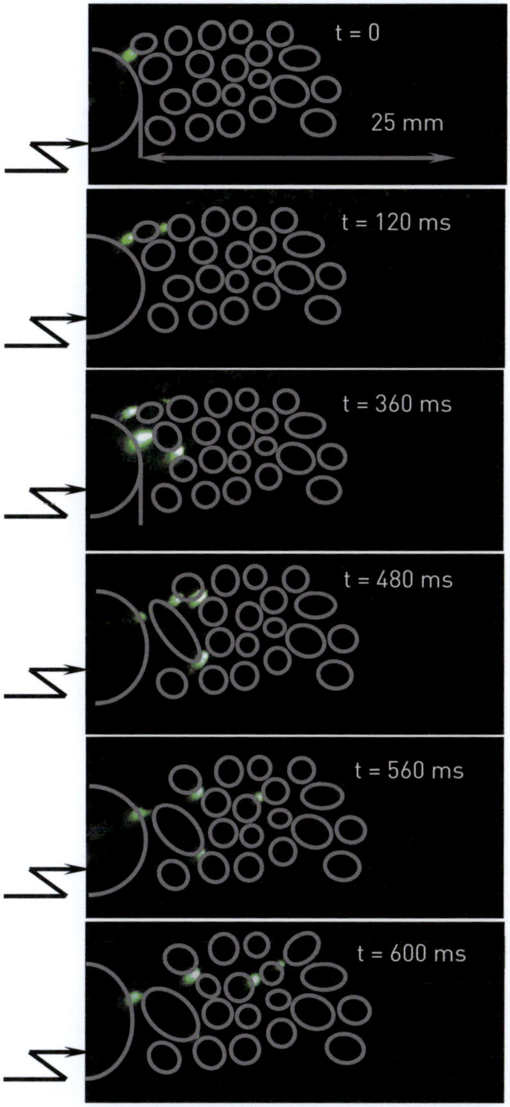

Entladungserscheinungen an einem Tropfenbelag unter Beanspruchung mit U_e = 8 kV AC-Beanspruchung auf geneigten HTV-Prüflingen bei horizontaler Elektrodenanordnung	Anlage A13
	zu Seite 143

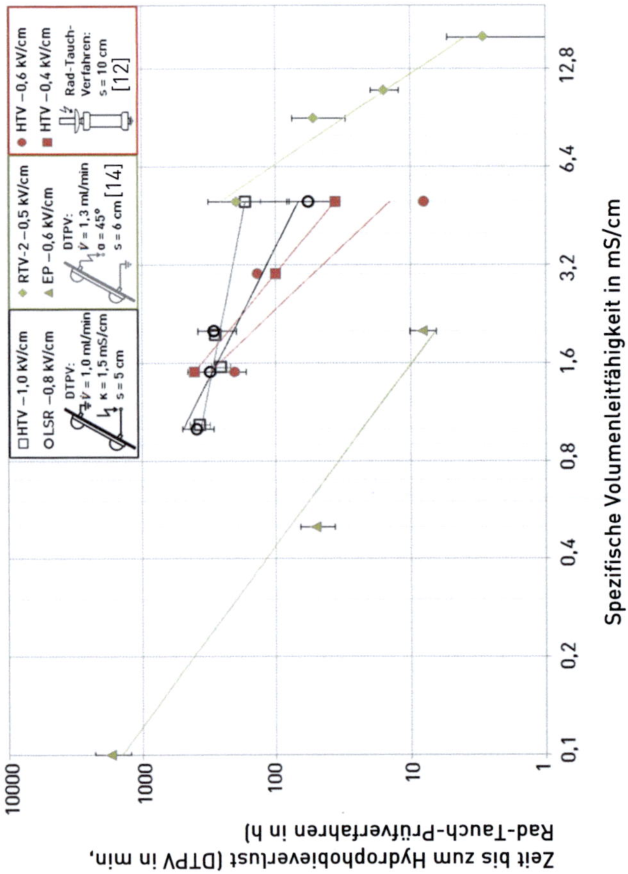

Einfluss der spezifischen Volumenleitfähigkeit auf die Hydrophobiebeständigkeit im Vergleich mit bisher durchgeführten Untersuchungen [12] und [14]	Anlage A14
	zu Seite 161